RFID für Bibliotheken

Christian Kern

RFID für Bibliotheken

Unter Mitarbeit von Eva Schubert und Marianne Pohl

 Springer

Dr. Christian Kern
InfoMedis AG
Brünigstr. 25
6055 Alpnach-Dorf
Schweiz
christian.kern@infomedis.ch

Marianne Pohl
Münchner Stadtbibliothek
Rosenheimer Str. 5
81667 München
Deutschland
marianne.pohl@muenchen.de

Dr. Eva Schubert
Münchner Stadtbibliothek
Rosenheimer Str. 5
81667 München
Deutschland
eva.schubert@muenchen.de

ISBN 978-3-642-05393-1   e-ISBN 978-3-642-05394-8
DOI 10.1007/978-3-642-05394-8
Springer Heidelberg Dordrecht London New York

Die Deutsche Nationalbibliothek verzeichnet diese Publikation in der Deutschen Nationalbibliografie; detaillierte bibliografische Daten sind im Internet über http://dnb.d-nb.de abrufbar.

Einbandentwurf: WMXDesign GmbH, Heidelberg

Gedruckt auf säurefreiem Papier

Springer ist Teil der Fachverlagsgruppe Springer Science+Business Media (www.springer.com)

Geleitwort

Eine Reise in eine der amerikanischen Metropolen ist durchaus mit der Erwartung verknüpft, auch bibliothekarischen Service auf höchstem technischem Niveau vorzufinden. Als wir uns in München 2003 intensiv mit Fragen der Selbstverbuchung auf RFID-Basis beschäftigten, ging ich noch vor einem Urlaub in New York selbstverständlich davon aus, praktische Erkenntnisse in dortigen Bibliotheken zu gewinnen. Weit gefehlt. Erst 2009 wurde in den USA die New Yorker Queens Library zur „Bibliothek des Jahres" gekürt, da sie mit Erfolg begonnen hatte, die RFID-Technologie einzuführen. So orientierte sich die Münchner Stadtbibliothek zunächst an dänischen Vorbildern in Aarhus und Kopenhagen sowie den ersten Erfahrungen der öffentlichen Bibliotheken in Wien und Stuttgart, um dann selbst ab 2006 im gesamten System das bis dahin in europäischen Bibliotheken größte Selbstverbuchungsprojekt mit RFID umzusetzen.

In der Summe positiver Effekte waren dabei die Argumente pro RFID unschlagbar: Verbesserten Kundenservice garantieren, das Personal von Routinearbeiten entlasten, die Wirtschaftlichkeit der Betriebsabläufe optimieren und gleichzeitig hohe Standards des Datenschutzes berücksichtigen. Letztere erkennen für den Bibliotheksbereich mittlerweile sogar Gegner der RFID-Technologie an. Die Wirtschaftlichkeit des Verfahrens kann heute aus der Arbeitspraxis einfach nachgewiesen werden. Es sind beachtliche finanzielle Investitionen erforderlich, die sich jedoch vergleichsweise schnell rechnen. Gerade in Zeiten erhöhten ökonomischen Drucks auf Bibliotheken und extremer Haushaltsprobleme in Bund, Ländern und Kommunen ist dies ein unschätzbarer Vorteil. RFID in Bibliotheken reduziert zudem körperlich anstrengende und monotone Arbeiten des Personals erheblich. Und Kundinnen und Kunden schätzen das komfortable Ausleih- und Rückgabeverfahren, verkürzte Wartezeiten und die Möglichkeit, auch jenseits gängiger Öffnungszeiten Medien an Außenstationen abzugeben und zu verbuchen. Am meisten verblüfft allerdings der Imagegewinn im politischen Umfeld und beim Publikum: Kommt doch innovative Technik zunächst in einer Kulturinstitution zum breit akzeptierten Einsatz, bevor Wirtschaftsunternehmen in größerem Umfang davon profitieren.

Selbstverbuchung mit RFID-Technik in Bibliotheken erweist sich sicherlich nicht als einfacher Selbstläufer: Es gilt nicht nur, politische Entscheidungsgremien und das Bibliothekspersonal von der ungewohnten und – in der öffentlichen Diskussion durchaus vorbelasteten – Technik zu überzeugen. Die inhaltlichen Konditionen einer europaweiten Ausschreibung erfordern spezielles Vorwissen. Notwendige bauliche Veränderungen müssen frühzeitig erkannt werden, betriebliche Organisationsstrukturen und vielfältige Arbeitsabläufe sind völlig neu zu planen. Intensive Schulungen sollten das Personal auf die neue Technik vorbereiten, aber auch einen Schwerpunkt auf den Umgang mit Kundinnen und Kunden gerade in der Startphase legen.

Diesen und weiteren wichtigen technischen Fragen und Perspektiven widmet sich das vorliegende – ja man kann jetzt schon sagen – unverzichtbare Standardwerk „RFID für Bibliotheken". In einer bisher nicht verfügbaren Gesamtschau wird komplexe Technik verständlich und nachvollziehbar, die Vorschläge und Empfehlungen zur Betriebsorganisation sind allesamt praxiserprobt. So können Bibliotheken ein Großprojekt auf sicherer Grundlage planen. In den nächsten Jahren wird wohl kaum eine größere Bibliothek auf die RFID-Technik mehr verzichten wollen. Eine Prognose – mit hohem Wahrscheinlichkeitswert.

Münchner Stadtbibliothek   Werner Schneider

Inhalt

Kapitel 1
Einleitung

Die ersten Bibliotheken, welche um 2002 die Radio-Frequenz-Identifikation (RFID) zur Selbstverbuchung und Mediensicherung einsetzten, hatten ein mehrfaches Risiko zu tragen. Die Technologie war noch jung und ihr Nutzen kaum abschätzbar. Die Kompatibilität der Produkte verschiedener Hersteller und deren langfristige Verfügbarkeit waren nicht vorhanden bzw. nicht bekannt. Es gab lediglich Ideen und noch nicht ausgereifte Produkte der ersten Generation.

Heute, nachdem die damaligen Pionier-Bibliotheken den Beweis angetreten haben, dass die Technologie funktioniert, dass sich die Investitionen lohnen, dass die Einzelkomponenten kompatibel zueinander und zu immer günstigeren Preisen verfügbar sind, sollte man meinen, es sei alles in Ordnung in der Welt der RFID-Bibliotheken. Dies ist aber (noch) nicht der Fall. Bei genauerem Hinsehen gewinnt man den Eindruck, dass viele Bibliotheken immer noch unsicher sind und ihnen ein RFID-Projekt nach wie vor als riskant erscheint.

Die Vermutung liegt nahe, dass der Respekt vor der RFID-Technologie noch zu groß ist. Es erscheinen stets neue RFID-Etiketten auf den Markt, die mehr Langlebigkeit, geringere Kosten, bessere Leseresultate usw. versprechen. Was passiert bei der Verwendung von Chips unterschiedlicher Herkunft in der Bibliothek? Immer neue Verbuchungsstationen werden vorgestellt, Vereinfachungen in der CD-Ausleihe, in der Sortierung usw. werden versprochen. Es gibt optisch sehr ansprechend gestaltete Sicherungsantennen, aber auch solche mit „Ingenieur-Design". Selbst neue Frequenzen werden vorgeschlagen, die ein noch schnelleres und einfacheres Erkennen der Medien über Distanzen von mehreren Metern versprechen. Allein die Vielfalt der Antworten auf die immer gleichen Fragen führt zur Verunsicherung. Viele Bibliotheken fühlen sich daher sicherer, wenn sie „Alles aus einer Hand" oder ein „Rundum-Sorglos-Paket" angeboten bekommen. Manche Systemlieferanten spielen heute ganz bewusst mit der Verunsicherung.

Eine zweite Verunsicherung entsteht durch mangelnde Kenntnis der internen Kostenstruktur und der externen, d. h. vom Lieferanten offerierten Gesamtkosten. Der Käufer sollte in der Lage sein, Produkte zu vergleichen und zu beurteilen. Erst dann kann er anhand seiner Abschätzung der Einsparungen beurteilen, ob sich die Investition lohnt, d. h. wie lange es dauert, bis die Einsparungen die Investitionssumme übertreffen. Wenn diese Schwelle bekannt ist, geht es nicht mehr um die

C. Kern et al., *RFID für Bibliotheken,*
DOI 10.1007/978-3-642-05394-8_1, © Springer-Verlag Berlin Heidelberg 2011

prinzipielle Entscheidung, ob ein RFID-System eingesetzt wird, sondern nur noch darum, wie lange die Pay-off-Periode im individuellen Fall dauert. Sie liegt, so viel sei vorweggenommen, heute bei zwei bis drei Jahren. Dies ist, gemessen an anderen Investitionen in der Industrie, ein herausragendes Ergebnis. Und noch etwas Positives vorab: Rückblickend lässt sich sagen, dass hierzulande bisher keine einzige Bibliothek gescheitert ist, die den Schritt in die RFID-Technologie gewagt hat.

Eine dritte Verunsicherung betrifft die Integration eines RFID-Systems in der Bibliothek: ein solches Projekt kann sehr komplex werden. Viele Einzelfaktoren müssen berücksichtigt werden – wie lange dauert das Einkleben von RFID-Etiketten? Wie wird das Personal mit den neuen Arbeitssituationen zurechtkommen? Die internen Arbeitsprozesse sind oft seit Langem etabliert und müssen mit RFID neu erstellt, kommuniziert und umgesetzt werden.

Die Unsicherheiten in den drei Bereichen Technik, Investition und Integration führen zu der immer noch zögerlichen Haltung der Bibliotheksverantwortlichen bei einer anstehenden Entscheidung für ein RFID-System. Diesen drei Bereichen wird daher auch der grösste Teil des Buches gewidmet und versucht, Informationslücken zu schliessen. Der Technikteil wurde speziell auf fachfremde Nutzer ausgerichtet mit für Laien verständlichen Formulierungen, um den Dialog mit Ingenieuren zu unterstützen. Ziel ist es, dem potenziellen RFID-Anwender zu einer ausreichenden technischen Kompetenz zu verhelfen, damit er sich bei Funktionsproblemen oder Neuentwicklungen mit dem Ingenieur direkt unterhalten kann.

Dieses Buch soll also vorrangig ein Leitfaden für Bibliothekarinnen und Bibliothekare zum Erwerb und zur Integration eines RFID-Systems sein. Es geht aber auch um eine generelle Entzauberung der Technologie am Beispiel der Bibliotheken. Nur ein Kunde, der sich fachlich sicher fühlt, kann richtig verhandeln. Das Buch soll auch Interessierte in anderen potenziellen RFID-Anwendungen ansprechen und ihnen aufzeigen, was zu bedenken ist, wenn ein RFID-System eingeführt wird. Wer bereits einen Supermarkt mit einer Bibliothek von den Arbeitsabläufen und den technischen Möglichkeiten her verglichen hat, der weiss, dass es dort ebenfalls um Selbstbedienung und Sicherung geht und dass viele technische Elemente einander ähnlich sind. Die Bibliotheken waren nur im Vergleich zum Einzelhandel viel schneller mit der Umsetzung von RFID und haben eine Vorreiterrolle übernommen. Es lohnt sich vielleicht auch, in Fitness- und Freizeitparks und in Gebäuden noch stärker über RFID nachzudenken und die Bibliotheken als Modell zu nutzen.

Das vorliegende Buch ist eine Vertiefung des vor vier Jahren erschienenen Fachbuches „Anwendung von RFID-Systemen". Manche Abschnitte sind daraus entnommen, überarbeitet und vereinfacht dargestellt worden. Aber die grundlegend veränderte Arbeitsorganisation mit RFID ist das eigentlich neue und interessante Thema. Die Technologie tritt hier zunehmend in den Hintergrund und wird Mittel zum Zweck: nämlich zur Neuausrichtung und Neuorganisation einer Bibliothek [37, 42].

Kapitel 2
Grundfunktion der RFID-Technologie und ihre Entwicklung

Bevor wir einen Blick auf die Historie der RFID-Technologie und den Einsatz in Bibliotheken werfen, ist es hilfreich, zumindest die grundlegende Funktion von RFID zu verstehen. In Kap. 3 werden diese Grundlagen weiter vertieft.

Ein RFID-System dient, ähnlich wie ein Barcode, zur Identifikation von Objekten, Personen und Tieren. Es besteht aus zwei Teilen, welche zusammenwirken: einem *Transponder* (auch RFID-Etikett oder RFID-Tag genannt) und einem *RFID-Lesegerät* (auch RFID-Reader oder nur Lesegerät genannt, Abb. 2.1). Der Transponder enthält eine eindeutige, kodierte Nummer. Diese Nummer wird vom Lesegerät über eine Luftschnittstelle mittels Radiowellen gelesen. Der Transponder befindet sich am zu identifizierenden Objekt, während das RFID-Lesegerät mobil geführt wird oder fest installiert ist. Das Lesegerät empfängt die kodierte Nummer, sobald sich der Transponder in Lesereichweite befindet. Die Nummer wird direkt auf einem Display angezeigt oder an ein Computersystem weiter geleitet.

Die Verwendung von Radiowellen anstelle einer optischen Erkennung wie beim Barcode hat weit reichende Konsequenzen für die Nutzungsmöglichkeiten (wir beziehen uns hier vorrangig auf Hochfrequenz-Transponder mit 13,56 MHz nach ISO 15693 bzw. ISO 18000-3.1 [25, 26]):

- Es können mehrere Transponder im Lesefeld selektiv gelesen werden,
- die selektiv adressierten Transponder können variable Daten vom Lesegerät empfangen und diese speichern und
- die Transponder können durch Nichtmetalle hindurch gelesen werden, d. h. es muss keine Sichtverbindung zwischen Transponder und Leser vorhanden sein.

Diese drei Eigenschaften machen RFID-Systeme gegenüber Barcodes weit überlegen. Bücher, welche mit RFID-Etiketten ausgestattet sind, können vom Benutzer auf eine Tischplatte mit einer Leserantenne aufgelegt und im gesamten Stapel verbucht werden. Das „Selbstverbuchen" ist zwar theoretisch auch mit dem Barcode möglich; dies ist aber viel zu umständlich, da die Bücher einzeln vor einem Scanner ausgerichtet werden müssen. Dementsprechend konnten sich auch erste Ansätze zur Barcode-Selbstverbuchung nicht in nennenswertem Umfang durchsetzen. Beim Verbuchungsvorgang an einer RFID-Selbstverbuchungsstation wird eine Meldung an das Bibliotheks-Management-System (im Folgenden auch LMS, Library Ma-

C. Kern et al., *RFID für Bibliotheken*,
DOI 10.1007/978-3-642-05394-8_2, © Springer-Verlag Berlin Heidelberg 2011

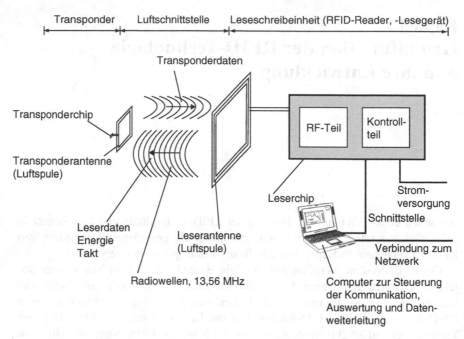

Abb. 2.1 Funktionsweise eines passiven RFID-Systems im Nahfeld [39]

nagement System genannt) gesendet und die Sicherung im Etikett umgeschaltet, so dass am Durchgangsleser (auch Gate genannt, Antennen an einem Eingang zur Diebstahlsicherung) kein Alarm mehr ausgelöst wird.

Im Folgenden wird die Entwicklung der RFID-Systeme zuerst allgemein, anschließend mit dem Schwerpunkt Bibliotheken beschrieben.

2.1   Entwicklung der RFID-Technologie

Es ist schwierig, eine einzelne Keimzelle für den Beginn der RFID-Technologie und ihrer Anwendungen festzulegen, denn es sind mehrere Ausgangspunkte vorhanden. Die *Freund-Feind-Erkennung* für Flugzeuge im zweiten Weltkrieg hat zweifellos eine wichtige Rolle gespielt, gefolgt vom so genannten *Radio-Tracking* von Wildtieren (Abb. 2.2). Eine der wichtigsten technologischen Voraussetzungen war jedoch erst Ende der 70er-Jahre gegeben: Damals hatte der eigentliche Schritt zur Miniaturisierung und massenhaften Herstellung elektronischer Schaltungen auf Chipgröße stattgefunden. Durch die gesunkenen Stückkosten wurden Halbleiter sehr kostengünstig und so war die wichtigste Voraussetzung für die großflächige Anwendung von Transpondern, d. h. für die Kennzeichnung von Millionen einzelner Objekte erfüllt. Zwei weitere Ausgangspunkte werden heute, vermutlich aus Marketinggründen, in der Sekundärliteratur kaum noch erwähnt: in den Laboratorien von Los Alamos und schließlich in den Niederlanden (Universität Waagenin-

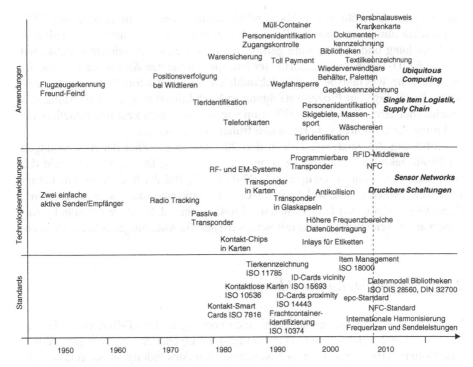

Abb. 2.2 Entwicklung von RFID-Systemen seit 1945 auf drei Ebenen: Standards, Technik und Anwendung

gen) wurden entscheidende Arbeiten für die *Tieridentifikation* mittels RFID durchgeführt, welche wiederum eine wesentliche Voraussetzung für die Entwicklung moderner, miniaturisierter Transponder waren. Los Alamos wird kaum erwähnt, weil diesem Ort das Image der Atombombenentwicklung anhaftet und die Tieridentifikation hat mit dem für Innovationen wenig bekannten bäuerlichen Image zu kämpfen. Ein weiterer Ausgangspunkt ist die Entwicklung von kontaktlosen *Smart Cards*, die aus den Telefonkarten hervorgegangen sind.

2.1.1 Anwendungen

Ersten Businessplänen der Halbleiterindustrie zufolge sollten Anfang der 90er-Jahre viele Millionen Nutztiere mit einem Chip unter der Haut (in Form eines kleinen Glasröhrchens) gekennzeichnet werden, um so eine dauerhafte und fälschungssichere Kennzeichnung für die Seuchen- und Qualitätskontrolle zu gewährleisten. Es stellte sich allerdings bald heraus, dass dies kurzfristig nicht durchsetzbar sein würde. Die entsprechende Injektion des Glasröhrchens unter die Haut konnte nicht wie geplant vom Tierhalter selbst, sondern nur vom Tierarzt durchgeführt werden. Die elektronische Tierkennzeichnung ist erst heute, d. h. nach über 15 Jahren, bei Heimtieren mit den Glasröhrchen und bei landwirtschaftlichen Nutztieren u. a. mit RFID-Ohrmarken umgesetzt worden. Es mussten also damals, nachdem viel Kapital in die Forschung und Entwicklung geflossen war, neue Amortisationsmöglichkeiten für die RFID-Technologie gesucht werden. Eine der ersten Anwendungen war die elektronische Wegfahrsperre als Diebstahlsicherung in Motorfahrzeugen. Weitere waren RFID-Tags zur Prozessverfolgung in Produktionslinien und die Ortung von Frachtcontainern. Auch die Identifikation von Müllcontainern zur individuellen Abrechnung der Gebühren gehörte zu den frühen Anwendungen.

Abbildung 2.2 zeigt, wie sich in den 90er-Jahren die Zahl der Anwendungen (in Bibliotheken, Skigebieten, der Logistik usw.) vervielfachte. Als Ziel steht das so genannte „ubiquitous computing": RFID ist ein Teil der überall um uns herum verteilten kleinen Chips, welche in unsere Alltagsgegenstände eingedrungen sind. Diese Gegenstände werden zunehmend „intelligenter", d. h. führen selbständig Aktionen aus, reagieren (teilweise mit Sensoren) auf die Änderungen in ihrer Umwelt.

2.1.2 Technologieentwicklungen

Die frühen passiven Transponder arbeiteten vorwiegend im LF-Bereich (Low Frequency $\leq 134,2$ kHz). Aktive Transponder (mit eigener Stromversorgung durch eine Batterie [16]) fanden nur in Nischenmärkten Anwendung, da sie relativ groß und teuer waren und ihre Batterie nur eine begrenzte Lebensdauer aufwies (diese Einschränkung gilt auch heute noch). Eine neue Generation passiver Transponder nutzte schließlich den HF-Bereich (HF: Hochfrequenz) mit einer Frequenz von 13,56 MHz [25]. Durch den Frequenzwechsel war eine der wichtigsten Änderungen der Bauweise und Eigenschaften möglich: Von nun an konnten die Antennen zusammen mit dem Chip in ein flaches Etikett laminiert werden. Zusätzlich konnten durch die Entwicklung von Antikollisions-Algorithmen mehrere Transponder gleichzeitig bzw. selektiv im Lesefeld angesprochen werden. Und schließlich wurden die Speicher dieser RFID-Etiketten wesentlich erweitert und frei beschreibbar. Dadurch wurden die Transponder zu variablen Datenträgern. Die Lesereichweite der neuen HF-Etiketten blieb mit 30–50 cm vergleichbar mit derjenigen der ersten, in Glasröhrchen integrierten LF-Transponder.

Für diese RFID-Etiketten im HF-Bereich eröffneten sich vollkommen neue Anwendungsgebiete, da sie ebenso wie Barcodeetiketten auf jegliche (nichtmetallische), Gegenstände geklebt werden konnten (es gibt allerdings Spezialetiketten für Metalloberflächen). Erste Interessenten für diese Etiketten waren Paketdienste und Fluglinien [39]. Versuche mit dem damaligen Deutschen Paketdienst (DPD) zur Kennzeichnung von Paketen und British Airways zur Kennzeichnung von Fluggepäck zeigten, dass die Technologie ihre erste Bewährungsprobe bestanden hatte [36]. Die Leseraten lagen auch nach mehrmaliger Nutzung nahe 100 % und waren damit deutlich zuverlässiger als die Barcodes. Bei Letzteren lag die Leserate nach drei Umladevorgängen an den Gepäckbändern alleine durch Abrieb oder Verknittern der Anhängeetiketten ca. 30 % tiefer.

Die kontaktlosen Smart Cards sind de facto Transponder – und umgekehrt. Sie entwickelten sich jedoch aus einer anderen Anwendung heraus: den Telefonkarten, welche bereits ab 1984 eingesetzt wurden. Ihnen folgten als kontaktbehaftete Variante EC-Karten, Karten für Krankenkassen oder die SIM-Karten für Mobiltelefone. Die entscheidende Entwicklung waren schließlich die kontaktlosen Smart Cards mit einer RFID-Schnittstelle. Der Bedienungskomfort bei kontaktlosen Karten war gegenüber den Kontaktkarten deutlich höher. Der Trend, Kontaktkarten durch kontaktlose Karten auszutauschen, setzt sich auch heute noch fort, v. a. im öffentlichen Verkehr und bei Zahlungsvorgängen.

1998 wurde am Massachusetts Institute of Technology (MIT) in Chicago ein Auto-ID-Center [8] gegründet. In diesem Center wurde das Thema RFID umfassend für Anwendungen in der Warenlogistik (supply chain management) aufgearbeitet. Die Zusammenarbeit mit der Industrie war sehr eng (mit Firmen wie Wal-Mart, Metro, Marks & Spencer, Gillette, Benetton). Das Auto-ID-Center empfahl die Verwendung höherer Frequenzen im UHF-Bereich (UHF: Ultra High Frequency, 868 MHz in Europa und 915 MHz in den USA), die deutliche Vorteile in der Lesereichweite und der Lesegeschwindigkeit (Datenübertragungsrate) versprachen (s. Kap. 3.1). Außerdem wurde im Speicher des Transponders nur eine eindeutige Nummer abgelegt. Diese wird heute von der Firma GS1 als EPC-Nummer vertrieben und verwaltet (Electronic Product Code, auch GTIN, Global Trade Item Number, Globale Artikelidentnummer). Die Initiative startete damals durch die UCC (Uniform Code Council) und EAN-Organisation (European Article Number), welche später in GS1 zusammengeführt und umbenannt wurden (UCC und EAN waren die Vergabestellen für die Nummernkreise bei Barcodes). Die EPC-Nummer enthält nur wenige direkt verfügbare Informationen. Sie dient dazu weitere, dem Produkt zugeordnete Daten in einer zentralen Datenbank abzurufen.

Durch die Änderungen im Bereich Frequenz und Speicher wurden starke Kostenreduktionen in Aussicht gestellt. Die GS1 sieht auch heute ihre Aufgabe darin, eine zum Barcode ähnliche Nummer zu vergeben, welche zentral registriert ist. Die zentrale Verwaltung der Daten spart zwar Speicher im Transponder, benötigt aber eine permanent verfügbare Infrastruktur, um die zugeordneten Daten abzufragen. Inzwischen werden EPC-Etiketten in breitem Umfang für die Kennzeichnung von Paletten und Transportbehältern in der Zulieferindustrie der Warenhäuser und im US-Militär (DoD, Department of Defense) zur Kennzeichnung von Gütern eingesetzt. Ob und wie die Kennzeichnung allerdings bis hinunter auf die Ebene der Einzelgegenstände (item tagging) vordringt, und ob es sinnvoll ist, alle Anwendungsbereiche einem einheitlichen Nummernschema unterzuordnen, ist einerseits von der Preisentwicklung der Etiketten und der Nummernreservierung, andererseits von den technischen Eigenschaften der jeweiligen Frequenzen abhängig. Es zeichnet sich ab, dass die EPC-Tags mit höheren Frequenzen (UHF) für die Einzelteile in größeren Behältern nur bedingt geeignet sind und gleichzeitig die Preise für die Etiketten UHF und HF) fallen. Viele Wirtschaftsbereiche (Militär, Medizin, Produktion etc.) unterhalten traditionell ihre eigenen Nummernkreise und sind somit nicht auf eine zusätzliche Institution zur Verwaltung angewiesen (siehe auch geschlossene und offene Systeme [39]).

Die Transponder diversifizierten sich mit der Zeit immer stärker in verschiedenste Bauformen Transponder für unterschiedliche Umweltbedingungen. Gleichzeitig wurden notwendige Software-Programme für die neuen Anwendungen entwickelt. Die Transponder waren, wie bereits erwähnt, zu Beginn nur einfache Träger einer Identitätsnummer – heute sind es über Funk ansprechbare Datenträger mit einer Kapazität bis zu 10 kB bei Smart Cards, teilweise sogar mit eigenen Prozessoren.

2.1.3 Standards

Der Zunahme an Anwendungen und der rasanten Technologieentwicklung folgten auch umfangreiche Standardisierungsarbeiten. Es wurden Protokolle für die Luftschnittstelle (Kommunikation zwischen Transponder und Leser) und maximale Sendeleistungen für verschiedene Frequenzen festgelegt.

Die Standardisierung der Luftschnittstelle war eine der wichtigsten Forderungen der Kunden, da bei den hohen zu erwartenden Stückzahlen pro Anwendung (mehrere hundert Mio. Stück pro Jahr allein beim Fluggepäck) bereits eine Mehrlieferanten-Strategie für die Käufer zwingend erforderlich war.

Während die Prioritäten bei der Kennzeichnung von Gegenständen eher bei der *Lesereichweite und Antikollision* lagen, stand bei den kontaktlosen Smart Cards die Möglichkeit zur *Datenspeicherung und Verschlüsselung* im Vordergrund, um z. B. Missbrauch zu vermeiden. Für Smart Cards wurden zwei Standards entwickelt, der ISO 15693 Standard für Vicinity Cards (mit ca. 30 cm Lesereichweite und Pulklesefähigkeit) und der ISO 14443 Standard für Proximity Cards (mit < 10 cm Lesereichweite und Einzellesung). ISO 15693 wurde für die RFID-Etiketten übernommen und ist heute der wichtigste Standard im Bereich Bibliotheken und vielen anderen Anwendungen.

Auch die IATA (International Air Transport Association) befasste sich intensiv mit der Thematik RFID in der Gepäckerkennung und empfahl zunächst Etiketten an Fluggepäckanhängern im HF-, später auch im UHF-Bereich [22]. Allerdings hat sich RFID bis heute beim Fluggepäck noch nicht flächendeckend durchsetzen können. Die Gründe dafür liegen weniger in technischen als vielmehr in organisatorischen Problemen (weltweite Einführung in allen Flughäfen etc.).

Aktuelle Standardisierungen wie Datenmodelle für Bibliotheken oder NFC (Near Field Communication) werden in gesonderten Kapiteln detailliert behandelt (s. Kap. 9 und 11).

Bevor wir uns in den folgenden Kapiteln der RFID-Technologie und der eigentlichen Anwendung in Bibliotheken zuwenden, sollen ein paar Thesen zu den Eigenschaften von RFID herausgestellt werden, die sich aus der oben aufgezeigten Entwicklung und der ständigen Suche nach neuen Anwendungsfeldern ergeben haben.

1. RFID ist eine *Schlüsseltechnologie innerhalb der Telekommunikation* bzw. der *Wireless Technologies* geworden (Abb. 2.3). RFID ist nicht nur auf die Kommunikation Mensch zu Mensch beschränkt wie beim Telefon oder Mobilfunk, sondern die Kommunikation findet zunehmend auch zwischen Mensch–Maschine

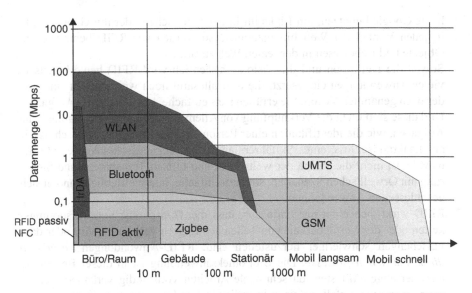

Abb. 2.3 Stellung von RFID innerhalb der Wireless-Technologies. (Ergänzt nach Wollert [62])

und Maschine–Maschine statt. Und im Zusammenspiel mit den anderen Wireless Technologies ergibt sich eine beliebige Skalierbarkeit der Lesereichweite, vom direkten Kontakt(-chip) bis hin zum Satellit.

2. Die Anfang 2000 erstmals bekannt gewordene Vision vom *Internet der Dinge* erscheint aus heutiger Sicht zwar als ein allumfassendes Gesamtkonzept, es ist aber auch noch unvollständig. In der ursprünglichen Idee aus dem MIT stand lediglich die Identifikation der Objekte im Zentrum, mit der die Erkennung von Gegenständen plötzlich barrierefrei erfolgte und eine hohe Granularität, d. h. Auflösung in der Abbildung der Sachwelt in der IT-Welt, ermöglichte [17, 18]. Auch der Einsatz von Sensoren und sogar Sensornetzwerken wird diskutiert. Die Funktion von Transpondern als *dezentrale Datenträger* ist heute aber eine *erweiterte* Sichtweise, d. h. RFID-Tags haben sich zu über Funk beschreibbaren Datenträgern entwickelt. Sie gehen damit über die ursprüngliche Funktion der reinen Identifikation von Personen, Tieren und Objekten weit hinaus. Im Unterschied zu bekannten Datenspeichern wie Festplatten oder USB-Sticks ist die Kapazität der Transponder jedoch stark begrenzt (typischerweise nur 1–2 kbit). Der Datenspeicher ist aber der gleiche wie er in der PC-Welt anzutreffen ist, nämlich ein EEPROM.

RFID macht Objekte „intelligent". Das MIT und die Universität St. Gallen waren 2001 starke Promotoren der Vision vom Internet der Dinge. Dies ist eine Welt, in der die physischen Dinge (und Lebewesen) mit der Informationsebene ständig verbunden (online) sind. Die Maschinen kommunizieren untereinander und die Menschen erhalten auf der Informationsebene ein vollständiges und hoch auflösendes Abbild der Realität. Der Benutzer sieht in dieser Informationsebene, wo sich jedes einzelne Objekt oder Lebewesen in Echtzeit befindet. So wie wir heute Google benutzen, um Links im Internet zu suchen oder mit Google Earth in jeden Winkel der Welt hineinzoomen, so werden wir RFID benutzen, um Objekte und Lebewesen in der realen Welt zu finden.

Soweit die Definition und die Vision. Tatsächlich wird RFID heute bereits in vielen Anwendungen eingesetzt, die aber allesamt noch weit entfernt sind von der oben genannten Vision. Sie erfüllen stets einfache, klar umgrenzte Aufgaben. Und diese sind nicht die Verknüpfung von Allem mit Jedem, sondern alltägliche Aufgaben, wie die Identifikation einer Person an einer Tür, eines Autoschlüssels am Lenkradschloss, eines Skifahrers an der Durchgangsschranke des Skilifts usw. Es ist nicht die Vision der weltweiten und totalen Transparenz und Steuerung mit Orwell'schen Szenarien, sondern einfache, innerbetriebliche und in sich geschlossene Anwendungen.

3. RFID wirkt sich nicht nur darin aus, dass die Transparenz von Versorgungs-ketten oder der Verfügbarkeit von Teilen aus Lagern verbessert wird oder dass Fälschungen schwieriger herzustellen sind: RFID-Anwendungen *verändern direkt die Arbeitsprozesse*. Die Bibliotheksanwendung ist in dieser Beziehung eine der augenfälligsten, da sehr viele Arbeiten vollständig verändert werden oder sogar ganz entfallen. Die notwendige Umstellung von Arbeitsprozessen ist sehr anspruchsvoll. Daher dauert die Einführung von RFID in vielen Bereichen der Industrie auch viel länger als erwartet. Und daher verschätzen sich auch viele Firmen, die bereits in RFID investiert haben, in den Kosten für die Entwicklung der Anwendungen und die spätere Integration.

In Abb. 2.3 wird deutlich, wo RFID innerhalb der Wireless Technologies ein-zuordnen ist. Es deckt einen kleinen Bereich unter 10 m Lesereichweite und mit sehr geringen Datenvolumina ab. Ihr Hauptvorteil gegenüber allen ande-ren Technologien liegt in dem vielfältigen Angebot an Bauformen, den tiefen Stückkosten und dadurch günstigen Preis-Leistungsverhältnis. Wichtig ist aber auch zu verstehen, dass sich durch die Kombination verschiedener Wireless-Technologien fast alle Kommunikationsdistanzen überbrücken lassen. So wird beispielsweise ein NFC-Handy an ein RFID-Etikett gehalten. Dieses übernimmt die darin gespeicherte Information und transferiert sie über GSM an eine zent-rale Datenbank. Das NFC-Handy erhält von dieser Datenbank gewisse Berechti-gungsschlüssel. Damit kann direkt am Plakat sofort das entsprechende (virtuelle) Ticket für ein Konzert gekauft werden. Dieses Ticket wird auf dem Handy gespeichert und am Konzertabend am Eingang geprüft.

2.2   Entwicklung des RFID-Einsatzes in Bibliotheken

Die Selbstverbuchung zur Ausleihe in Bibliotheken ist kein neues Thema und exis-tiert nicht erst, seit die RFID-Technologie zur Verfügung steht [31–35, 40, 59, 61]. Bereits Anfang der 90er Jahre waren Systeme auf dem Markt, die eine Selbstverbu-chung auf der Basis von Barcode-Verbuchung und EM-Sicherung (elektromagneti-sche Sicherung) ermöglichten. Allerdings gab es dabei zwei gravierende Nachteile:

1) Die Barcode-Etiketten mussten auf der Außenseite der Medien in einem definierten, eng begrenzten Bereich angebracht sein. 2) Für die De- bzw. Reaktivierung der Sicherung war das Verschieben des Mediums auf der Arbeitsplatte über einen Magneten erforderlich. Letzterer Vorgang war den meisten Bibliothekskunden nicht vermittelbar.

Eine Rücknahme der Medien mit anschließender automatischer Sortierung wurde in Europa erstmals in Dänemark in den Zentralbibliotheken von Aarhus und Kopenhagen realisiert (2003/2004). Im gleichen Zeitraum bezogen die Stadtbibliotheken von Wien und Winterthur, sowie die Universitätsbibliothek Luzern und Leuven (Brüssel) Neubauten. Auch die Hauptbibliothek in Stuttgart begann durch den RFID-Einsatz die Routinearbeiten zu rationalisieren. In diesen Bibliotheken war mit einem starken Anstieg der Besucher- und Ausleihzahlen zu rechnen; gleichzeitig war aber absehbar, dass hierfür die Personaldecke nicht ausreichen würde.

Mit der Verfügbarkeit der RFID-Technologie, die vor 2004 nur vereinzelt in Singapur und in den USA eingesetzt wurde, entfiel die umständliche Handhabung der Medien bei der Selbstverbuchung: die Verbuchung und die De- bzw. Reaktivierung der Sicherung für die Nutzer wurde in einen einzigen Schritt zusammengefasst. Die Bibliotheken in Wien und Stuttgart entschieden sich, die Selbstverbuchung mit RFID nur für die Ausleihe einzuführen. Winterthur ging dagegen einen Schritt weiter und führte auch die Rücknahmeverbuchung mittels RFID ein (allerdings aus Platzgründen ohne nachfolgende automatische Sortierung [44]). Die Münchner Stadtbibliothek realisierte die bis dato umfangreichste RFID-Lösung: dort wurde 2006 die Selbstverbuchung in der Ausleihe und Rücknahme und Sortierung vollständig eingeführt. Die Umstellung aller 24 assoziierten Stadtteilbibliotheken und der Zentralbibliothek erfolgte binnen vier Jahren.

In den folgenden beiden Jahren zogen eine ganze Reihe von Bibliotheken nach, darunter große Büchereien wie jene in Hamburg, aber auch viele Bibliotheken in kleineren Städten. Ein besonderes Kapitel sind die Bibliotheken von Fachhochschulen und Universitäten: Manche stellten relativ früh Selbstverbuchungsautomaten auf, ohne jedoch die Studenten konsequent dorthin zu verweisen. Andere nutzten die Möglichkeiten voll, inklusive der 24-Stunden-Rückgabe, sofern es die baulichen Gegebenheiten erlaubten. Beispiele dafür sind die Bibliotheken der Universität Leuven, der Fachhochschulen Augsburg, Regensburg und Wildau sowie die Universitätsbibliothek Karlsruhe.

Aber auch Bibliotheken, deren Schwerpunkt nicht auf der Ausleihe lag, fanden mit Hilfe von RFID interessante Möglichkeiten, bestimmte Arbeitsabläufe zu verbessern. So entschied die Bayerische Staatsbibliothek im Jahre 2007, vorrangig nur die Bestände ihres Lesesaals mit RFID-Etiketten auszustatten. Das Ziel lag in der Sicherung sowie im Auffinden falsch eingeordneter Medien, nicht in der Selbstverbuchung.

Die Einschätzung, wie viele Bibliotheken heute bereits RFID einsetzen (Tab. 2.1), ist schwierig, da die Systemanbieter teilweise nur Hauptbibliotheken einer Stadt als Referenz angeben, teilweise aber auch jede einzelne Filialbibliothek aufführen. Dies führt zu einer starken Unsicherheit der Schätzungen. Hinzu kommt die Vermischung zwischen reinen RFID-Bibliotheken und solchen mit Hybridsystemen, d. h.

Tab. 2.1 Geschätzte Anzahl der Bibliotheken mit RFID. ([21, 60], Angaben Halbleiterindustrie anonym, eigene Schätzungen)

	2003	2006	2009
USA/Kanada	168	484	
Europa	24	360	
Asien	1	10	
Australien	21	30	
Deutschland/Österreich/Schweiz	5	40	300
Weltweit	219	924	ca. 1300

Abb. 2.4 Anzahl der im Bibliotheksbereich abgesetzten RFID-Chips. (Quelle: Halbleiterhersteller, anonym)

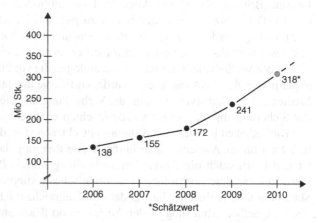

der Kombination von RFID mit EM-Streifen. Diese wurde von einem einzelnen Systemanbieter als Übergangslösung für Bibliotheken propagiert, welche bereits EM-Streifen einsetzten. Darauf ist vermutlich die hohe Zahl an RFID-Bibliotheken 2003 in den USA zurück zu führen.

Am besten lässt sich der zunehmende Trend für den RFID-Einsatz in Bibliotheken an der Anzahl der eingesetzten RFID-Chips ablesen (Abb. 2.4).

Die Statistik der bereits bestehenden und potenziellen RFID-Bibliotheken lässt sich durchaus detaillierter betrachten. In wissenschaftlichen Arbeiten sind zahlreiche Umfragen durchgeführt worden, u. a. zur Akzeptanz und Verbreitung von RFID in Bibliotheken (Arbeiten von Raith [54], Zahn [63], Beinhorn [7], Keller [30]).

Aus diesen Analysen leitet sich zusammengefasst ab, dass zwei Drittel der Kosten in Bibliotheken durch Personalkosten bedingt sind. Bibliotheken werden daher, angesichts der notorisch knappen Budgets öffentlicher Einrichtungen, zunehmend zu Rationalisierungsmassnahmen gezwungen. Umso wichtiger erscheint es, dass sie auch aus der breiten Palette der verfügbaren RFID-Technologien die am besten geeigneten Komponenten auswählen.

Kapitel 3
Technik

Dieses Kapitel unterteilt sich in zwei Abschnitte. Im ersten Abschnitt werden technische Grundlagen zu RFID vermittelt. Teile davon sind dem Buch „Anwendung von RFID-Systemen" entnommen [39]. Für tiefer gehende technische Erläuterungen wird auf Finkenzeller [16], weitere Fachliteratur und Standards (u. a. [1, 23–25, 50]) verwiesen. Im zweiten Abschnitt werden die in Bibliotheken genutzten RFID-Komponenten ausführlich beschrieben. Dabei liegt der Schwerpunkt auf den Anforderungen und Bedienabläufen sowie den Beschreibungen der Geräte. Die Anforderungen sind Grundlage für die in Kap. 6 beschriebenen Hinweise für die Gestaltung von Ausschreibungen.

Beginnen wir mit einem Vergleich, um zu erkennen, weshalb ein Grundverständnis der RFID-Technologie von Vorteil ist: Wer sich heute ein Auto kauft, muss nicht unbedingt wissen, wann der obere Totpunkt des Kolbens im Zylinder des Motors erreicht und der richtige Einspritzzeitpunkt für den Dieselkraftstoff gegeben ist. Das ist Sache des Ingenieurs. Der Kunde erwartet, dass der Motor läuft. Wer aber vor dem Kauf eines neuen Autos steht und sich überlegt, ob er angesichts der Verknappung fossiler Rohstoffe auch biogene Kraftstoffe, sprich Biodiesel oder gar reines Rapsöl tanken will, für den macht es Sinn zu hinterfragen, ob der Motor einen weiteren Kraftstoff verträgt und ob dafür eventuell die Motoreinstellungen angepasst werden müssen. Und vielleicht beherrscht dies der eine Autohersteller, der andere nicht. Zusätzlich muss der Käufer sich überlegen, ob Ersatzteile und Treibstoffe in guter Qualität und zu vernünftigen Preisen erhältlich sind. Und er muss auch noch auf die langfristige Verfügbarkeit, d. h. auf die Beständigkeit der Lieferfirma achten. Der Autokäufer muss sich, da es sich bei dem Einsatz der biogenen Kraftstoffe noch um eine Neuheit handelt, gleichzeitig mit dem Verkäufer und dem Techniker unterhalten können, um das richtige, funktionierende Produkt zu bekommen.

Für die Bibliothek stellt sich analog die Frage: wie weit muss ein Käufer RFID verstehen? Was kann RFID leisten, wo liegen seine Grenzen? Welche Alternativen gibt es und was muss man beim Wechsel von einem System zu einem anderen beachten? Ist man mit einem Lieferanten für alles besser bedient oder beschafft man sich eher Komponenten von mehreren Herstellern, um flexibler zu sein, um an Neuentwicklungen teilhaben und besser verhandeln zu können?

C. Kern et al., *RFID für Bibliotheken,*
DOI 10.1007/978-3-642-05394-8_3, © Springer-Verlag Berlin Heidelberg 2011

Um nochmals das Beispiel mit dem Motor zu bemühen: es soll hier nicht die Einspritzdüse erklärt werden, sondern vielmehr die Grundbegriffe, die Gemeinsamkeiten und Unterschiede der konkurrenzierenden Technologien, ihre Vorzüge und Nachteile zueinander, um mit dem Techniker und Verkäufer reden zu können und die Investition abzusichern. Teilweise lassen sich sogar verschiedene Auto-ID-Systeme (dies ist der Überbegriff für maschinenlesbare Identifikation) miteinander kombinieren, etwa wenn Benutzerkarten mit Barcodes an einer Verbuchungsstation mit RFID-Etiketten im Buch gelesen werden sollen. Also muss man als Käufer auch diese Technologien ansatzweise verstehen.

3.1 Vergleich der wichtigsten Auto-ID-Systeme in Bibliotheken

Es gibt eine breite Palette an Auto-ID-Systemen. Es sind teilweise sehr einfache und altbewährte Systeme für Massenanwendungen im Bereich der Warenkennzeichnung (Barcode, Elektro-Magnetische (EM) und Radio-Frequenz-(RF)-Systeme), wie auch äußerst komplexe Systeme zur Personenidentifikation (z. B. Smart Cards mit Prozessoren), welche eine hohe Fälschungssicherheit gewährleisten. Um generell für eine Anwendung ein geeignetes Auto-ID-System auszuwählen, können die in Tab. 3.1 genannten Kriterien als Leitfaden verwendet werden. RFID ist dabei sicherlich eine sehr leistungsfähige Technologie, welche sehr breite Einsatz- und Erweiterungsmöglichkeiten bietet.

Relativ neu in der Diskussion sind biometrische und bildverarbeitende Verfahren, die teilweise auch in Ergänzung mit RFID verwendet werden (Fingerabdruck Abb. 3.1, Iriserkennung, Venenscan). Sie sind in den letzten Jahren wesentlich betriebssicherer geworden und finden vor allem im Sicherheitsbereich (Zutrittskontrolle, Geldtransaktionen, Passkontrolle etc.) Verwendung.

Viele weitere Identifikationssysteme (Laserabtastung, Oberflächenakustik, Infrarot, Ultraschall etc.) spielen in der Praxis für Bibliotheken nur eine untergeordnete Rolle und werden daher hier nicht behandelt.

In vielen Fällen, z. B. bei Benutzerkarten in Bibliotheken, ist der etablierte Barcode als maschinenlesbare Identifikation ausreichend. Zwar wäre RFID „bequemer" einzusetzen (eine RFID-Karte erfordert im Gegensatz zum Barcode kein Ausrichten unter dem Laserstrahl des Lesegerätes), die Barcodekarten sind aber zumindest heute noch kostengünstiger. RFID-Reader für Karten können zudem an Verbuchungsstationen jederzeit nachgerüstet werden. Tabelle 3.2 fasst die Vor- und Nachteile von Barcodes gegenüber RFID zusammen.

Barcodelesegeräte (-scanner) unterscheiden sich in zwei Funktionsprinzipien [12]: Sie arbeiten mit der eigentlichen Reflexion eines Laserstrahls oder einer Bilderfassung durch eine Kamera. Das Lesegerät kann entweder ein Stift, ein Handscanner oder ein fest installierter Scanner sein.

Tab. 3.1 Vergleich relevanter Auto-ID-Systeme für Bibliotheken

Auto-ID-System auf Basis von	Untergruppe	ID-Nummer	Fester Speicher für Zusatzdaten am Objekt (einmal beschreibbar, OTP)	Variabler Datenspeicher (mehrfach beschreibbar)	Verbindung	Selektive Mehrfacherkennung (Antikollision oder Pulkerkennung)	Lesereichweite (cm) bis ca.
Radiofrequenz	EM				Ohne Sichtlinie	Nein	50
	RF				Ohne Sichtlinie	Nein	50
	RFID Passiv LF/HF	X	X^a	X^a	Ohne Sichtlinie	Ja	50
	RFID Passiv UHF	X	X^a	X^a	Ohne Sichtlinie	Ja	>100
	RFID Aktiv	X	X^a	X^a	Ohne Sichtlinie	Nein	>100
Optisch	Barcode	X	X		Sichtlinie	Nein	15
	OCR	X	X		Sichtlinie	Nein	0–5
Kontakt	Kontakt-Chipkarten	X	X	X	Direkter Kontakt	Nein	0
	Magnetkarten	X	X		Direkter Kontakt	Nein	0
Biometrisch	Fingerabdruck	X			Direkter Kontakt	Nein	0
	Venen-Scan	X			Sichtlinie	Nein	5
	Iris-Scan	X			Sichtlinie	Nein	10

[a] gilt nicht für alle RFID-Systeme

Abb. 3.1 Fingerabdruck-
Scanner. (Foto: Legic)

Tab. 3.2 Allgemeine Vor- und Nachteile von Barcodes gegenüber RFID

Vorteile	Nachteile
Sehr kostengünstig	Sichtverbindung ist erforderlich
Sicher in der Funktion	Neigungswinkel darf nicht zu groß sein
Einfach applizierbar	Verschmutzung führt zu ungenügender
Scanner sind etabliert und überall verfügbar	Lesesicherheit
Scanner sind (mit hohem technischem Aufwand)	Druckqualität variiert
auch für anspruchsvolle Lesesituationen	Dateninhalt begrenzt und nicht veränderbar
geeignet, z. B. Scannerduschen, Tunnel etc.	Keine Fälschungssicherung
Haltbarkeit wie bei bedrucktem Papier	möglich, da leicht kopierbar
	Zusätzliche Elemente für Mediensicherung
	erforderlich (RF-Etikett oder EM-Streifen)

Tab. 3.3 Übliche Barcodearten in Bibliotheken

Barcodeart	Beispiel	Anwendung für
Codabar	123467890	Bücher
Code 39	1234567890	Bücher
Code 128	1234567890abcde	Bücher
EAN-8	1234 5670 8 9012	Speziell für kleine Artikel
EAN-13	1 234567 890128 3 4 5 6 7	GS1-Pressecode (ehem. EAN-13 für Bücher) mit integrierter ISBN und ISSN für Zeitschriften

In Tab. 3.3 sind die für Bibliotheken relevanten Barcodearten aufgeführt: Codabar, Code 39 und Code 128. Unter den weiteren Barcodearten ist der EAN-Code (Europäische Artikelnummerierung) besonders zu erwähnen, da dieser in der Zusammensetzung und der Vergabe der Datenfelder für den sog. EPC (electronic product code) bei UHF-RFID-Systemen Pate gestanden hat.

Zweidimensionale (2D-) Barcodes speichern deutlich mehr Daten pro Fläche als eindimensionale (traditionelle) Barcodes. Sie könnten im Bibliotheksbereich ebenfalls eingesetzt werden. Da sie jedoch keinen zusätzlichen Nutzen haben, wie dies bei RFID der Fall ist, kommt eine Umstellung nicht in Betracht: Der Barcode muss stets eine Sichtverbindung zum Leser haben.

3.2 Warensicherungssysteme auf RF- oder EM-Grundlage

Warensicherungssysteme dienen ausschließlich der Diebstahlsicherung. Im Englischen werden Warensicherungssysteme daher als Electronic Article Surveillance (EAS)-Systeme bezeichnet. Sie enthalten im Gegensatz zu RFID-Systemen keinen Chip und übertragen oder erzeugen lediglich eine Information, die 0 oder 1 (vorhanden oder nicht vorhanden) entspricht. Sie bestehen aus einem Feldgenerator,

einem Empfänger und einem Sicherungsetikett. Warensicherungssysteme auf RF-
oder EM-Basis werden in fast allen Warenhäusern und in sehr großen Stückzahlen
weltweit angewendet. Die Sicherungsetiketten bestehen aus einer geätzten oder ge-
stanzten Antenne (RF, Radio Frequenz) in einem Anhängeetikett oder Klebeetikett
oder einem magnetisierten Metallstreifen (EM, elektro-magnetic), welcher an der
Ware befestigt ist (Abb. 3.2). Es können einzelne oder mehrere Detektionsantennen
am Eingang aufgestellt sein (Abb. 3.3). Wird ein nicht deaktiviertes Etikett zwischen den Detektionsantennen hindurch getragen, so wird dieses erkannt und ein
Alarmsignal ausgelöst. Die Deaktivierung erfolgt normalerweise beim Bezahlen an
der Kasse.

Der Kunde wird in der Regel nicht informiert, ob ein Artikel mit einem EAS-
Etikett ausgerüstet ist oder nicht. Ebenso wenig weiß er, ob dieses Etikett überhaupt aktiviert ist, bzw. die Antennen am Eingang in Funktion sind. Ein großer Teil
des Erfolgs der Systeme hängt von einer abschreckenden Wirkung ab. Dies bedeutet auch, dass die eigentliche Erkennungssicherheit (Detektionsrate) eher von
untergeordneter Rolle ist. Generell sinkt nach Herstellerangaben (3M) die Diebstahlrate um etwa 80 %, wenn ein EAS-System in einem Laden eingeführt wird.

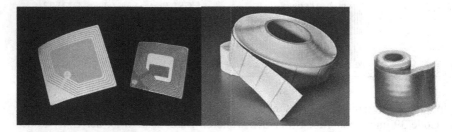

Abb. 3.2 Verschiedene RF-Etiketten und EM-Streifen mit Produkten (*Links* und *Mitte*: RF-Etiketten von Checkpoint und Lucatron; *Rechts*: 3M Tattle Tape zum Abziehen von der Rolle in
Streifen)

Abb. 3.3 Übliche Detektionsantennen für EAS-Systeme (Nedap, 3M, Checkpoint)

Tab. 3.4 Vor- und Nachteile von EM- und RF-Warensicherungssystemen in Bibliotheken

System	Vorteil	Nachteil
RF (Radio Frequenz)	Sehr kostengünstig In der Warensicherung sehr weit verbreitet und erprobt	Keine Wiederverwendung möglich, wenn einmal deaktiviert Hohe Fehlalarmquote Zerstörung von Magnetkarten durch Deaktivierungseinheit (z. B. Kreditkarten) Abschirmung mit Einsteckkarten oder Bypassystem an der Theke erforderlich Manuelle Arbeitsschritte beim „Deaktivieren" und „Aktivieren" Keine Stapelverbuchung
EM (Electro Magnetic)	Aktivier- und Deaktivierbar Kostengünstig In der Warensicherung sehr weit verbreitet und erprobt	Manuelle Arbeitsschritte beim „Deaktivieren" und „Aktivieren" Keine Stapelverbuchung

Die Etiketten werden teilweise sogar in die Waren eingearbeitet (z. B. Textilien und Schuhsohlen) und sind damit für den Kunden nicht mehr sichtbar. Die Sicherungsetiketten werden beim Bezahlen an der Kasse des Warenhauses dauerhaft entsichert oder entfernt und wieder verwendet. Unter den wieder verwendbaren Systemen werden auch Kapseln eingesetzt, welche Farbpatronen enthalten. Diese zerbrechen beim unsachgemäßen Entfernen und hinterlassen auf Textilien einen unschönen Fleck.

RF- und EM-Systeme werden auch in Bibliotheken zur Mediensicherung eingesetzt. Tabelle 3.4 fasst die Vor- und Nachteile zusammen.

Es werden bei RF und EM teilweise deutlich tiefere Frequenzen als bei RFID-Systemen angewendet [53]. Auf die frequenzbedingten Vor- und Nachteile in der Detektion wird an späterer Stelle nochmals eingegangen (Kap. 3.2.2), da hierbei Parallelen mit RFID-Systemen vorzufinden sind. Zudem wurden auch Testverfahren entwickelt, um die Detektionsrate in den Gates zu bestimmen. Auch diese können heute für RFID angewendet werden [58, 64]. Allgemein kann gesagt werden, dass heute kaum noch EAS-Systeme in Bibliotheken installiert werden – bei Neuausstattungen wird ausschließlich RFID verwendet. Auch die Kombination von EM mit RFID wurde zwischenzeitlich propagiert. Diese ist, zumindest in Mitteleuropa, ebenfalls nicht mehr üblich.

Bei EAS-Systemen können Fehlalarme auftreten. Dies zeigt zwar dem Kunden, dass das System aktiv ist, es wirkt aber im täglichen Betrieb sehr störend. Treten die Fehlalarme zu häufig auf, kann sich das Personal bei einer Kontrolle einer verdächtigen Person nicht mehr auf die Zuverlässigkeit des Systems verlassen und es werden die falschen Personen überprüft. Folglich werden bald keine Kontrollen mehr durchgeführt – womit der eigentliche Zweck der Anlage infrage gestellt ist.

Generell ist zwischen mehreren Ursachen von Störungen zu unterscheiden:

• Fehlalarme, die innerhalb einer Bibliothek durch eigene Etiketten auftreten können (unbeabsichtigtes Auslösen durch Angestellte und Kunden, Störfelder),

- Fehlalarme, die durch fremde, nicht deaktivierte EAS-Etiketten in der Bibliothek auftreten und
- Fehlalarme, die eigene EAS-Etiketten in anderen Bibliotheken oder Warenhäusern auslösen.

RFID-Systeme haben im Vergleich zu EAS-Systemen eine geringere Neigung zu Fehlalarmen. Allerdings ist die Verbreitung von RFID gegenüber EAS-Systemen heute noch weitaus geringer, so dass Fehlalarme in anderen Bibliotheken unwahrscheinlich sind. RFID-Systeme enthalten aber auch eine weitaus intelligentere Klassifizierung in Form des AFI-Wertes (Application Family Identifier), welcher zur Alarmauslösung genutzt werden kann (Ausführliches dazu in Kap. 9). Bei der Verwendung eines AFI-Wertes halten die Detektionsantennen nur nach bestimmten „Klassen" von RFID-Etiketten Ausschau. Diese Funktion kann in Bibliotheken sinnvoll genutzt werden, zumal sie inzwischen auch standardisiert ist.

Das ebenfalls in RFID-Systemen genutzte, sog. EAS-Bit schaltet eine Sicherungsfunktion ein oder aus, wie bei den klassischen EAS-Systemen. Das EAS-Bit ist jedoch für jeden Halbleiterhersteller proprietär, d. h. eine Mischung von Chips verschiedener Hersteller in einer Bibliothek (was in Zukunft immer häufiger auftreten wird) ist nicht möglich. Diesem Umstand wird mit dem AFI-Wert Rechnung getragen.

Aus der Praxis liegt bisher nur ein einziger Bericht vor, dass RFID-Besucherkarten einen Fehlalarm an RF-Detektionsantennen in einem Kaufhaus ausgelöst haben. Es stellte sich heraus, dass dabei mehr als fünf gleichartige Benutzerkarten in einem Stapel in einer Geldbörse aufeinander lagen. Dadurch ergab sich eine Verschiebung des Resonanzbereiches im Feld der Detektionsantennen und es wurde ein Alarm ausgelöst.

Eine weitere Möglichkeit zur Auslösung von Fehlalarmen ist mit RFID dann gegeben, wenn das EAS-Bit nicht deaktiviert wurde, d. h. ein gestohlenes Buch erneut in einen Durchgangsleser einer anderen Bibliothek gerät. Dies ist allerdings bisher noch nicht aus der Praxis berichtet worden.

3.3 Vertiefung der Grundlagen zu RFID

Ein RFID-System besteht aus zwei Einheiten, einem Transponder und einem RFID-Lesegerät (siehe auch erste Übersicht zur Funktion in Kap. 2). Beide Teile kommunizieren über Radiowellen miteinander. Aufgrund der starken Diversifizierung in verschiedenste Anwendungen sind auch sehr viele alternative Bezeichnungen für Transponder und RFID-Lesegeräte üblich. Dabei werden häufig auch Englische Termini verwendet (Tab. 3.5, einige dieser Bezeichnungen werden im folgenden Text verwendet).

Bei passiven RFID-Systemen versorgt das RFID-Lesegerät den Transponder über Induktion mit Energie. Bei aktiven Systemen hingegen wird der Transponder von einer Batterie unterstützt und kann demzufolge eine deutlich größere Lesedistanz erreichen. Passive Systeme können je nach Ausführung und Frequenz eine

Tab. 3.5 Bezeichnungen für Transponder und RFID-Lesegeräte

	Alternative Bezeichnungen
Transponder	RFID-Tag, -Etikett, -Anhänger, -Ticket, ID-Tag, -Träger, -Etikett, Identträger, Injektat (bei Tieren), epc-Tag, „Chip"[a], „RFID-Chip"[a]
RFID-Lesegerät	RFID-Leser, -Leseschreibgerät, -Antenne, -Gate, Stationärer Leser, Mobiles Lesegerät, Handleser, Handlesegerät, Hand Held, Handheld Reader, RFID-Pad, Pad-Antenne, Gate-Antenne, Durchgangsleser, Sicherheitsschleuse, Detektor, Detektionsantennen, RFID-Schleuse, Türleser, Interrogator, RFID-Tunnel, RFID-Regal

[a] Mit „Chip" ist oft fälschlicherweise der gesamte Transponder gemeint. Normalerweise wird nur der Halbleiter, also ein Teil des Transponders, als Chip bezeichnet

Lesereichweite von wenigen cm bis zu mehreren Metern erreichen, aktive Systeme erreichen bis zu 100 m.

RFID-Leser und Transponder tauschen Daten zum Betrieb, zur Identifikation und gegebenenfalls zusätzliche Daten aus (Read/Write-Funktion). Transponder als auch RFID-Leser liegen in den verschiedenen Ausführungen vor, die weiter unten gezeigt wird. Es werden in Kap. 3 auch in der Industrie übliche Transponder- und Reader-Formen beschrieben, danach werden nur noch speziell für Bibliotheken geeignete Systeme behandelt.

3.3.1 Übertragungsverfahren und Erkennungsbereiche

Für die Kopplung zwischen Transponder und Leser werden drei verschiedene Verfahren verwendet:

- Die „induktive Kopplung" über ein magnetisches Feld (Nahfeld, LF mit < 134,2 kHz und HF mit 13,56 MHz). Induktiv gekoppelte RFID-Systeme mit 13,56 MHz werden heute mehrheitlich in Bibliotheken, für Smart Cards und viele weitere Anwendungen eingesetzt.
- Das sog. „Backscatter-Verfahren" nutzt eine höhere Frequenz (898 bzw. 986 MHz). Backscatter wurde aus der Radartechnik übernommen, d. h. die Radiowellen werden reflektiert.
- Die „kapazitive Übertragung" durch ein elektrisches Feld – sie ist hier nur der Vollständigkeit halber aufgeführt. Sie hat im Bereich der kontaktlosen Datenübertragung kaum praktische Relevanz.

Alle drei Verfahren unterscheiden sich signifikant in Bezug auf ihre Lesezuverlässigkeit und ihrem Lesebereich. Von der Relevanz her werden heute weit überwiegend RFID-Systeme mit induktiver Kopplung eingesetzt (> 99 % in Bibliotheken), gefolgt von Backscatter-RFID-Systemen in der Logistik. Kapazitive Systeme haben keine Relevanz aufgrund ihrer sehr stark wechselnden Lesefelder. Es kann bei diesen nicht eindeutig gesagt werden, welcher Transponder an welchem Ort gelesen wird. Wenn diese räumliche Zuordnung nicht möglich ist, nützt auch das

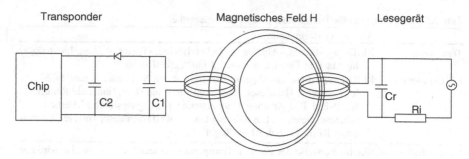

Abb. 3.4 Funktion eines passiven, induktiv gekoppelten RFID-Systems. (Nahfeld [16])

empfangene Identifikationssignal wenig. Eventuell werden in Zukunft auch hier
neue Entwicklungen stattfinden.

3.3.1.1 Induktive Kopplung

Abbildung 3.4 zeigt den allgemeinen Aufbau eines passiven, induktiv gekoppelten
RFID-Systems. Auf beiden Seiten befindet sich eine Antenne (Luftspule), welche mit
einer Betriebselektronik, einem Kontrollteil und einem Speicher (Halbleiter, Chip) in
Form eines EEPROMs (Electric Erasable and Programmable Read Only Memory)
ausgestattet ist. Auf Seiten des Lesegerätes ist die Elektronik mit einer Stromversorgung bzw. mit einem Computer zur Steuerung und Datenaufnahme verbunden.

Transponder, welche ihre Energie durch Induktion beziehen, müssen mit dieser
„Fremd"-Energie sowohl den Betrieb ihres Chips gewährleisten, als auch das Ant-
wortsignal in ausreichender Stärke erzeugen können. Sie arbeiten mit dem wechselnden magnetischen Feld. Das Prinzip ist das gleiche wie die Kopplung zweier Spulen.

Ein Teil des erzeugten Feldes wird von der Transponderantenne aufgenommen,
d. h. dem magnetischen Feld wird dabei Energie entzogen. Bei parallel und eng beieinander liegenden Spulen ist diese Energieübermittlung optimal, bei weiter ausein-
ander liegenden Spulen suboptimal. Die messbare Feldstärke nimmt mit zunehmender Entfernung stark ab (Abb. 3.5). Innerhalb des Bereiches 0,16 λ um die Antenne
befindet sich das Nahfeld, welches für die induktive Kopplung genutzt wird. Außerhalb 0,16 λ beginnt das Fernfeld, in dem das magnetische Feld zu schwach ist, um
den Transponder ausreichend mit Energie zu versorgen.

Solange der Transponder sich im Feld der Leseantenne befindet (und er in Resonanz mit deren Frequenz ist), entzieht er dem magnetischen Wechselfeld Energie. Der
Entzug dieser Energie kann am Lesegerät als Änderung der Impedanz ermittelt werden. Wenn der Transponder im Zeitverlauf einen Widerstand zu- oder abschaltet, kann
dieser Wechsel vom Leser detektiert werden. Aus dem Verlauf mehrerer Wechsel kann
ein Nutzsignal interpretiert werden. Das Verfahren wird Lastmodulation genannt.

Auch die Orientierung der beiden Antennen zueinander hat einen starken Einfluss
auf die Lesbarkeit des Transponders. Hierbei kann es vorkommen, dass die Rich-

Abb. 3.5 Abhängigkeit der
Feldstärke von der Distanz
zur Antenne bei induktiven
Systemen [39]

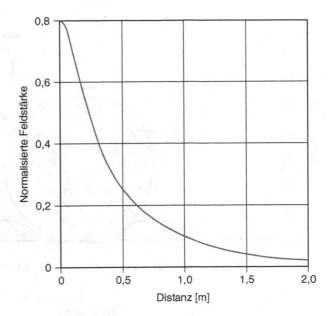

tung der Feldlinien der Leserantenne nicht derjenigen des Transponders entspricht,
was in einer geringeren Energieübermittlung resultiert. Aus diesem Zusammenhang
sind die in der Praxis zu beobachtenden Einschränkungen in der Reichweite und
Orientierung der Transponder zur Leserantenne erklären. Die Erkennungsbereiche
und die empfangenen Signale beim Passieren eines LF- und HF-Transponders vor
einer Antenne sind sehr klar umrissen (Abb. 3.6).

Sind die beiden Antennenspulen parallel zueinander und auf einer gemeinsamen
Achse ausgerichtet, so ergibt sich die maximale Lesereichweite. Wird der Transponder seitlich verschoben, so geht die Lesedistanz zurück. Wird er in einem anderen Winkel ausgerichtet, so geht die Lesedistanz ebenfalls zurück. Das Bild gilt
allerdings nur für einfache „Single-Loop"-Antennen. Sobald mehrere Antennen
miteinander kombiniert werden, ändern sich die Felder und damit die Erkennungsbereiche gravierend (s. Abschn. 3.3.2.3).

3.3.1.2 Übertragung im Backscatter-Verfahren

RFID-Systeme, welche eine Distanz von > 1 m überbrücken können, werden oft als
Long Range-Systeme bezeichnet. Wie in Abb. 3.5 dargelegt wurde, ist die Energie
des magnetischen Wechselfeldes ab ca. 1 m sehr gering und nicht mehr ausreichend,
um den Transponder zu versorgen. Hier kommen Systeme mit höheren Frequenzen und/oder aktive, mit eigener Energieversorgung ausgestattete Transponder zum
Zuge. Die Antennen unterscheiden sich grundlegend von den zuvor dargestellten
Spulen (und Ferritkernen): es sind sogenannte Dipolantennen. Die in der Antenne

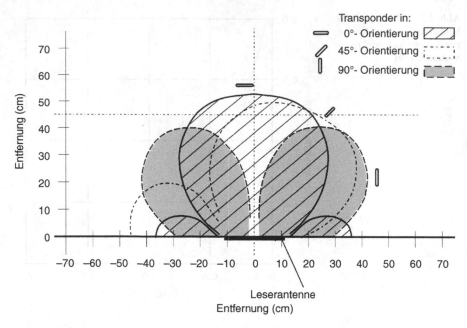

Abb. 3.6 Erkennungsbereiche bei verschiedenen Positionen (Entfernung und Orientierung) des Transponders [39]

generierte Hochfrequenzspannung wird vom Chip wie zuvor zur Generierung eines kodierten Signals verwendet.

Die heute üblichen passiven Transponder mit einer Frequenz von 868 MHz (oder 918 MHz in den USA) erreichen eine Lesereichweite von bis zu 3 m. Mit aktiven Transpondern könnte in diesen Frequenzbereichen ein Vielfaches dieser Lesedistanz erreicht werden. Anzumerken ist, dass auch bei aktiven Transpondern, die im UHF-Bereich oder darüber arbeiten, die Energie der Batterie stets nur zur Versorgung des Chips eingesetzt wird, nicht für die Rücksendung des Signals.

Beim Backscatter-Prinzip handelt es sich nicht um das Zurücksenden, sondern um das Reflektieren der vom Lesegerät ausgesandten elektromagnetischen Wellen. Dieses Verfahren wird in der Radar-Technik verwendet und nutzt das Prinzip, dass jedwede Materie, deren Abmessung größer als die halbe Wellenlänge des ausgesandten Radarstrahls ist, diesen reflektiert. Insbesondere geschieht dies dann, wenn das angefunkte Objekt damit in Resonanz steht. Abbildung 3.7 zeigt das Abschnüren von Wellen bei der Umpolung der Dipolantenne, sowie die Reflexion durch einen Transponder.

Das Prinzip der Informationsübertragung beruht nun darauf, dass die Rückstrahleigenschaften an der Transponderantenne geändert werden (bei den induktiven Transpondern war dies die Entnahme von Energie aus dem Feld und die Impedanzänderung). Dies bedeutet, dass die Antenne hier wechselweise sehr gut und

Abb. 3.7 Entstehung von
elektromagnetischen Wellen
und Ausbreitung zwischen
zwei Dipolantennen. *Oben*:
Abschnüren der Wellen bei
Umpolung. *Unten*: Rich-
tungseffekt bei der Abgabe
der Wellen und Reflexion
durch den Transponder [16]

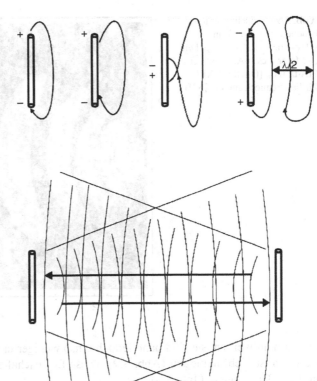

weniger gut in Resonanz ist. Dieser Effekt kann dadurch erreicht werden, dass ein
Lastwiderstand wechselweise zu- und abgeschaltet wird (Abb. 3.8, RL).

Die Ausbreitungscharakteristik bzw. der Erkennungsbereich von UHF-Transpondern ist durch eine Reihe von Faktoren beeinflusst [39]: insbesondere die Orientierung, die Drehrichtung vor dem Leser, Reflexionen, die Materialart der Umgebung und Wasser. UHF-Transponder können sehr gut auf spezifische Bedingungen

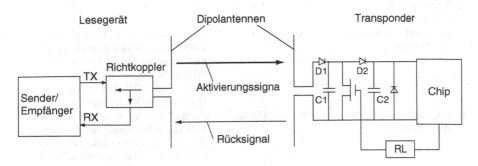

Abb. 3.8 Funktion eines passiven Transponders im Backscatter-Verfahren. (Nach [16])

Abb. 3.9 Typisches, unter-
brochenes Lesefeld eines
UHF-Transponders (Angaben
in Meter, Leser-Antenne bei
Position 0). (Quelle: NXP/
Philips Semiconductors [52])

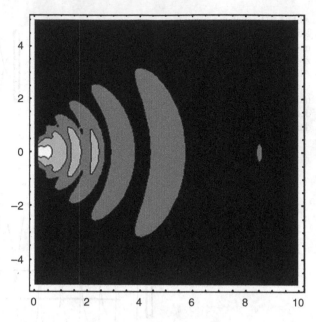

abgestimmt werden, sie sind dann jedoch umso weniger universell einsetzbar. Das
Lesefeld ist nicht homogen (Abb. 3.9). Diese Eigenschaften unterscheiden UHF-
und HF-Transponder (Tab. 3.6).

Im Folgenden werden die Beeinflussungen anhand von praktischen Beispielen
der Anbringung von UHF-Etiketten auf oder in Kisten näher betrachtet (Abb. 3.10,

Tab. 3.6 Vergleich der Einflussfaktoren auf die Lesbarkeit zwischen HF und UHF

Eigenschaft	HF	UHF	Bemerkung
Orientierung in drei Dimensionen und der Drehung vor der Antenne	X	X	Kann bei HF durch Antennenformationen (Gates) aufgehoben werden Bei UHF kann die Polarisierung über ein Drehfeld aufgehoben werden
Reflexionen an der Objektoberfläche	–	XX	
Objektmaterial „Schlucken" von Energie	X	XX	Benötigt bei UHF spezielle Abstimmungsmaßnahmen, eventuell funktionieren diese Transponder nicht unter wechselnden Bedingungen (Auflegen der Hand auf ein UHF-Etikett verhindert Detektion im Durchgang)
Homogenität und Abgrenzung des Lesefeldes	Klar	Unklar	Löcher im Erkennungsbereich können bei UHF durch Bewegung des Transponders im Lesefeld teilweise ausgeglichen werden (kritisch bei statischen Positionen, erfordert u. U. UHF-Antennen mit induktiver Zusatzantenne

(− kein Einfluss, X mittelstarker Einfluss, XX starker Einfluss)

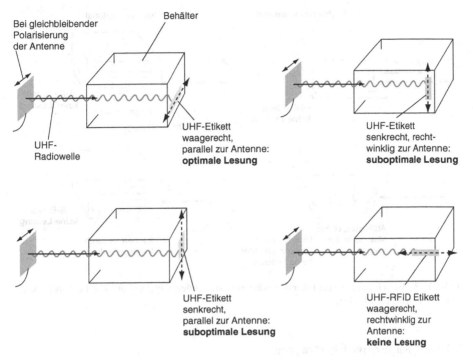

Abb. 3.10 Auswirkungen der Anbringung von UHF-Etiketten auf die Lesbarkeit. (Nach [46])

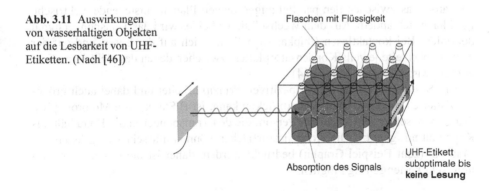

Abb. 3.11 Auswirkungen von wasserhaltigen Objekten auf die Lesbarkeit von UHF-Etiketten. (Nach [46])

3.11, und 3.12). Es ist zu beachten, dass die Abbildungen nur für eine lineare Polarisierung der Felder gelten. Bei zirkulärer Polarisierung (Drehfeld) entfällt zwar eine der für die Lesung ungünstigen Drehungen (Abb. 3.12, links unten, senkrechte Position des Etiketts), sie hat allerdings Einbußen in der Lesereichweite zur Folge.

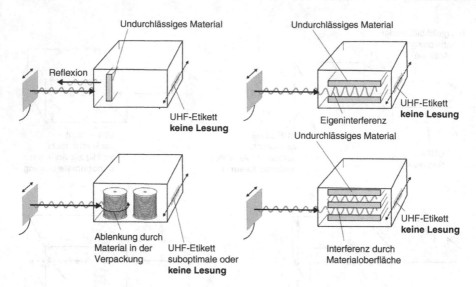

Abb. 3.12 Auswirkungen von leitenden oder reflektierenden Objekten auf die Lesbarkeit von UHF-Etiketten. (Nach [46])

3.3.1.3 Kapazitive Übertragung

Bei dieser Art der Kommunikation entsteht die Kopplung über einen Plattenkondensator. Das zwischen den parallel angeordneten Platten entstehende elektrische Feld kann sich ändern. Aus dem Wechsel dieses Feldes wird das Transpondersignal dekodiert. Bei kontaktlosen Chipkarten befinden sich auf der Leser- und auf der Transponderseite jeweils Kondensatorplatten, zwischen denen das elektrische Feld erzeugt wird (Abb. 3.13 und 3.14).

Ein System, das nach dem kapazitiven Prinzip arbeitet und dabei auch größere Distanzen (mehrere Meter) überbrücken kann, ist BiStatix® von Motorola [50]. Dabei wird selbst der Körper der Person, die den Transponder in der Hand hält, als Kapazität mit genutzt. Die Kondensatorflächen können mit sehr wenig leitendem Material (zum Beispiel Graphit) bedruckt werden, daher ist die Antennenherstellung sehr kostengünstig möglich.

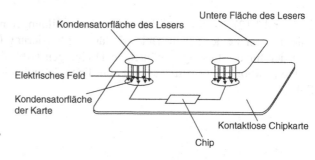

Abb. 3.13 Kapazitive Übertragung bei kontaktlosen Chipkarten. (Close Coupling, nach [16])

Abb. 3.14 Kapazitive
Übertragung bei Remote
Coupling. (GND: Ground,
nach [16], Prinzip bei BiSta-
tix® [50])

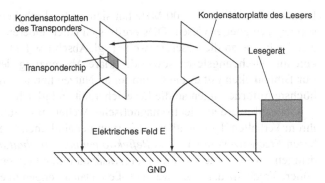

Da die Lesereichweite sehr stark wechselt und dadurch kaum eine zuverlässige
Lesung zu erreichen ist, hat sich das kapazitive System nicht in der Praxis durchgesetzt.

3.3.2 Frequenzen

Das Spektrum der Radiofrequenzen ist Nutzungsbestimmungen unterworfen. In
diesen sind bestimmte Frequenzbereiche oder -bänder bestimmten Anwendungen
zugeordnet. In Abb. A.1 (Anhang) sind die jeweiligen Frequenzbänder aufgeführt.
Viele Interessenvertreter (z. B. Radio, Telekommunikation, Militär) haben eine bestimmte Bandbreite für sich reserviert. Für RFID ist das sog. ISM-Band (Industrial,
Scientific and Medical) relevant.

Abbildung 3.15 zeigt eine qualitative Einordnung wichtiger Eigenschaften verschiedener Frequenzen, welche bei RFID-Systemen genutzt werden können. Of-
fenbar gibt es keine ideale Frequenz, welche alle Vorzüge in sich vereinigen würde,
bzw. keine Nachteile aufwiese. Innerhalb von drei Bereichen, der Low Frequency
(LF) mit ≤134,2 kHz, der High Frequency (HF) mit 13,56 MHz) und Ultra High

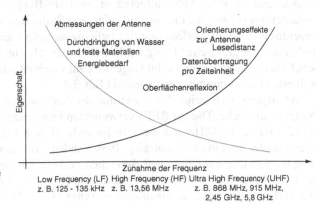

Abb. 3.15 Frequenzbereiche
und relevante Eigenschaften
für RFID [38]

Frequency (UHF) mit >800 MHz hat sich für Bibliotheken der HF-Bereich als besonders geeignet erwiesen. Dies ergibt sich unter anderem aus den Anforderungen aus der Praxis an die Lesereichweite (vgl. Abschn. 8.1.1) und die Lesezuverlässigkeit im Durchgangsleser, sowie die klare Abgrenzung des Erkennungsbereiches. Für Bibliotheken gilt es ein Optimum an Nutzen herauszuholen: die Vorgaben sind höchste Anforderungen an die Lesesicherheit und gleichzeitig geringe Kosten.

Generell werden elektromagnetische Wellen mit zunehmender Frequenz in ihrem Verhalten dem sichtbaren Licht immer ähnlicher. Dies bedeutet, dass mit höheren Frequenzen zunehmend *Reflektionen und Abschattungen*, oder beim Durchdringen gewisser Medien *Energieverluste* auftreten können. Positiv wirkt sich eine höhere Frequenz dann aus, wenn größere Datenmengen in einem kurzen Zeitfenster übertragen werden müssen, da sich die Taktfrequenz mit der Frequenz entsprechend erhöht. Die Daten können außerdem über größere Distanzen übermittelt werden.

Mit zunehmender Frequenz nimmt die *Durchdringung von Wasser* deutlich ab, d. h. die Energie wird im Wasser in Wärme umgesetzt. Dieser Effekt wird beim Mikrowellenherd explizit genutzt, wenn Wassermoleküle zum Schwingen gebracht werden und diese dadurch Wärme abgeben. Nun sind die hier verwendeten Frequenzen noch weit von der Mikrowelle entfernt (Abb. A.1), aber es sind bereits erste Dämpfungseffekte im HF-Bereich vorhanden. Im UHF-Bereich wirken sich diese entsprechend stärker aus.

Durch die Dämpfung der Radiowellen durch Wasser sind UHF-Transponder ungeeignet für die Anbringung auf wasserhaltigen Materialien. Auch wenn vereinzelt speziell abgestimmte UHF-Etiketten für Flüssigkeiten entwickelt wurden, sind diese nicht für einen Wechsel zwischen trockener und feuchter Umgebung geeignet. Die Dämpfung gilt, zumindest teilweise, auch für kontaktlose Smart-Cards. Wenn eine Smart Card (ISO 15693) zwischen zwei Handflächen gepresst wird, ist eine Detektion in einem Gate bereits schwierig. Bei einem UHF-Etikett ist bereits durch das Berühren der Antenne mit dem Finger eine deutliche Signaldämpfung festzustellen.

Die *Bauweise der Transponderantenne* ändert sich mit zunehmender Frequenz. Es gibt für alle drei Bereiche (LF, HF, UHF) eigene Antennen. LF-Transponder sind meistens mit einem Ferritkern und einer Kupferspule ausgestattet. HF-Transponder verfügen ebenfalls über Spulen, jedoch sind diese sehr flach und mit weniger Windungen auf einer Folie aufgebracht. Im UHF-Bereich schließlich werden Dipolantennen verwendet, die ebenfalls eine sehr flache Bauweise haben, aber in ihrer zweidimensionalen Ausformung fast beliebig ausgelegt sein können (daher gibt es teilweise sehr „hübsche" Designs). Die Dicke der HF- und UHF-Antennen ist mit <0,1 mm so gering, dass sie im Gegensatz zur Ferritantenne sehr kostengünstig als Etiketten einlaminiert werden können (Tab. 3.7).

Abbildung 3.16 zeigt das Spektrum der Radiowellen und ihre zugeordneten Nutzungsbereiche. Die für RFID verwendeten Frequenzen sind die Bereiche 125–134,2 kHz, 13,56 MHz und mehrere Bereiche ab 868 MHz aufwärts. Die oberen vier Bänder entsprechen den sog. ISM-Bändern, die den industriellen, wissenschaftlichen und medizinischen Bereichen vorbehalten sind. Die Frequenzen 868 und 915 MHz werden unter UHF zusammengefasst. Die Frequenzbereiche 2,4 und 5,8 GHz werden noch vergleichsweise wenig für RFID genutzt. Es sind zumeist aktive Systeme.

Tab. 3.7 Frequenzbereiche und Transponderbauarten

Frequenz	Antennenbauweise	Bezeichnung
< 134.2 kHz	Bild: C. Kern	Ferritstab – Nahfeld, magnetisch
13.56 MHz	Bild: Infineon	Luftspule – Nahfeld, magnetisch
868/915 MHz	Bild: Texas Instruments	Dipol[a] – Fernfeld, elektromagnetisch
RF kombiniert mit RFID bei 868/915 MHz	Bild: unbekannt	RFID-Etikett aus der Textillogistik, RF-Sicherungsetikett mit zusätzlicher UHF-Antenne

[a] In der technischen Ausdrucksweise sind nur Dipol-Antennen „echte" Antennen. Im Folgenden wird allerdings, wie inzwischen allgemein üblich, für alle drei Varianten der Begriff Antenne verwendet

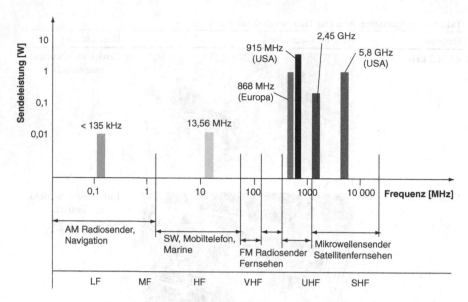

Abb. 3.16 Frequenzbänder für RFID (nach [38, 55])

Aus Abb. 3.16 geht auch hervor, wie weit die Sendeleistungen für jeweils 868 und 915 MHz sowie 2,45 GHz zwischen den USA und Europa differieren. Bei den passiven UHF-Transpondern macht sich die höhere Sendeleistung in einer Verdoppelung der Lesedistanz bemerkbar. So werden in Europa etwa 2 m erzielt, während mit dem gleichen Transponder in den USA bis zu 4 m erreicht werden können. Der geringe Unterschied in der Frequenz (868 zu 915 MHz) ist dabei vernachlässigbar.

Die beiden Frequenzen < 134,2 kHz und 13,56 MHz sind weltweit inzwischen anerkannt und bezüglich der Sendeleistung geregelt. Die Lesegeräte erhalten dementsprechend ihre Zulassungen durch FCC und CE-Zeichen.

3.3.3 Chipaufbau, Speichergröße und Datenretention

RFID-Systeme benötigen einen Datenspeicher, um überhaupt zu arbeiten, zu kommunizieren, Daten übermitteln und diese abspeichern zu können. Es ist entweder ein Speicher, welcher bereits beim Hersteller mit einer fest einprogrammierten Nummer versehen wurde, und/oder erst später eine Programmierung erhalten hat. In den meisten Fällen werden EEPROMs eingesetzt.

Die Anzahl an Schreibzyklen wird üblicherweise in der Halbleiterindustrie mit 100.000 angegeben. Dies bedeutet für eine Bibliothek, dass ein Medium etwa 50.000 mal ausgeliehen werden könnte, da jeweils ein Schreibzyklus bei der Deaktivierung und Aktivierung der Sicherung bzw. dem Umschreiben des AFI-Wertes erfolgt.

Aus der Anzahl Schreibzyklen kann nicht auf die Lebensdauer des Chips geschlossen werden. Die Daten werden mehrere Jahre erhalten. Die Dauer hängt stark von der Bauweise der Chips und den Umweltbedingungen ab. Durch erneutes komplettes Überschreiben (Neuprogrammieren) des Speichers können die Daten zwar wieder „aufgefrischt" werden, allerdings gilt dies nicht für zuvor gesperrte Bereiche. Zu den gesperrten Bereichen gehört auch die UID (Unique Identification Number), welche den Chip weltweit einmalig macht. Diese Nummer wird beim Antikollisionsalgorithmus benötigt und muss daher gesperrt werden. Dies hat zur Folge, dass die Lebensdauer eines RFID-Chips nicht durch erneutes, komplettes Beschreiben verlängert bzw. aufgefrischt werden kann. Daher werden heute Chips angeboten, für die eine besonders lange Lebensdauer garantiert wird. Allerdings sind, seit dem ersten verbreiteten Einsatz von RFID-Etiketten in Bibliotheken um 2002 noch nie Ausfälle bekannt geworden.

Die heute von mehreren Herstellern angegebene Lebensdauer von mindestens 10 Jahren kann nicht überprüft werden.

In Bibliotheken existieren teilweise ideale Lagerungsbedingungen für Halbleiter (und damit ihren Dateninhalt), da die Umweltbedingungen mit der Raumtemperatur weitgehend konstant bleiben. Gegenüber industriellen Bedingungen ist dies geradezu ideal. Auch die Temperatursprünge oder der Wechsel der Feuchtigkeit sind vergleichsweise gering. Allerdings sind hierbei auch Unterschiede zwischen Freihandbereichen, Archiven, Regalen vor Fenstern etc. zu berücksichtigen.

Um die Informationen im Speicher gezielt abzurufen, ist eine bestimmte Datenorganisation erforderlich. Der Inhalt des Speichers ist in mehrere Segmente aufgeteilt. In der einfachsten Form enthält er nur eine UID mit 32 oder 64 bit. Für Transponder, die ISO 15693 entsprechen, zeigt Abb. 3.17 den typischen Aufbau. Die verschiedenen Seiten des variablen Speichers können einzeln aufgerufen werden. Sie werden dann jeweils vollständig gelesen. Es ist außerdem möglich, nur den Application Family Identifier (AFI) zu lesen oder die UID. Ferner können einzelne Zeilen (Blocks) für die weitere Programmierung gesperrt werden.

Die Speichergrößen reichen von 32 bit bis zu etwa 10 kbit variablem Speicher. Für die meisten industriellen Anwendungen und insbesondere Bibliotheken ist heute 1 kbit ausreichend (vgl. auch Datenmodell, Abschn. 9.3). Wenn zusätzliche Verschlüsselungsalgorithmen erforderlich sind (ISO 14443), wird entsprechend mehr Speicher, bei noch größeren, komplexeren Systemen in Smart Cards, eventuell auch ein zusätzlicher Prozessor benötigt.

Die Speicherart hat einen relativ großen Einfluss auf die Lesezeit, die Lebensdauer und die Distanz beim Programmieren des Transponders. Ferner wird durch die Speicherart und -größe der Preis für den Chip beeinflusst.

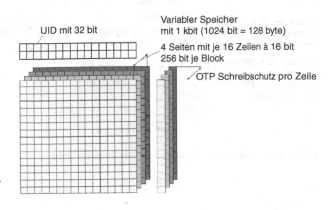

Abb. 3.17 Aufbau des Speichers bei Transpondern. (Nach ISO 15693 [23])

3.3.4 Antikollision

Antikollision bedeutet das Auseinanderhalten mehrerer Transponder im gleichen Lesefeld eines Lesegerätes, um mit diesen einzeln zu kommunizieren. Als einfachste Form der Kommunikation mit Transpondern kann das Broadcast-Verfahren gesehen werden. Dabei sendet das Lesegerät, ähnlich einem Radiosender mit vielen Empfangsgeräten, gleichzeitig ein Signal an alle Transponder. Der umgekehrte Vorgang, den Zugriff mehrerer Transponder auf das Lesegerät, nennt man entsprechend Mehrfachzugriff. Geschieht dies gleichzeitig, kann das Lesegerät nicht unterscheiden, ob es sich um ein einziges oder mehrere Signale handelt. Dementsprechend müssen die Signale unterschieden werden. Hierzu eigenen sich vier Multiplex-Verfahren (Abb. 3.18): sie unterscheiden sich zeitlich im TDMA, in der Frequenz im FDMA, räumlich im SDMA und schließlich in der Kodierung im CDMA. Aus diesen grundsätzlichen Verfahren werden entweder einzelne oder auch Kombinationen ausgewählt.

3.3.4.1 FDMA Frequenzmultiplexverfahren

Dieses Verfahren ist eines der wirkungsvollsten, da es ein gleichzeitiges Senden der Transponder an das Lesegerät erlaubt. Die Lesegeschwindigkeit ist relativ hoch. Allerdings ist die Anzahl der Kanäle beschränkt. Ein klassisches Beispiel wären die Sprechfunkgeräte mit mehreren Kanälen. Ein moderner Vertreter findet sich im

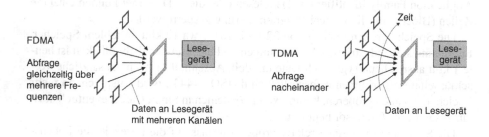

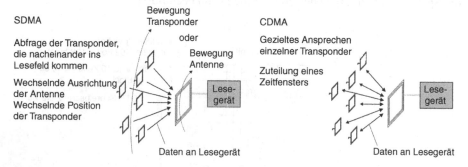

Abb. 3.18 Funktion verschiedener Antikollisionsverfahren

PJM-Verfahren (Magellan/Infineon, ISO 18000-3 Mode 2, das genauso genommen eine Mischform zwischen FDMA und CDMA darstellt), welches sich dadurch auszeichnet, dass es bis zu acht Kanäle verwendet. Dies führt zu einer sehr schnellen und effektiven Erkennung vieler Transponder im Lesefeld. Die Limitierungen dieser Transponder liegen dann in anderen Bereichen, z. B. der Lesereichweite. Dadurch ergeben sich Einschränkungen bei der Sicherung im Gate. Ansonsten wären diese Chips für Bibliotheken sehr gut geeignet.

3.3.4.2 TDMA Zeitmultiplexverfahren

Innerhalb der Zeitmultiplexverfahren gibt es wiederum eine Reihe unterschiedlicher Varianten. Gemeinsam ist ihnen, dass sie ein Zeitfenster nutzen, in dem nur ein Transponder mit dem Lesegerät kommuniziert. Eines der einfacheren Verfahren ist das sog. ALOHA-Verfahren, das auf Hawaii zum Aufbau eines Funknetzes aufgebaut wurde. Es ist durch den Transponder gesteuert. Er sendet ein relativ kleines Datenpaket und wiederholt dieses in bestimmten Zeitabständen. Die Pausen zwischen den Signalen sind deutlich länger als die Dauer des Datenpaketes selbst. So ist es wahrscheinlich, dass bei gleichzeitigem Beginn des Sendens mehrerer Transponder ein Zeitfenster entsteht, in dem einer von ihnen sein Signal erfolgreich übermitteln kann. Der Datendurchsatz ist dementsprechend von der Länge des Signals, der Anzahl Transponder und der Länge der Pausen abhängig. Ab einer bestimmten Menge, d. h. wenn mehr Transponder im Lesebereich sind als Zeitfenster bereitstehen, geht der effektive Datendurchsatz durch zunehmende gegenseitige Behinderung stark zurück. Dieser Rückgang kann etwas gemildert werden, indem den Transpondern durch den Leser ein bestimmtes Zeitfenster zugeteilt wird (slotted ALOHA-Verfahren, S-ALOHA). Eine weitere Verbesserung wird dadurch erreicht, dass sich nur Transponder mit einer relativ hohen Sendeleistung durchsetzen können. Auch durch das dynamische S-ALOHA-Verfahren wurde eine Verbesserung erreicht. Dabei werden, sobald nur ein Transponder einen Teil seiner Information erfolgreich übermittelt hat, die weiteren im Feld befindlichen Transponder durch ein BREAK-Kommando vom Lesegerät stumm geschaltet. Dies bedeutet, dass die Zeitfenster variabel angepasst werden können. Es gibt dem ersten Transponder Gelegenheit, auch ein längeres Signal fehlerfrei zu übermitteln. Die ALOHA-Verfahren werden im Wesentlichen für nicht-programmierbare Transponder angewendet, die nur wenige Daten senden.

3.3.4.3 SDMA Raummultiplexverfahren

Bei diesem Verfahren wird entweder der Lesebereich durch die Leserantenne (z. B. mit einer Richtantenne) gezielt verändert, oder es werden durch Bewegung nur einzelne Transponder in den Lesebereich gebracht. Es kann auch ein größerer Raum mit Antennen und Lesegeräten versehen werden, so dass jeweils feststellbar ist, an welcher Stelle sich eine Person oder ein Gegenstand befindet. Ein klassisches Beispiel ist die Erkennung von Personen bei Massensportveranstaltungen. Hier werden sog. Tartanmatten mit Antennen versehen, die flach auf dem Boden liegen und über die z. B. Marathonläufer bei der Zeitmessung laufen. Die Personen tragen die Transponder am Schuh, so dass nur eine geringe Lesedistanz erforderlich ist. Die in den Matten vorhandenen Antennen werden abwechselnd geschaltet. Auf diese Weise können sehr große Mengen an Transpondern in relativ kurzer Zeit gelesen werden.

Eine andere Möglichkeit des Raummultiplexverfahrens besteht darin, im UHF-Bereich polarisierte Antennen zu verwenden und diese wechselweise zu schalten. Dadurch ist eine Selektion von Transpondern in Abhängigkeit von deren Orientierung zur Antenne möglich. Ebenso können Antennen durch die Drehung des Feldes einen Bereich gezielt abscannen.

3.3.4.4 CDMA Kodemultiplexverfahren

Dieses Verfahren ist das am weitesten entwickelte Antikollisionsverfahren. Es nutzt die Möglichkeit, die Signale der Transponder zu analysieren und sie selektiv auszuschalten, bis nur noch ein Transponder antworten kann. Wenn dieser geantwortet hat, wird auch er ausgeschaltet und der Algorithmus der Suche beginnt von neuem, bis alle Transponder gelesen wurden. Auf diese Weise können fast beliebig viele Transponder im Lesefeld erkannt werden. Im Gegensatz zu den oben genannten Verfahren nimmt der Zeitbedarf nicht exponentiell, sondern nur linear mit der Menge der Transponder zu.

Eine der wichtigsten Voraussetzungen ist, dass die Transponder synchronisiert antworten und dass über die Art der Kodierung entschlüsselt wird, ob sich mehrere Transponder im Feld befinden und ob deren Signale miteinander kollidieren.

Um nun eine gezielte Abfrage eines Transponders durchzuführen, werden vier (ISO-)Befehle benötigt, die das Lesegerät an alle Transponder im Lesebereich sendet.

- Vorselektion der Transponder (REQUEST_SNR): mit diesem Befehl werden Seriennummern abgefragt, die kleiner sind als eine vorgegebene Nummer.
- Auswahl einer bestimmten, bereits bekannten Nummer (SELECT_SNR): die empfangene Seriennummer wird vom Leser gesendet und vom Transponder mit dieser Nummer empfangen. Damit ist die Kommunikation mit einem bestimmten Transponder sichergestellt.
- Lesen der Daten des ausgewählten Transponders (READ_DATA): Der angesprochene Transponder sendet seinen Dateninhalt an das Lesegerät.
- Stummschalten des abgefragten Transponders (UNSELECT): nach erfolgter Lesung des Speichers wird der Transponder stumm geschaltet und gibt so den Freiraum für die Abfrage weiterer Transponder.

Das Verfahren sieht nun vor, dass bei jedem Abfragezyklus an der Stelle, wo ein bit eine Kollision verursacht, eine neue, eingeengte Abfrage erfolgt, bis keine Kollision mehr auftritt und nur ein Transponder sein Signal übermittelt. Wenn er stumm geschaltet ist, kann der nächste mit der Datenübertragung starten. So verfolgt der Leser einen binären Suchbaum (Abb. 3.19).

Abb. 3.19 Binärer Suchbaum mit Beispiel für vier
Transponder. (Vereinfacht
nach [16])

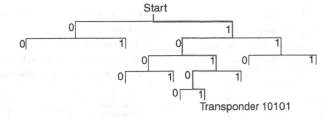

Transponder 10101

3.3.5   Stromversorgung der Transponder

In Ergänzung zu den bereits oben dargestellten Energieversorgung sei erwähnt, dass
es drei Typen von Transpondern gibt: passive, aktive und semi-aktive. Aktive Transponder nutzen eine Batterie als Stromversorgung für den Betrieb des Chips, passive
hingegen beziehen ihre Energie durch Induktion, d. h. sie entziehen dem magnetischen (LF und HF) oder elektromagnetischen (UHF) Feld Energie. Zusätzlich gibt
es die Gruppe der semi-aktiven Transponder: Nur wenn besonders hohe Anforderungen an die Lesereicheweite gestellt werden, kann die benötigte Energie aus einer
Batterie bezogen werden. Zusätzlich gibt es die Möglichkeit, dass die Batterie durch
Induktion, solange sie sich nahe an einer Leserantenne befindet, wieder aufgeladen
wird. Die letztere, sehr elegante Lösung bedingt natürlich höhere Kosten. Daher
sind diese Transponder heute auf Spezialapplikationen beschränkt. Aktive wie auch
semiaktive Systeme kommen für die Kennzeichnung von Medien in Bibliotheken
nicht infrage. Sie könnten eventuell bei einer Ortung von wertvollen Objekten (Lap-
tops etc.) in geschlossenen Räumen in Bibliotheken zum Einsatz kommen.

3.3.6   Zusammenfassung der Einflussfaktoren auf das
Leseergebnis

Das Leseergebnis, d. h. die erfolgreiche Übermittlung eines RFID-Signals, wird von
einer ganzen Reihe Faktoren beeinflusst (Abb. 3.20). Diese Faktoren lassen sich in
Führungsgrößen und Störgrößen unterteilen. Die Führungsgrößen können kontrolliert werden, die Störgrößen hingegen nicht – oder nur mit einem gewissen Aufwand.
Die Übersicht ermöglicht eine Orientierung bei der Problemanalyse, falls ein Transponder nicht erwartungsgemäß gelesen wird. Einzelne Teile aus dieser Übersicht
werden in den folgenden Kapiteln unter praktischen Aspekten detaillierter behandelt.
      Für die Führungs- und Störgrößen sei das folgende Beispiel genannt: die Anten-
nengröße bestimmt maßgeblich, welche Lesereichweite mit dem Transponder möglich ist. Sie kann entsprechend den Anforderungen in der Praxis ausgewählt werden.
Demgegenüber ist die Orientierung des Transponders zur Antenne von der Bewegung des Objektes abhängig. Entsprechend den bereits dargestellten Erkennungsbe-
reichen für Einzelantennen bzw. kombinierte Antennen sind die Lesegeräte (Selbst-

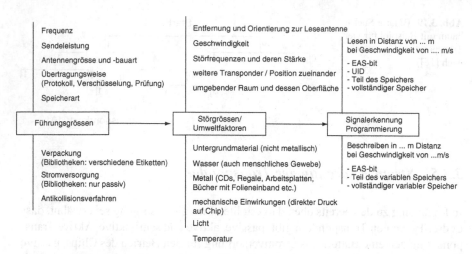

	Entfernung und Orientierung zur Leseantenne	
Frequenz	Geschwindigkeit	Lesen in Distanz von ... m bei Geschwindigkeit von .... m/s
Sendeleistung	Störfrequenzen und deren Stärke	- EAS-bit
Antennengrösse und -bauart	weitere Transponder / Position zueinander	- UID
Übertragungsweise (Protokoll, Verschüsselung, Prüfung)	umgebender Raum und dessen Oberfläche	- Teil des Speichers - vollständiger Speicher
Speicherart		

Führungsgrössen → **Störgrössen/ Umweltfaktoren** → **Signalerkennung Programmierung**

Verpackung (Bibliotheken: verschiedene Etiketten)	Untergrundmaterial (nicht metallisch)	Beschreiben in ... m Distanz bei Geschwindigkeit von ...m/s
Stromversorgung (Bibliotheken: nur passiv)	Wasser (auch menschliches Gewebe)	- EAS-bit
Antikollisionsverfahren	Metall (CDs, Regale, Arbeitsplatten, Bücher mit Folieneinband etc.)	- Teil des variablen Speichers - vollständiger variabler Speicher
	mechanische Einwirkungen (direkter Druck auf Chip)	
	Licht	
	Temperatur	

Abb. 3.20 Führungs- und Störgrößen und Erfolg der Kommunikation zwischen RFID-Etiketten und Lesegeräten. (Nach [39])

verbucher oder Durchgangsleser) für die jeweils vorherrschenden Orientierungen der Transponder im Medium ausgelegt. Da sich die Orientierung und Entfernung zwischen Antenne und Transponder in der Praxis ständig ändern und nicht kontrolliert werden können, handelt es sich um eine Störgröße.

3.4   RFID-System-Komponenten in Bibliotheken

Wir unterscheiden in einem RFID-System für Bibliotheken Hardware und Software (Abb. 3.21). Die Hardware unterteilt sich in Geräte, welche RFID-Leser enthalten und in RFID-Etiketten. Letztere werden häufig fälschlicherweise nicht als Hardware bezeichnet (es wird mitunter sogar von „Hardware und Etiketten" gesprochen).

Die Software liefert die Funktionen der RFID-Geräte. Sie unterteilt sich in Firmware und das eigentliche Anwendungsprogramm. Dazwischen befindet sich eine Schicht, welche als RFID-Middleware bezeichnet wird. Diese sorgt für die Kommunikation zwischen RFID-Reader, RFID-Etikett und dem Bibliotheks-Manage-

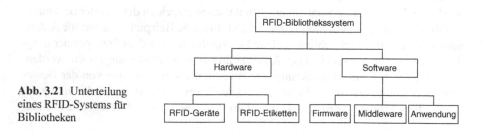

Abb. 3.21 Unterteilung eines RFID-Systems für Bibliotheken

Tab. 3.8 Vergleich der Eigenschaften von Barcode mit RF/EM-Sicherung und RFID in Bibliotheken

Eigenschaft	Barcode mit RF/EM-Sicherung	RFID
Maschinenlesbarkeit	Ja, mit Ausrichtung per Hand	Ja
Mehrfacherkennung (Pulkerkennung)	Nein, nur Einzelverbuchung	Ja[a]
Sicherung	Ja, EM-Streifen oder RF-Etikett erfordern zusätzliche Arbeitsschritte	Ja[a]
Inventur-Lesung	Nein	Ja (keine hohe Auflösung)
Kennzeichnung aller Medien	Ja	Ja

[a] Nur bedingt bei CDs

mentsystem (LMS). Die Anwendung nimmt die Befehle durch den Benutzer entgegen und stellt die Benutzeroberfläche (GUI) mit den Ergebnissen dar.

In Tab. 3.8 sind die wichtigsten Eigenschaften als Vergleich zwischen bisheriger Kennzeichnung mit Barcode, RF-Etiketten (Radio-Frequenz Sicherungsetiketten), EM-Streifen (Elektro-Magnetische Sicherungsstreifen) und RFID (Radio Frequenz Identifikation) zusammengefasst. Tabelle 3.8 stellt die Eigenschaften von RFID in den Kontext zu Bibliotheken und definiert die Mindestanforderungen.

Barcodes in Verbindung mit EM- oder RF-Sicherung sind die Ausgangspunkte für die heutigen Verbuchungssysteme, sie stellen die Vergleichsebene dar. Der Umstieg auf RFID ist wegen dreier Eigenschaften sinnvoll: es müssen *keine Barcodes mehr von Hand ausgerichtet* werden, sondern die Medien werden ohne Sichtverbindung und *im Stapel* gleichzeitig erkannt. Da die Erkennung im Ausleihzyklus zweimal erfolgen muss (Verlassen der Bibliothek und Rückkehr) und die Sicherung dabei zweimal geändert wird, vereinfacht RFID die Verbuchung so drastisch, dass allein bei der Bearbeitung durch das Personal an der Theke eine deutliche Arbeitserleichterung festzustellen ist. Außerdem müssen die Barcodes nicht mehr zwingend außen an der jeweils gleichen Stelle aufgeklebt werden. Es ist außerdem technisch möglich, eine Erfassung (*Inventur*) der Medien im Regal durchzuführen, ohne diese wie bisher einzeln herausnehmen zu müssen. Erst mit RFID wurde der Verbuchungsvorgang so einfach, dass er vom Benutzer selbst durchgeführt und zugleich akzeptiert wurde. Auch vorher gab es bereits Selbstverbuchungsstationen. Sie wurden aber nur selten benutzt. Es war zu umständlich, die Medien einzeln an einem bestimmten Punkt auf dem Automat aufzulegen und zu scannen. Die Bibliotheksbesucher gingen stattdessen lieber an die Theke. Durch die nur teilweise automatisierbare, vergleichsweise aufwändige Tätigkeit fühlte der Bibliotheksbesucher sich auch zur Selbstbedienung „verdammt" und nahm kaum wahr, dass sich die Warteschlangen vor der Theke zumindest verkürzten. Er sah die Selbstverbuchung nicht als Vorteil. Im Übrigen wäre es sicherlich interessant, mit den heutigen, stark verbesserten Barcodescannern, wie sie an Kassen eingesetzt werden, einen neuen Versuch zu starten. Vermutlich wäre der Scanvorgang inzwischen etwas einfacher. Aber eine Stapelverarbeitung ermöglicht der Barcode auch heute noch nicht.

Tab. 3.9 Funktionale Mindestanforderungen für RFID-Systeme in Bibliotheken

Systemkomponente mit RFID	Mindestanforderung/Erläuterung
Arbeitsplatz und Theke Zur Verbuchung und Bearbeitung von (einzelnen) Medien	Die Lesedistanz eines üblichen, 45 × 75 mm großen RFID-Etiketts soll in bester Orientierung zu einer einzelnen Leserantenne mindestens 35 cm betragen. Der Lesebereich soll auf 20 cm um die Antenne herum begrenzt sein. Die Lesedistanz über der Antenne soll mind. 35 cm betragen (s. Kap. 8) Die Medienverbuchung erfolgt an der Theke oft nach wie vor einzeln. Da die Selbstverbuchung durch die Bibliotheksbesucher an den Stationen heute oft über 90 % beträgt, gibt es keine Notwendigkeit mehr, die wenigen verbliebenen Vorgänge an der Theke mit der Stapelerkennung zu versehen. Die Verfügbarkeit der Stapelverbuchung an der Theke ist außerdem vom Grad der Integration des RFID-Verbuchungsprogrammes in das LMS abhängig
Selbstverbucher Zur Verbuchung und Bearbeitung von Medien im Stapel	Die Lesedistanz eines üblichen, 45 × 75 mm großen RFID-Etiketts soll in bester Orientierung zu einer einzelnen Leserantenne mindestens 35 cm betragen. Der Lesebereich soll auf 20 cm um die Antenne herum begrenzt sein. Die Anzahl der im Stapel verbuchten Medien soll maximal 5 sein Höhere Stapel sind nicht mehr mit hoher Sicherheit zu scannen, d. h. es können einzelne Medien unerkannt bleiben. Bei einem zu hohen Stapel steigt die Wahrscheinlichkeit, dass die Medien unvollständig verbucht werden, alleine durch den begrenzten Lesebereich mit 35 cm. Größere Lesebereiche würden wiederum andere Probleme nach sich ziehen (unbeabsichtigtes Verbuchen anderer Medien usw.)
Verbindung zum LMS Zum Prüfen, ob das Medium an die betreffende Person ausgeliehen werden darf und zum Registrieren des Mediums auf diese Person	SIP2 oder NCIP wird unterstützt Eine der beiden Kommunikationsprotokolle ist zwingend erforderlich für die • Selbstverbuchungsautomaten (Ausleihe und Rückgabe) • Rückgabeautomaten
Sicherung mit Durchgangslesern Zur Alarmauslösung, wenn einzelne oder mehrere Medien nicht verbucht wurden	Der Abstand der Antennen zueinander (lichte Weite) soll mindestens 90 cm betragen. Der Lesebereich soll RFID-Etiketten in 3 Orientierungen erfassen (oft als 3D-Gate bezeichnet). Optional mit integrierten Personenzählanlagen Die Durchgangsbreite entspricht der Rollstuhlbreite, in angelsächsischen Ländern oft 1 m. Nach neuen Brandschutzvorschriften (2010) müssen sogar 1,20 m eingehalten werden
Buchrücknahmeautomat innen Zur Rücknahme, Registrierung im LMS und erneuten Sicherung	Einzelverbuchung zurückzugebender Medien Keine „Rücknahme" möglich, nachdem das Medium verbucht wurde (Kammersystem mit Front- und Rückklappe) Geringe Geräuschentwicklung Annahme dünner Medien bis 3 mm Rücknahmeautomaten können naturgemäß keine Stapel annehmen (im Gegensatz zur Rückgabe am Selbstverbucher), da sie oft eine Sortierung nachgeschaltet haben Rücknahmeautomaten, welche auch zu Nichtöffnungszeiten der Bibliothek verfügbar sein sollen, müssen entweder von einem Vorraum aus zugänglich sein oder vollständig von außen bedienbar sein (unten)

Tab. 3.9 (Fortsetzung)

Systemkomponente mit RFID	Mindestanforderung/Erläuterung
Buchrücknahmeautomat außen Zur Rücknahme, Registrierung im LMS und erneuten Sicherung, außen an Gebäuden zugänglich	Anforderungen wie oben, plus: Mit einfacher Identifikation (z. B. Benutzerkarte oder Buch) zum Öffnen der Eingabe Vandalismussicherheit Feuerschutz Frostschutz Staubschutz
Initialisierung (auch oft als Konvertierung bezeichnet) Zum erstmaligen Beschreiben der RFID-Etiketten	Gerät, welches den vorhandenen Barcode liest und diesen zusammen mit der Bibliothekskennung (ISIL) und der Medienpaketinformation und dem aktuellen Sicherungsstatus als Mediennummer in das RFID-Etikett überträgt Es muss ein standardisiertes oder zumindest öffentlich verfügbares Datenmodell eingesetzt werden, z. B. Dänisches Datenmodell, DIN 32700, ISO DIS 28560-3 oder ISO DIS 28560-2 Nutzung einer ISIL-Nummer Das Anlegen von Medienpaketen erfolgt unter der Voraussetzung der Lesbarkeit aller RFID-Etiketten auf den Medien Möglichkeit der Online-Initialisierung
RFID-Etiketten Zur automatischen Identifikation aller Medien	Die Luftschnittstelle ist definiert nach ISO 18000-3.1 Buchetiketten weisen eine Lesereichweite von mind. 35 cm auf (s. Kap. 8) CD-Etiketten weisen (in aufgeklebtem Zustand) mindestens eine Lesereichweite von 15 cm auf Booster-Etiketten ohne Chip in Kombination mit kleinen Ringetiketten oder komplette, vollflächige Etiketten mit Chip müssen etwa eine Verdoppelung der Lesereichweite erbringen Keine Unwuchten in schnell drehenden Laufwerken Kein Anschlagen in Laufwerken Funktionsfähigkeit (inklusive korrekter Daten) mindestens 10 Jahre
Barcode- und RFID-Benutzerkarten Zur Automatischen Identifikation der Benutzer	RFID: Smart Cards mit Lesereichweiten von 2–5 cm (ISO 14443) und 35 cm (ISO 15693 bzw. ISO 18000-3.1) Speicherung der Personen-ID oder Verwendung der UID Barcode-Benutzerkarten in verschiedenen Varianten

In Tab. 3.9 sind die funktionalen Mindestanforderungen an RFID-Systeme in Bibliotheken zusammen gestellt. Diese sind in den zurückliegenden Jahren zusammen getragen worden: sie stammen größtenteils aus Ausschreibungen.

3.4.1 Systembetrachtung

Der Hauptnutzen eines RFID-System in Bibliotheken kommt, wie bereits zuvor angedeutet, aus der Selbstverbuchungsanlage (Ausleihe) und der Mediensicherung. Zusätzliche, signifikante Nutzenpotenziale sind beim Einsatz von zusätzlichen Rücknahmeautomaten, Geldautomaten (Bezahlung von Gebühren), Inventurgerä-

3D RFID-
Sicherungs-Gate

Ethernet

SIP2/ncip

RFID-Antenne
für Thekenverbuchung
und Initialisierung

Server mit LMS-System

Belegdrucker

Abb. 3.22 RFID-System Ausbaustufe 1, mit Verbindung zum LMS über SIP2 oder NCIP. Die Verbuchung an der Theke kann wie an einer Selbstverbuchungsstation genutzt werden

Selbstverbuchung
- Ausbuchen
3D RFID-   - Rückbuchen (evtl. nur an Theke)
Sicherungs-Gate   - Kontoeinsicht
- Belegdrucken

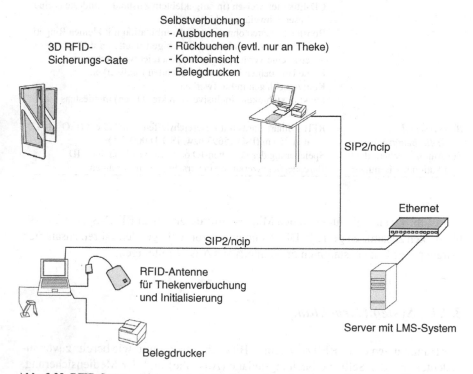

SIP2/ncip

Ethernet

SIP2/ncip

RFID-Antenne
für Thekenverbuchung
und Initialisierung

Server mit LMS-System

Belegdrucker

Abb. 3.23 RFID-System Ausbaustufe 2. Die Verbuchung kann zusätzlich an der Theke (zum Rückbuchen) genutzt werden

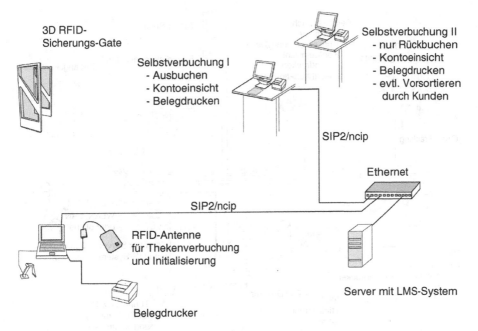

Abb. 3.24 RFID-System Ausbaustufe 3. Selbstverbuchung I für Ausleihe, Selbstverbuchung II für Rückgabe und eventuell Vorsortierung durch den Kunden

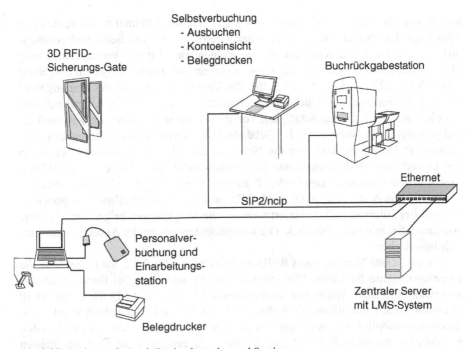

Abb. 3.25 Ausbaustufe 4, mit Rückgabestation und Sortierung

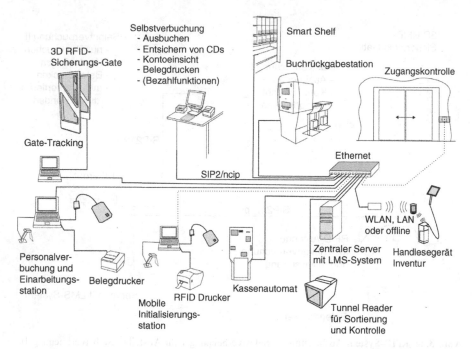

Abb. 3.26 Ausbaustufe 5 mit Gate-Tracking, Inventur, Zugangskontrolle, Kassenautomat, RFID-Drucker und weiteren Komponenten

ten, Smart Shelves usw. zu finden. Mit Ausnahme der Rücknahmeautomaten gilt allerdings das Prinzip des abnehmenden Grenznutzens: die Selbstverbuchungs-anlage ist die zentrale Komponente. Im Folgenden wird zur Veranschaulichung ein einfaches RFID-System stufenweise zu einem umfassenden System ausgebaut (Abb. 3.22, 3.23, 3.24, 3.25, und 3.26). Zur Vorgehensweise bei der Planung wird auf Kap. 4 verwiesen. Die Rücknahmeautomaten sind deshalb eine Ausnahme, weil sie nicht nur die Rücknahmetätigkeit von der Theke weg halten, sondern weil sie bei geschickter Positionierung im Gebäude dazu führen, dass die Besucherströme „flüssiger" laufen. So kommen die Benutzer, der Rücknahmeautomat außerhalb der eigentlichen Bibliotheksräume liegt, schon mit leeren Händen in die Biblio-thek und gehen direkt zu den OPAC-Plätzen oder zum Regal und Selbstverbucher.

Die in den Abb. 3.22, 3.23, 3.24, 3.25, und 3.26 dargestellten Komponenten können frei miteinander kombiniert werden. Die Abbildungen zeigen verschiedene Ausbaustufen in einer Bibliothek. Die Komponenten werden im Anschluss ausführ-lich beschrieben.

Die einfachste Variante eines RFID-Systems zeigt Abb. 3.22. Sie ist zugleich die Einstiegsvariante für kleine Bibliotheken. Das System kann bei Bedarf sukzessi-ve erweitert werden. Wichtigste Voraussetzung ist, dass das LMS SIP2 oder NCIP unterstützt. Falls nur alleine die Sicherungsfunktion von RFID genutzt würde (was theoretisch möglich ist), wäre der Einsatz eines günstigeren, nur auf EM-Streifen beruhenden, traditionellen Sicherungssystems zu erwägen. Da aber die meisten

Bibliotheken auch an zukünftige Erweiterungen denken, wird diese Variante (mit EM-Streifen) kaum noch realisiert. Entscheidend ist, dass eine große Investition, nämlich die der RFID-Etiketten, dann bereits stattgefunden hat und so die weiteren Investitionen nicht mehr so stark ins Gewicht fallen. Diese ist heute, bei den bereits stark zurückgegangenen Etikettenpreisen, zugleich aber auch geringerem Bedarf an Stückzahlen in kleineren Bibliotheken, mit wenigen tausend Euro, getätigt.

Diese Variante erfordert, sofern eben ein LMS vorhanden ist, die *Verbuchung an der Theke*. Hier empfiehlt es sich, um die Stapelverbuchung zu nutzen, das gleiche Programm zu verwenden, welches auch auf dem Selbstverbucher eingesetzt würde. Es kommuniziert über SIP2/NCIP mit dem LMS. Zwischen den Funktionen des LMS und des Verbuchungsprogrammes kann entweder hin- und her geschaltet werden, oder es laufen sogar zwei PCs an der Theke. Es ist auch zu erwägen, ob direkt ein einfacher Selbstverbucher an der Theke aufgestellt wird, der sowohl vom Besucher als auch vom Personal genutzt werden kann. Hier sind individuelle Lösungen möglich.

Die *Initialisierung/Konvertierung* kann ebenfalls über ein Programm an der Theke (offline) durchgeführt werden. Da das gleiche RFID-Lesegerät eingesetzt wird, muss nur zwischen den Programmen umgeschaltet werden. Ein Belegdrucker ist, wie bei allen Verbuchungsvorgängen, obligatorisch.

Das Gate ist eine unabhängige Einheit. Auf das sog. Gate-Tracking wird verzichtet. Damit ist ein offline-Betrieb des Durchgangslesers möglich. Falls sich signifikante Unterschiede in den Kosten ergeben, ist eventuell auch ein 2D-RFID-Gate der Vorgeneration ausreichend für die Sicherung.

In Abb. 3.23 ist die klassische Ausbaustufe (2) eines RFID-Systems in der Bibliothek gezeigt. Sie kann für Bibliotheken mit bis zu 10.000 Medien eingesetzt werden, je nach Besucherfrequenz auch darüber hinaus. Das Gate wird, wie zuvor, offline betrieben. Neu hinzugekommen ist hier die *Selbstverbuchungsstation*. Diese kann, je nach Benutzungsfrequenz, alleine zur Ausleihe oder auch für Ausleihe und Rückgabe zugleich eingestellt sein. In letzterem Fall empfiehlt es sich, neben dem Selbstverbucher ein geeignetes Regal oder eine Box aufzustellen, damit die Besucher die Medien hinein legen können. Eine abgeschlossene Box ist nicht unbedingt erforderlich. Sofern keine Vorbestellungen entgegen genommen werden, können die Besucher die Medien gleich wieder aus dem Regal oder der Box nehmen. Damit entfällt für diese Medien der Arbeitsaufwand für die Einordnung ins Regal.

Es ist jeder Bibliothek individuell überlassen, ob sie die Rücknahme nach wie vor an der Theke belässt oder diese am Selbstverbucher durchführen lässt. Am Thekenarbeitsplatz wären ansonsten nur die Sonderfälle zu behandeln. Die Initialisierung kann (zumindest bei einem Hersteller) sowohl am Thekenarbeitsplatz als auch am Selbstverbucher durchgeführt werden. Wiederum gilt: es muss lediglich zwischen den Benutzerprogrammen gewechselt werden.

Personalarbeitsplätze werden nicht nur an der Theke genutzt, sondern auch auf den Arbeitsplätzen im Büro. Sofern die erste Initialisierung des großen Bestandes abgeschlossen ist, können dort die neu ankommenden Medien bearbeitet werden. Das Initialisierungsprogramm liefe auch dort auf einem einfachen PC, der RFID-Leser ist über USB angeschlossen.

Abbildung 3.24 zeigt Ausbaustufe 3. Sie ist für Bibliotheken mit über 10.000 Medien empfehlenswert. Hier können folgende Einstellungen mit einer *zweiten Selbstverbuchungsstation* vorgenommen werden: entweder

- beide sind ausschließlich für die Ausleihe konfiguriert, alle Rückgaben erfolgen an der Theke. Es können unterschiedliche Höhen der Geräte eingestellt werden, eines für Erwachsene, das zweite Gerät für Kinder und Rollstuhlfahrer in etwas niedrigerer Position.
- Ein Gerät ist für die Ausleihe, eines für die Rücknahme konfiguriert. In diesem Fall werden nur noch Sonderfälle an der Theke entgegen genommen. Beide Geräte weisen die gleiche Höhe auf.

In Ausbaustufe 4 (Abb. 3.25) ist zum Selbstverbucher ein *Rücknahmeautomat* hinzugefügt. Der Rücknahmeautomat ermöglicht, sofern er im Eingangsbereich vor der Bibliothek platziert ist, die Abgabe zu Öffnungs- und Nichtöffnungszeiten und die Vorsortierung von Medien in fast beliebige Kategorien. Auch der Rücknahmeautomat ist über SIP2 oder NCIP an das LMS gebunden. Die Selbstverbuchung wird entsprechend nur noch auf Ausleihe konfiguriert. Der Bibliotheksbenutzer kommt „mit leeren Händen" in die Bibliothek und wird daher die Theke nur noch dann aufsuchen, wenn er spezielle Auskünfte benötigt oder Probleme mit der Rückgabe hat. Die Bibliothekskunden empfinden, so der Tenor aus den Münchner Stadtbibliotheken, einen solchen Automaten als einen wertvollen Beitrag, um nicht mehr unnötig in einer Schlange warten zu müssen.

In Ausbaustufe 5 sind mehrere Komponenten hinzugefügt worden (Abb. 3.26). Diese Stufe stellt ein Beispiel für eine heute maximale Ausbaumöglichkeit dar. Das *Sicherungs-Gate* ist über einen PC mit dem LMS verbunden. Dort findet das Gate-Tracking, ein Matching zwischen den gelesenen Mediennummern im Gate und denjenigen im LMS, statt. Dadurch können die jeweiligen Medien, welche nicht korrekt verbucht wurden und Alarm ausgelöst haben, identifiziert werden.

Die *Zugangskontrolle* ermöglicht den Zugang in den Vorraum der Bibliothek. Dort ist der Rücknahmeautomat positioniert. Der Vorraum wird, wie in einer modernen Bank der Raum, in dem sich die Geldautomaten befinden, mittels der Besucherkarte oder einem RFID-Medium geöffnet. Es soll jedenfalls nur eine Hürde darstellen, um Vandalismus zu verhindern und einen (durch Video) überwachten Raum zu erhalten. Es ist vollkommen klar, dass bei einem solchen Konzept weitere Bibliotheksbesucher gemeinsam durch die Türe gehen können.

Wie der Rücknahmeautomat, so kann auch ein *Kassenautomat* im Vorraum positioniert werden. Auch diese Abläufe müssen nicht an der Theke durchgeführt werden.

Das *Smart Shelf* ist ein Regal, in dem sich mehrere RFID-Leseantennen, mit einem zentralen Lesegerät verbunden, befinden. Jedes Regalfach wird einzeln gescannt. Dadurch werden die aktuell darin befindlichen Medien gelesen. Dieses Regal ermöglicht es, dass vorbestellte Medien auf ihre Entnahme hin geprüft, oder dass nach dem Rückbuchen auf dem Selbstverbuchungsautomat die Medien bereits durch die Kunden in bestimmte Kategorien vorsortiert werden können. Bei falsch eingestellten Medien erfolgt ein Warnhinweis, bzw. wird der Besucher darauf hingewiesen, das richtige Regal zu wählen.

Ein Smart Shelf kann außerdem in einer sehr kleinen Bibliothek auch zum Ausleihen genutzt werden (z. B. in einem Krankenhaus, in dem ein RFID-Rollregal zu den Zimmern geschoben wird. Dort identifizieren sich die Patienten am Regal, die Tür wird geöffnet und das Medium kann einfach entnommen werden). Dadurch, dass erkannt wird welches Medium entnommen wurde, kann eine genaue Liste über die entliehenen Medien geführt werden.

Die *Inventur* ist ebenfalls ein Bestandteil eines vollständigen RFID-Systems. Es werden heute verschiedene Lösungen am Markt angeboten. Es handelt sich meist um mobile Geräte, mit einem kleinen PC, einem Lesemodul mit Energieversorgung sowie einer von Hand geführten Antenne. Zumeist sind diese Geräte mit dem LMS zum Datenabgleich verbunden.

Der sog. *Tunnel-Reader* dient dazu, die in Paketen angelieferten Medien oder Medien in Sortierkisten nach der Rückgabe auf Vollständigkeit zu überprüfen. Bisher wird der Tunnel-Reader erstens selten eingesetzt, zweitens ist sein Nutzen umstritten. Oft können eingehende Medien auch nur zuverlässig gescannt werden, wenn sie vereinzelt worden sind.

3.4.2 Beschreibung der Komponenten

Die zuvor in der Übersicht dargestellten Komponenten werden nun detaillierter beschrieben. Zwischen den Herstellern gibt es durchaus Unterschiede in den Details. Es wird versucht, die jeweils gemeinsam geltenden Funktionen zu beschreiben.

3.4.2.1 RFID-Etiketten

RFID-Etiketten sind ein unverzichtbarer Teil eines RFID-Bibliothekssystems. Sie stellen, aufgrund ihrer großen Anzahl, nach wie vor den größten Kostenblock bei der Einführung eines RFID-Systems dar. Zwar sind die Kosten für die Etiketten in den letzten Jahren stark gefallen, aber ihr Anteil in den Gesamtkosten macht in einer mittleren Bibliothek mit ca. 40.000 Medien immer noch 30 bis 40 % aus.

Es werden Buchetiketten, AV-Etiketten und Sonderformen unterschieden (Abb. 3.27). Es gibt inzwischen zahlreiche Varianten, die wiederum miteinander in Medienpaketen kombiniert werden können. All diese Varianten führen mitunter zu Unklarheiten, welche Etiketten für welche Medien und Medienpakte am besten geeignet sind. Die Systemanbieter haben angesichts der Vielfalt teilweise selber keine klare Vorstellung mehr und so erhält die Bibliothek oft widersprüchliche Empfehlungen. Die Bezeichnungen sind zum Teil historisch entstanden und sie entbehren einer Systematik. Dies betrifft insbesondere die AV-Medien mit vollflächigen oder kleinen Ringetiketten, mit integriertem oder ohne Chip. Hinzu kommen noch Dummy-Etiketten, bei denen der Besucher nicht mehr unterscheiden kann, ob diese einen Chip enthalten oder nicht.

Jedes Mal, wenn eine neue Variante auf den Markt kommt, wird erhofft, dass nun eine Vollsicherung für Medienpakete möglich sei. Diese ist in der Tat ein eige-

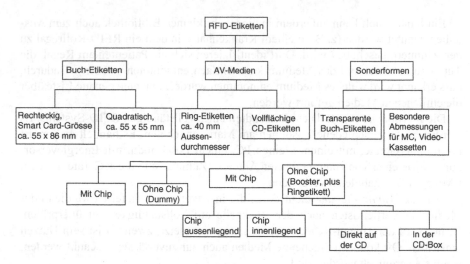

Abb. 3.27 Ausgewählte Varianten von RFID-Etiketten für Bibliotheken

nes Thema. Vor allem bei den AV-Medien gibt es stets die Vorstellung, dass am Selbstverbucher und bei der Rückgabe nicht nur alle Teile vollständig gescannt, sondern auch noch im Gate alle CDs und DVDs so zuverlässig gesichert werden wie Bücher (im Folgenden sind zur Vereinfachung mit CDs auch DVDs gemeint). Die Wahrheit ist leider, dass beide Ziele, die zuverlässige Vollsicherung und die CD-Sicherung, nicht generell beide möglich sind. Es können gewisse Optimierungen erreicht werden, aber diese gelten oft nur für ein bestimmtes Medienpaket oder eine bestimmte CD-Art. Daher wurden auch so viele verschiedene Varianten entwickelt.

Die Bedruckung der RFID-Etiketten wird häufig von den Bibliotheken gewünscht, obwohl die zusätzlichen Kosten nicht unerheblich sind (5–10 % Mehrkosten). Es wird unterschieden zwischen:

- Farbe: schwarz weiß, mehrfarbig
- Bedruckungsart: passgenau, fliegend (fliegend bedeutet, dass der Druck über den Rand des Etiketts hinausgeht. Dies vereinfacht die Bedruckung erheblich.
- Individuelle Bedruckung: alle Etiketten werden gleich bedruckt oder individuell unterschiedlich. Letztere z. B. mit einem individuellen Barcode.
- Bedruckung ab Werk oder auf einem Etikettendrucker
- Bedruckung inklusive oder exklusive RFID-Vorprogrammierung

Die Bedruckung ist grundsätzlich für alle Etiketten möglich, welche eine opake Oberfläche aufweisen, also auch solche mit einer Kunststoffoberfläche. Bei kleineren Ringetiketten wird es schwierig, einen ausreichend großen individuellen Barcode aufzudrucken, aber zumindest kann der Eigentumsvermerk (Bibliothekslogo) aufgedruckt werden.

Die individuelle Bedruckung ist die anspruchsvollste Version. Bei einer Bedruckung ab Werk müssen entsprechende schnelle Maschinen vorhanden sein.

Häufig wird, da nicht alle Anbieter über eine solche Ausrüstung verfügen, die individuelle Bedruckung mit einem kleineren Etikettendrucker vor Ort durchgeführt. Hier sind Thermo-Transfer-Drucker geeignet, da sie eine ausreichende Stabilität der Bedruckung gewährleisten (Thermo-Direkt-Oberflächen werden für Buchetiketten nicht angeboten, da die Oberfläche mit zunehmendem Alter des Etiketts vergilben würde).

Buchetiketten

Ein RFID-Etikett ist aus den in Abb. 3.28 gezeigten Komponenten aufgebaut. Der grundsätzliche Aufbau ist immer ähnlich. Bei Spezialetiketten variieren lediglich Abmessungen, Antennenlayout, Klebereigenschaften und elektrische Eigenschaften.

Das Silikonpapier ist das Trägermaterial, von dem das Etikett abgezogen wird. Es wird auch als „Liner" bezeichnet. Das gesamte elektronische Innenleben mit Substrat, Antenne, Halbleiter und Kondensator wird als „Inlay" (oder „Inlet") bezeichnet. Auf diesem befindet sich das Deckmaterial in Form von Papier mit einer weiteren Kleberschicht.

Die Kleber sind heute meist Acryl-basiert. Die Klebkraft auf dem Liner ist üblicherweise für ein Jahr garantiert. Diese Kleber geben nach Herstellerangaben keine Säuren ab, welche das Papier schädigen könnten (übliche Testmethoden für die Klebkraft und weitere Parameter sind PSTC-33, ASTM D-1000, TAPPI T-411, M-44, FASSON TM2). Falls jedoch sehr hohe Anforderungen für historische, wertvolle Medien gestellt werden, können auch stärkebasierte, vollkommen neutrale Kleber eingesetzt werden (Vatikanbibliothek). Diese haben außerdem den Vorteil, dass sie rückstandsfrei durch Befeuchten wieder entfernt werden können. Etiketten

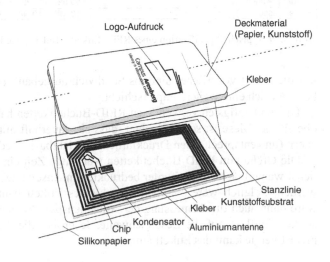

Abb. 3.28 Aufbau eines RFID-Etiketts für Bücher (Kreditkartengröße mit 85 × 54 mm außen, Inlay mit 75 × 48 mm)

Mechanical dimension

A1 x A2	Transponder coil size	45×76	[mm]	±	0,5	[mm]
B1 x B2	Transponder die-cut size	49×81	[mm]	±	0,2	[mm]
C	Web width	53	[mm]	±	0,5	[mm]
D	Pitch, length per piece (MD)	85	[mm]	±	3	[mm]
E	Die-cut to web edge	2	[mm]	±	2	[mm]
F	Die-cut to register mark	0,5	[mm]	±	1	[mm]
G	Transponder coil to die-cut (MD)	2,5	[mm]	±	2	[mm]
H	Transponder coil to die-cut (MD)	2	[mm]	±	1	[mm]
	Thickness of the IC	150	[µm]	±	10	[%]
	Overall thickness of transponder package (excluding IC and siliconized paper)	210	[µm]	±	10	[%]
	Thickness of the siliconized paper	56	[µm]			

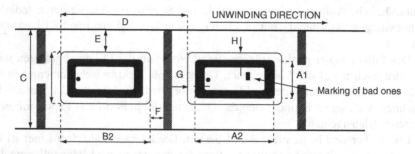

Electrical characteristics

Integrated Circuit (IC)	NXP I-Code SLI-L SL2ICS50
IC's protocol/anti-collision	ISO 15693
Operating frequency	13,56 MHz
Unloaded resonance frequency	14,30 ± 0,35 MHz
Memory	256 -bit R/W EEPROM

General characteristics of transponder

Operating temperature (electronics parts)	–20°C/ + 70°C
ESD voltage immunity	+/– 2 kV peak, HBM
Shelf life	+20°C, 50 % RH, max 2 years
Bending diameter (D)	>50 mm, tension less than 10 N
Static pressure (P)	<10 MPa (10 N/mm²)

Abb. 3.29 Typische Spezifikation eines RFID-Etiketts, Teil 1. (Quelle: UPM)

mit dieser Art von Kleber sind als Sandwich aufgebaut: unterhalb der Elektronik befindet sich eine weitere Papierschicht.

Die am häufigsten verwendeten RFID-Buchetiketten haben eine weisse Papieroberfläche. Diese ist so beschichtet, dass sie dauerhaft mit Thermo-Transfer-Druckern (und entsprechenden Druckfarben auf Harzbasis) bedruckt werden kann.

Die Größe von RFID-Buchetiketten war lange Zeit ein Thema: es soll ja möglichst wenig Fläche der mitunter bedruckten Innenseite des Buchdeckels zugeklebt werden. Folglich wäre ein möglichst kleines Etikett wünschenswert. Allerdings wäre dann auch die Abmessung der Antennenspule kleiner – diese hat aber einen starken Einfluss auf die Lesereichweite. Je größer die Antennenfläche ist, umso mehr Energie kann das Etikett aufnehmen.

Die Etikettengröße hat sich heute auf Kreditkartenabmessungen eingependelt: 85 × 54 mm. Die vor mehreren Jahren noch von einigen Systemanbietern propagierten Etiketten mit 45 × 45 oder 55 × 55 mm enthielten eine entsprechend kleinere Antennenspule. Sie wurden vorzugsweise in Kombination mit EM-Streifen als Hybridsysteme eingesetzt, teilweise aber auch alleine. Die kleineren Etiketten weisen im Durchgangsleser eine bis zu 25 % geringere Lesereichweite auf. Wenn keine EM-Streifen vorhanden sind, welche die Alarmauslösung übernehmen, sinkt automatisch die Detektionsrate. Dies ist insbesondere in Grenzsituationen, d. h. wenn weitere RFID-Etiketten im Stapel mitgeführt werden oder eine ungünstige Position/ Orientierung gegenüber der Gate-Antenne gegeben ist, kritisch.

In Abb. 3.29 und 3.30 ist eine typische Spezifikation eines RFID-Buch-Etiketts gezeigt. Die Angaben unterteilen sich in mechanische Abmessungen, elektrische

Delivery form

Transponder format	Die-cut
Transponder face material	Opaque matt paper 79
Transponder adhesive	RA-2
- labeling temperature	min. +5°C
- usage temperature	min. −10°C-120°C
- peel	min. 8 N/25mm (FTM 2)
Transponder backing material	Siliconized paper 56
Transponder antenna material	Aluminium, crimped coil
Final inspection	100 % inspection, yield >97 %. Known faulty ones marked.
Reel labeling	Reel number, product number, amount, prod. order number, yield and date
Printability	TTR with selected ribbons, do not print over IC area

Structure

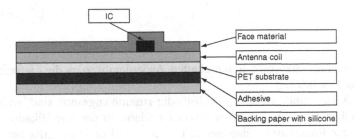

Delivery details

Appearance	Single-row reel form
Reel core	Paper core inner diameter 76 mm (3")
Transponder alignment	Chip at rear of transponder
Winding of the reel	Antenna coil out

Warranty:
UPM Raflatac RFID tags designated for books and sold into library applications are guaranteed for the lifetime* of the book in standard environmental conditions (typically +20°C, 50 % relative humidity). The warranty starts from the date of delivery from UPM Raflatac. The storage of book tags prior to use must be as per UPM Raflatac guidelines (+15 - +25°C, 40 - 60 % relative humidity).

*Lifetime in a public lending library is considered to be 10 years.

Abb. 3.30 Typische Spezifikation eines RFID-Etiketts, Teil 2. (Quelle: UPM)

Abb. 3.31 Lieferform auf
einer Papprolle (1.000 bis
2.500 Stück pro Rolle, Fa.
Smartag)

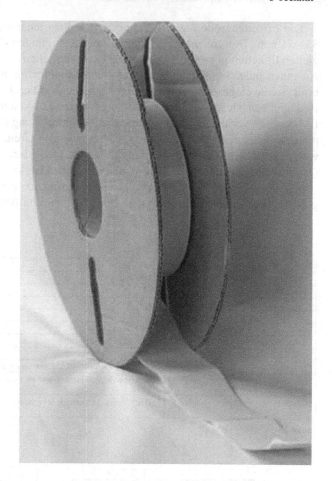

Eigenschaften und generelle Eigenschaften. Außerdem werden die Lieferform und
der Aufbau beschrieben.

Die Etiketten sind, sobald sie vollständig zusammengesetzt sind, weitgehend
unempfindlich gegenüber elektrostatischen Feldern. In der Spezifikation werden
Angaben zur Funktionsprüfung gemacht. Der Anteil defekter Etiketten, welche
im Produktionsprozess nicht mehr nachträglich entfernt und ausgetauscht werden
konnten, ist angegeben. Meistens enthalten diese Etiketten eine schwarze Markie-
rung, so dass sie beim Initialisieren gar nicht erst von der Rolle genommen werden.
Unter der Lieferform werden Angaben zum Kleber und dessen Adhäsionskraft, sowie zur Lieferform (Abb. 3.31) gemacht.

Abschließend wird in der Spezifikation die Garantieleistung beschrieben: diese
bezieht sich bei den meisten Herstellern auf zehn Jahre, unter den spezifizierten
Umweltbedingungen. Sie wird auch als „lifetime guarantee" deklariert. Die Hersteller setzen dies mit der mittleren Lebensdauer eines Buches gleich. Dies mag

für einige öffentliche Bibliotheken ausreichend sein, für wissenschaftliche Bibliotheken, insbesondere wenn sie einen Archivierungsauftrag haben, genügt dies nicht.
Hier empfiehlt es sich, sicherheitshalber immer noch einen Barcode als maschinenlesbare Identifikation einzusetzen. Dieser kann jederzeit genutzt werden, um relativ
einfach ein neues RFID-Etikett zu initialisieren.

Es ist wichtig, dass auf die richtige Resonanzfrequenz geachtet wird. Diese liegt
leicht über 13,56 MHz. Wenn das Etikett aufgeklebt ist, verschiebt sich die Frequenz bei Abweichungen ohne Medium wieder zurück gegen 13,56 MHz. Diese
Abweichung ist materialabhängig. RFID-Etiketten für Bibliotheken sollten stets auf
das Trägermaterial Papier und das umgebende Medium Papier hin optimiert sein.
Dies wird ein paar wenige cm zusätzliche Lesereichweite ausmachen.

Die heute eingesetzten Halbleiter stammen von den Firmen NXP (ehemals
Philips Semiconductors), Texas Instruments, E-Marin, STM und Infineon. Spezifische Unterschiede und Eigenschaften sind eher für die Techniker der Systemlieferanten interessant. Für die Bibliotheken ist es wichtig, dass die Speichergröße
mindestens 256 bit beträgt und somit das Dänische Datenmodell darauf vollständig Platz hat.

Die Tab. 3.10 und 3.11 fassen die wichtigsten Varianten an Etiketten zusammen.

Tab. 3.10 Buchetiketten

Bezeichnung	Beschreibung	Eignung für
RFID-Buchetikett Standard	Außenabmessungen 86 × 54 mm (Kreditkartengröße) Oberfläche Papier oder Kunststofffolie	Alle Medien außer CDs, d. h. auch für Video, MC, Medienpakete, Noten, Bücher mit Beilagen etc.
Kleines RFID-Buchetikett	Außenabmessungen 55 × 55 mm Oberfläche Papier oder Kunststofffolie	Alle Medien außer CDs, wie oben Geringere Lesereichweite als Buchetikett Standard

Tab. 3.10 (Fortsetzung)

Bezeichnung	Beschreibung	Eignung für
RFID-Buchetikett Bedruckt (gilt für alle Größen)	„Fliegender" Druck Siehe CD-Dummy-Etiketten Passgenauer Druck: hier zwei Beispiele	Alle Medien außer CDs Bei individuellem Barcode muss bei Bestandsergänzungen kein zusätzliches Barcodeetikett gedruckt werden

Individueller Druck (Beispiel mit Barcode)

Kunststoffetiketten

Bei Kunststoffetiketten wird anstatt des Papiers ein PVC- oder PE-Material als Oberfläche verwendet. Diese sind etwas robuster, d. h. sie zeigen bei starker mechanischer Beanspruchung weniger äußerliche Abnutzungserscheinungen. Dies ist vor allem dann von Vorteil, wenn das Etikett außen auf dem Medium angebracht wird. Die Kunststoffetiketten sind, sofern das Material opak ist, von

Tab. 3.11 RFID-Kennzeichnungsmittel für CDs

Bezeichnung	Beschreibung (Abbildungen nicht maßstabgerecht)	Eignung für… (siehe auch Kap. 7)
RFID-Ringetikett	Außendurchmesser ca. 40 mm, Innendurchmesser 16 mm Oberfläche Papier oder Kunststofffolie (hier transparent)	Die am häufigsten verwendeten RFID-Etiketten für CD, DVD, CD-ROM, Blueray, außerdem Musikkassetten Lesereichweite auf CDs ohne Metallisierung in der Mitte ca. 12 cm (meist ausreichend für Selbstverbucher) Erweiterung mit chiplosem Booster-Etikett führt etwa zu Verdoppelung der Lesereichweite gegenüber nur einem Ringetikett Relativ starker Einfluss der Metallisierung in der Mitte der CD
Ohne Chip („Booster")	Vollflächig auf CD verklebt Außendurchmesser 117 mm, Innendurchmesser 37 mm	Werden mit CD-Ringetiketten kombiniert, wirkt ähnlich einer Signalverstärkung (Resonator)
Ohne Chip („Externer Booster")		Wird in CD-Hülle mit eingelegt, wirkt ähnlich einer Signalverstärkung (Resonator)

Tab. 3.11 (Fortsetzung)

Bezeichnung	Beschreibung (Abbildungen nicht maßstabgerecht)	Eignung für… (siehe auch Kap. 7)
Rechteck-CD-Etikett	Außenabmessungen 118 × 55 mm, Innendurchmesser 16 mm Unten: rechteckiges Beispiel 	Erste Form von CD-Etiketten, heute nicht mehr im Markt verfügbar Vorteil: große, bedruckbare Oberfläche wie bei Buchetiketten, Nachteil aufwändige Produktion und leichte Ablösbarkeit
Dummy-Etiketten („fliegender Druck")	Außendurchmesser 40 mm, Innendurchmesser 16 mm 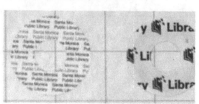	
Vollflächiges CD-Etikett mit innen liegendem Chip I	Außendurchmesser ca. 116 mm, Innendurchmesser 45 mm 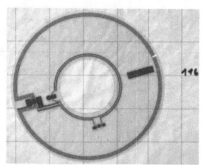	Vorteil: Kein Einfluss der Metallisierung in der Mitte der CD Nachteil: aufwändige Herstellung

Tab. 3.11 (Fortsetzung)

Bezeichnung	Beschreibung (Abbildungen nicht maßstabgerecht)	Eignung für… (siehe auch Kap. 7)
Vollflächiges CD-Etikett mit innen liegendem Chip II	Außendurchmesser ca. 116 mm, Innendurchmesser 16 mm 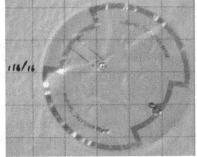	Vorteil: Kein Einfluss der Metallisierung in der Mitte der CD Nachteil: aufwändige Herstellung
Vollflächiges CD-Etikett mit innen liegendem Chip III	Außendurchmesser ca. 116 mm, Innendurchmesser 45 mm 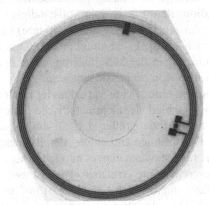	Wird v. a. für DVDs eingesetzt, relativ dickes Basismaterial Vorteil: Kein Einfluss der Metallisierung in der Mitte der CD Nachteil: aufwändige Herstellung
Beispiel für vollflächiges CD-Etikett mit EM-Streifen	Außendurchmesser ca. 116 mm, Innendurchmesser 45 mm 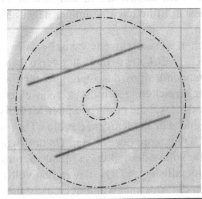	Falls ein solches EM-Etikett bereits auf der CD vorhanden ist, sollte nur ein CD-Ring-Etikett mit RFID eingesetzt werden. Andere, zusätzlich aufgeklebte RFID-Etiketten würden die Gesamtdicke der CD zu stark erhöhen, so dass es zu Problemen in den Abspielgeräten kommen könnte

Papieretiketten kaum visuell zu unterscheiden. Wenn es transparent ist, so wird von „Transparent-Etiketten" gesprochen, das gesamte Innenleben des Etiketts ist sichtbar.

CD-Etiketten

Die Möglichkeit, alle Medien in gleicher Weise mit RFID kennzeichnen zu können, also auch CDs, CD-ROM, DVD, war ein frühes Versprechen der RFID-Systeman-bieter. Die Kennzeichnung per se ist auch möglich, aber es gibt durchaus physika-lische Grenzen und es müssen bei AV-Medien und Medienpaketen einige Details beachtet werden, um eine befriedigende Lesbarkeit zu erreichen. Vor allem war in dem Versprechen enthalten, dass alle Medienpakete sicher durchgescannt werden könnten und sich so die Kontrolle auf Vollständigkeit nach der Rückgabe wesent-lich erleichtern würde (Kap. 7 ff.).

CD-, DVD-, CD-ROM-, Blueray-Datenträger besitzen alle eine mehr oder we-niger starke und eine mehr oder weniger vollständige Metallschicht. Diese Schicht dämpft bzw. reflektiert die Radiowellen massiv. Die Vollständigkeit der Metalli-sierung bedeutet, dass entweder im zentralen Bereich (ca. 40 mm) keine oder eine vollständige Metallisierung vorhanden ist. Es ist kaum möglich, ein RFID-Etikett für diese unterschiedlichen Bedingungen der Metallisierungen zu optimieren. Ein CD-Etikett wird folglich immer eine Kompromisslösung sein.

Bereits bei einem Buchetikett tritt eine leichte Variation der Lesereichweite mit ± 5 % auf, wenn es auf oder in verschiedene, nichtmetallische Materialien aufge-klebt wird. Bei CDs kann die Variation viel größer, d. h. 20–100 % sein. Ein gutes Beispiel sind ältere CD-ROM. Die in ihnen enthaltene Metallschicht ist so stark, dass ein RFID-Etikett praktisch „tot" ist, wenn man es aufklebt. Das gleiche Etikett kann bei einer DVD 25 cm Lesereichweite erreichen. Dies ist zwar immer noch weniger als bei einem Buchetikett (im Buch mit ca. 35 cm) und es können „Er-kennungslöcher" im Gate vorhanden sein, aber zumindest ist eine Identifikation auf dem Selbstverbucher und in der Rücknahmestation möglich. In CDs und DVDs neueren Datums ist die Metallschicht dünner als in den älteren Versionen. Dies bedeutet, dass die dafür angepassten Etiketten eine immer näher an Buchetiketten liegende Lesereichweite erzielen.

Die Spannbreite der möglichen Lesereichweite zwischen den verschiedenen CD-Arten ist enorm groß. Die RFID-Etiketten-Hersteller versuchen, mit verschie-denen Abstimmungen und Antennendesigns das Optimum für die besten Lese-ergebnisse für mehrere CDs zu erreichen. Sie müssen auch einen Kompromiss zwischen all denjenigen CDs finden, welche bezüglich ihrer Metallisierungsstärke äußerlich nicht unterscheidbar sind. Für denjenigen, der die CDs beklebt, ist nicht erkennbar, ob es sich um eine CD neueren oder älteren Datums handelt. Der ein-zige sichtbare Unterschied ist die volle oder teilweise Metallisierung in der Mitte. Immerhin können bei den voll metallisierten CDs inzwischen vollflächige Etiket-ten eingesetzt werden, bei denen die Antennenwindungen nicht mehr im Zentrum liegen, sondern außen herum. Allerdings sind diese großen Etiketten teurer.

Mechanical dimensions

A	Coil diameter	33 mm	± 0,5 mm	1,299 in
B	Die-cut diameter	40 mm	± 0,2 mm	1,575 in
C	Web width	48 mm	± 0,5 mm	1,890 in
D	Pitch, length per piece MD	48 mm	± 1,5 mm	1,890 in
E	Die-cut to web edge	4 mm	± 1,5 mm	0,157 in
F	Die-cut to register mark	2,5 mm	± 1,0 mm	0,098 in
G	Coil to hole	8,5 mm	± 1,5 mm	0,335 in
H	Coil to die-cut	3,5 mm	± 1,5 mm	0,138 in
I	Hole diameter	16 mm	± 0,2 mm	0,630 in
	Thickness of the IC	150 µm	± 10 %	
	Overall thickness of the transponder package (excluding IC and siliconized paper)	106 µm	± 10 %	

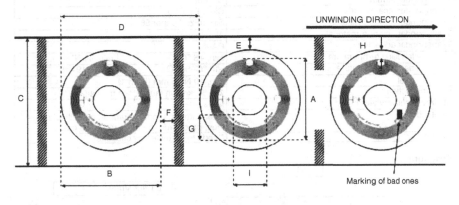

Electrical characteristics

Integrated Circuit (IC)	NXP ICode SLI
IC's protocol	ISO 15 693
Operation frequency	13,56 MHz
Unloaded resonance frequency	13,80 MHz ± 0,35 MHz
Memory	1k bit R/W EEPROM

Abb. 3.32 Typische Spezifikation für CD-Ring-Etikett, Teil 1. (Quelle: UPM)

Von den Bibliotheken werden nicht nur die vielen verschiedenen Etiketten eingesetzt, sondern es gibt fast ebenso viele Varianten in der Aufbringung und Kombination untereinander: so gibt es CDs, welche nur mit einem Dummy-Etikett versehen werden, da sie ohnehin nicht lesbar wären. Diese CDs werden aber zusätzlich mit normalen Buchetiketten in der CD-Hülle oder auf dem Booklet kombiniert. Für den Bibliotheksbesucher ist dann nicht ersichtlich, ob die CD selber gesichert ist oder nicht. Tabelle 3.11 gibt einige der möglichen RFID-Kennzeichnungsmittel für CDs wieder. In den Münchner Stadtbibliotheken wird grundsätzlich ein Buchetikett ins Booklet geklebt, um die Verbuchung und Sicherung zu gewährleisten.

CD-Ring-Etiketten weisen in der üblichen Form einen Außendurchmesser von 40 mm auf (Abb. 3.32, Abb. 3.33) und passen daher gut in das Zentrum der Scheiben. In Abb. 3.34 ist im Zentrum ein Ring-Etikett aufgeklebt, darum herum befindet sich ein „Booster". Abb. 3.35 zeigt ein CD-Etikett, welches die gesamte Fläche abdeckt. Der Chip ist hier integriert.

General characteristics of transponder

Operating temperature (electronics parts)	–25 °C/+85 °C	–13 °F/185 °F
Thermal cycle resistance (electronics parts)	200 cycles –40 °C/+80 °C (JESD22-A104-B)	200 cycles –40 °F/176 °F (JESD22-A104-B)
Temperature humidity resistance (electronics parts)	85 °C, 85 % RH, 168 h (IEC 60068-2-67)	185 °F, 85 % RH, 168 h (IEC 60068-2-67)
ESD voltage immunity	± 2 kV peak HBM	
Shelf life: From the date of manufacture 2 years in	+20 °C, 50 % RH	68 °F, 50 % RH
Bending diameter (D)	> 50 mm, tension less than 10 N	
Static pressure (P)	< 10 MPa (10 N/mm^2)	

Delivery form

Transponder format	Die-cut	
Transponder face material	Clear PET 50	
Transponder backing material	Siliconized paper 56	
Transponder antenna material	Aluminium	
Transponder adhesive	RA-4	
- labelling temperature	min. +5 °C	min. 41 °F
- usage temperature	–10 °C–90 °C	14 °F–194 °F
- peel	min. 10 N/25 mm (FTM 1)	
Final inspection	100 %, known faulty ones marked	
Minimum delivery yield	95 %	
Reel label	Reel number, product number, quantity of passed tags, prod. order number, yield and date	
Printability	Needs to be tested by customer	

Structure

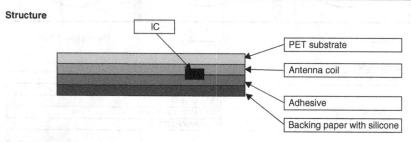

Delivery details

Appearance	Single row reel form
Reel core	Paper core inner diameter 76 mm (3 in)
Transponder alignment	Chip at rear of transponder
Winding of the reel	Face out
Reel size	2000 pcs/reel

Abb. 3.33 Typische Spezifikation für ein CD-Ring-Etikett, Teil 2. (Quelle: UPM)

Sonderformen von RFID-Etiketten in Bibliotheken

In Tab. 3.12 sind weitere Varianten aufgeführt, die allerdings keine größere Verbreitung in den Bibliotheken gefunden haben.

Etiketten für Zeitschriften, welche ausgeliehen werden, sollten wieder verwendbar sein, um die Kosten dafür so gering wie möglich zu halten. Andererseits müssen die Etiketten auch fest mit den Zeitschriften verbunden sein. Daher kann es kein leichter Kleber (wie Post-it) sein. Die relativ steifen RFID-Etiketten würden sich bei einer Biegung des Buches sofort ablösen und die Entfernung durch den Biblio-

Abb. 3.34 CD mit bedruck-
tem Ring-Etikett und zusätz-
lichem „Booster" (Fa. Rako)

theksbesucher wäre zu einfach. Im Vorschlag in Abb. 3.36 kann daher der Transponder mit einer Klammer angeheftet werden.

3.4.2.2 Benutzeridentifikation

Die Benutzeridentifikation findet in der Bibliothek fast ausschließlich über Karten
statt. Teilweise werden zusätzlich PIN-Codes eingesetzt. Die Karten sind im einfachen Fall mit einem Barcode versehen. Zusätzlich ist häufig ein Unterschriftsfeld
vorhanden. Die Benutzernummer ist in den meisten Fällen aufgedruckt. Die verwendeten Barcodes variieren von Bibliothek zu Bibliothek.

Die Tendenz geht heute klar zu Benutzerkarten, welche kontaktlos arbeiten, d. h.
ein RFID-Inlay enthalten. Die Identifikation kann berührungslos erfolgen und ist
damit deutlich einfacher, als beim Einstecken der Karte in einen Schlitz oder dem
Ausrichten vor einem Barcodescanner. Karten mit der gleichen Lesedistanz wie die
Bücher müssen nur auf den Stapel Bücher auf dem Selbstverbucher aufgelegt werden. Andere werden vor eine separate Antenne gehalten. Die Karten mit der größeren Lesedistanz (ISO 15693) können den Nachteil aufweisen, dass sie versehentlich
am Selbstverbucher gelesen werden. Dies kann dann passieren, wenn sich mehrere
Personen (z. B. Kinder) am Selbstverbucher befinden und die Verbuchungssoftware
nicht eventuelle Fehler erkennt (Anzeige „mehrere Benutzerkarten im Feld"). In der
Praxis liegen hier unterschiedliche Erfahrungen vor (Stadtbibliotheken München
und Winterthur).

Mechanical Dimensions

A	Coil diameter	113 mm	± 0,5 mm	4,449 in
B	Die-cut diameter	116 mm	± 0,2 mm	4,567 in
C	Web width	120 mm	± 0,5 mm	4,724 in
D	Pitch, length per piece MD	120 mm	± 1,5 mm	4,724 in
E	Die-cut to web edge	2 mm	± 1,5 mm	0,079 in
F	Die-cut to register mark	0,5 mm	± 1,0 mm	0,020 in
G	Coil to hole	48,5 mm	± 1,5 mm	1,909 in
H	Coil to die-cut (CD)	1,5 mm	± 1,5 mm	0,059 in
I	Hole diameter	16 mm		
	Thickness of the IC	150 µm	± 10 %	
	Overall thickness of the transponder package (excluding IC and siliconized paper)	138 µm	± 10 %	
	Thickness of the siliconized paper	56 µm	± 5 %	

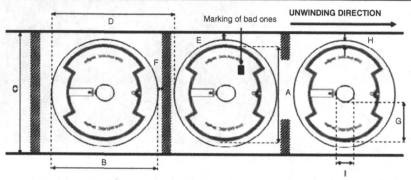

Abb. 3.35 Spezifikation für ein RFID-CD-Flächen-Etikett. (Quelle: UPM)

Tab. 3.12 Sonderformen für RFID-Etiketten in Bibliotheken

Bezeichnung	Beschreibung (Abbildungen nicht maßstabgerecht)	Eignung für… (siehe auch Kap. 7)
Videoetikett I	Auf breiter Seite der Kassette wie Buchetikett Abmessungen entsprechend der Aussparung auf der Videokassette	Da Videokassetten kaum noch benutzt werden, wird empfohlen, Buchetiketten entsprechend passend zuzuschneiden. *Es besteht jedoch dabei die Gefahr, dass die Antennenbahnen durchgeschnitten werden!*
Videoetikett II	Auf schmaler Seite der Kassette Abmessungen entsprechend der Aussparung auf der Videokassette	Einfache Applikation, kein Zuschneiden (s. o.), da Sonderform

Tab. 3.12 (Fortsetzung)

Bezeichnung	Beschreibung (Abbildungen nicht maßstabgerecht)	Eignung für... (siehe auch Kap. 7)
RFID-Etiketten für Metalloberflächen	Etiketten für Metalloberflächen sind als Sandwich mit einer speziellen metallischen Folie als Untergrund aufgebaut. Die können so auf metallhaltige Medien aufgeklebt werden Abmessungen in diesem Beispiel 55 × 55 mm, Stärke 0.8–1 mm 	Metalletiketten sind in Bibliotheken absolute Sonderfälle. Sie sind, vergleichsweise zu Buchetiketten, um mindestens Faktor 20 teurer
RFID-Etiketten mit kleineren Abmessungen als die Buchetiketten	RFID-Etiketten sind grundsätzlich in vielfältigen Varianten verfügbar. Sie können damit auch auf Medien verklebt werden, welche zu klein sind oder aufgrund ihrer Bedruckung und Gestaltung keine Möglichkeit zur Anbringung eines normalen Buchetiketts bieten Abmessungen oben 35 × 15 mm 	Etiketten in kleineren Abmessungen weisen auch kürzere Lesereichweiten auf. Hierauf ist unbedingt zu achten, d. h. die Medien werden zwar am Selbstverbucher, aber gegebenenfalls nicht mehr im Gate erkannt Kleinere Etiketten sind eventuell nicht mehr auf die Buchumgebung (Papier) abgestimmt. Auch dies führt zu gewissen Verlusten in der Lesereichweite
Archiv-Etiketten mit spezieller Klebefläche	Sandwichaufbau, Klebefläche mit säure- und acrylfreiem Kleber auf Stärkebasis, Abmessungen 111 × 55 mm 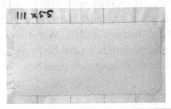	Für wertvolle antiquarische Bücher Etikett ablösbar durch Anfeuchten (Einsatz in Vatikanbibliothek)

Tab. 3.12 (Fortsetzung)

Bezeichnung	Beschreibung (Abbildungen nicht maßstabgerecht)	Eignung für… (siehe auch Kap. 7)
Etiketten zur Wiederver-wendung	Etiketten mit Streifen, welche beim Heraustrennen des Etiketts im Medium verbleiben. Beim Einkleben in ein neues Medium wird der hintere nächste Liner abgezogen und das Etikett mit dem neuen Klebestreifen eingeklebt Siehe Abb. 3.31 unten	Speziell für kurzzeitig verwendete Medien (z. B. Zeitschriften) Noch nicht verfügbar, Vorschlag
Transparent-Etiketten	Gleiches Inlay wie bei Buchetiketten 	Für Medien geeignet, bei denen möglichst wenig durch das Etikett verdeckt werden soll

Abb. 3.36 Vorschlag für wieder verwendbare Zeitschriftenetiketten

Klebestreifen auf der Unterseite, Perforation auf dem Obermaterial

RFID-Inlay

1. Einkleben des Etiketts, indem Liner abgezogen wird.

2. Nach Gebrauch wird das Etikett an der perforierten Linie abgetrennt. Der Reststreifen verbleibt in der Zeitschrift.

3. Einkleben wie unter 1. Benutzung 4 - 5 mal.

Es kann entweder der gleiche Standard wie bei den Büchern verwendet werden (ISO 15693 *ist* schließlich ein Smart-Card-Standard), oder es werden Karten mit höherem Sicherheitsanspruch (ISO 14443) verwendet. Im letzteren Fall sind die einzelnen Speicherbereiche getrennt und von verschiedenen Herstellern ansprechbar. Diese sind fast ausschließlich proprietär beschrieben, da es hierbei auch um Sicherheit geht. Ein Code für eine Geldtransaktion darf selbstverständlich nicht von Angreifern dechiffriert werden können. Allerdings ist hierbei zu berücksichtigen, welche Funktionen generell mit den Karten innerhalb der Bibliothek oder auch im weiteren Umfeld der Stadt durchgeführt werden sollen. Wenn es sich alleine um einen Ersatz der bisherigen Barcode-Karte handelt (die bisher auch jeder kopieren konnte), so ist kein besonderer Sicherheitsanspruch gegeben. Wenn aber damit

Abb. 3.37 RFID-Besucher-karten, hier als Hybridausfüh-rung, d. h. mit Kontakt-Chip (zum Aufladen von Geldbe-trägen) und internem RFID-Chip und Antenne (nicht sichtbar, Stadtbibliothek Win-terthur). Zusätzlich enthält sie ein Unterschriftsfeld und den bisherigen Barcode

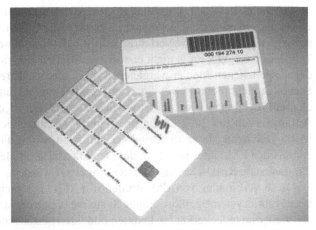

Geldtransaktionen durchgeführt werden sollen (z. B. am Kaffeeautomaten, Kopie-rer etc.), dann sind deutlich höhere Ansprüche zu erfüllen. Hier bieten sich Mifare-Karten an, bzw. der ISO-Standard 14443 (proximity cards). Teilweise werden so-gar Hybrid-Karten verwendet (Winterthur, Abb. 3.37; inzwischen werden nur noch kontaktlose Hybridkarten mit ISO 15693 und Legic advant verwendet).

Auf die vielfältigen Anwendungsmöglichkeiten der Karten in der Bibliothek soll hier nicht weiter eingegangen werden. Eindeutig ist nur, dass ein starker Trend zum Ersatz der bisherigen Barcode-Karten durch berührungslose Smart Cards (RFID) besteht.

Hinzuzufügen ist auch, dass die Karten nach ISO 15693 vom gleichen Lesegerät erkannt werden können, wie die Bücher. Bei ISO 14443, mit einer deutlich kürze-ren Reichweite (bei 15693 > 35 cm, bei 14443 nur bis 5 cm), muss ein zusätzliches Lesergerät im Selbstverbucher eingebaut werden. Dieser ist auch HF-technisch so zu platzieren und zu schalten, dass sich möglichst keine Störungen des Lesefeldes für die Bücher ergeben.

Weitere technische Möglichkeiten der Personenidentifikation, wie Fingerab-druck, Iriserkennung oder Venenscan haben zwar den großen Vorteil, dass die Bi-bliotheksbesucher diese Identifikationsmerkmale stets bei sich haben, aber es gibt auch eine starke emotionale Hemmschwelle für biometrische Verfahren. Viele Per-sonen fühlen sich mit solchen Methoden erkennungsdienstlich behandelt und leh-nen sie daher ab. Die Smart Cards hingegen sind ein Mittel ähnlich einem Ausweis: die Benutzer akzeptieren sie und sie sind an den Umgang mit ihnen gewöhnt.

3.4.2.3 Durchgangsleser

Durchgangsleser mit RFID werden auch als Gates, Schleusen oder einfach als Si-cherung bezeichnet. Einige Bezeichnungen stammen noch aus der Zeit der Warensi-cherungssysteme mit EM-Streifen oder RF-Etiketten. Die Durchgangsleser werden am Eingang aufgestellt und kontrollieren, ob sich nicht verbuchte Medien im Erkennungsbereich befinden. Dabei halten sie nach bestimmten AFI-Werten „Ausschau". Dies kann ein einzelner oder mehrere sein. Nur die Etiketten mit dem richtigen Wert antworten. Durch dieses Verfahren ergibt sich eine hohe Reaktionsgeschwindigkeit: Das Lesegerät muss nicht erst in einer Datenbank eine Nummer mit der Liste der ausgeliehenen Medien vergleichen, d. h. das Verfahren mit einem Application Server ist nicht mehr notwendig. Gleichzeitig kann auf das zusätzliche Sicherungselement EM oder RF verzichtet werden. Gerade diese Kombination wurde in den Anfangszeiten um 2002 häufig propagiert, weil angeblich die Detektionsrate der RFID-Durchgangsleser zu gering sei. De facto waren die RFID-Durchgangsleser damals den EM-Gates bereits in der Detektionsrate überlegen, obwohl meist zweidimensionale RFID-Durchgangsleser eingesetzt wurden.

Diese Verbindung von EM-Streifen mit RFID hat auch zu vielen Diskussionen über Hybridsysteme geführt. Einige Systemanbieter wussten, dass sie die EM-Streifen weiterhin teuer verkaufen konnten und ihren bestehenden Markt damit absicherten, andere Systemanbieter wollten einfach der Diskussion mit den Bibliotheken ausweichen, nach dem Motto „das haben wir auch". Fast alle Hybridinstallationen führen in eine technologische Sackgasse, bzw. machen Kompromisse notwendig.

In Abb. 3.38 sind einige Varianten an Durchgangslesern der Fa. Feig Electronic aufgeführt. Diese enthalten alle eine fast identische Elektronik. Sie unterscheiden sich hinsichtlich des Aufwandes bei der Installation: Frühere Durchgangsleser mussten von Hand abgestimmt werden. Heute übernimmt dies ein „Auto-Tuning-Modul". Die Auswahl des geeigneten Lesefeldes, die Abstimmung auf die Umgebung, die Eliminierung von Störquellen, die Schaltung von mehreren Durchgangslesern in breiten Eingängen, sind immer noch anspruchsvolle Aufgaben für den Systemlieferanten.

Die Durchgangsleser sind grundsätzlich in sich abgeschlossene, allein arbeitende Geräte. Sie werden nicht von externen Rechnern gesteuert und müssen auch nicht in ein Netzwerk eingebunden werden, wie dies bei Selbstverbuchern oder Rückgabeautomaten der Fall ist. Dies stellt eine hohe Reaktionsgeschwindigkeit und die Funktion bei Netzausfall sicher.

Das Medium, welches einen Alarm ausgelöst hat, kann jedoch bei einem Netzanschluss und anschließend mit einer gewissen Zeitverzögerung mit dem LMS abglichen werden. Dabei stellt sich heraus, ob es nachträglich doch noch, korrekt verbucht wurde (häufig drehen sich Besucher mit nicht verbuchten Medien im Gate wieder um und verbuchen diese korrekt).

Manche Lieferanten stellen die Nutzung des EAS-bits als besonders vorteilhaft dar. Es ermöglicht, da es weniger Energie benötigt als die AFI-Prüfung und Übertragung der UID, eine etwas größere Lesereichweite. Allerdings steht dies v. a. in Warenhäusern zur Diskussion. In Bibliotheken ist nur eines wichtig: die Kompatibilität der RFID-Etiketten untereinander. Das EAS-bit ist proprietär und wird es auch bleiben. Folglich ist keine Mischung von Chips verschiedener Hersteller möglich. Demgegenüber ist die etwas bessere Detektionsrate (die nirgends wirklich diesbezüglich mit verschiedenen Chips untersucht wurde) vernachlässigbar.

In Kap. 6 und 7 werden noch einige Anmerkungen zum Design, zur Integration von Personenzählern und zum Einsatz von Hybrid-Gates sowie zum Gate-Tracking

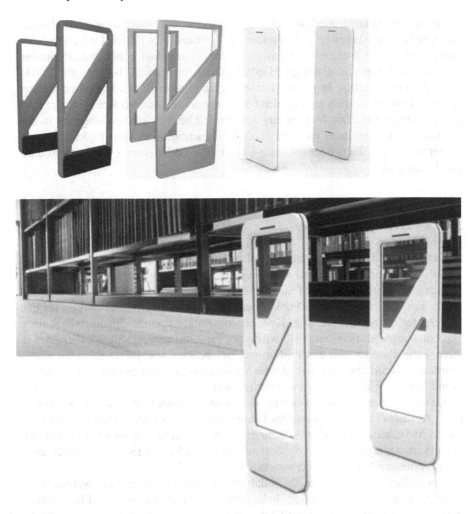

Abb. 3.38 3D-Durchgangsleser in verschiedenen Varianten. (Quelle: Feig Electronic)

gemacht. Generell kann gesagt werden, dass das Design in den letzten zwei Jahren deutlich verbessert wurde. Trotzdem ist hier noch auf Unterschiede in der Detektionsrate zu achten. In Kap. 8 werden sehr einfache Methoden beschrieben, wie der Lesebereich eines Gates zu ermitteln ist.

Durchgangsleser müssen grundsätzlich nicht wiederholt neu abgestimmt werden, sofern nicht an der Anlage oder in der Umgebung etwas geändert wurde. Auch Firmwareupdates sind nur selten erforderlich. Falls Änderungen im Erkennungsbereich aufgetreten sind, kommen diese vor allem durch externe Einflüsse zustande, wie etwa neu installierte Leuchtstoffröhren mit elektronischen Netzteilen. Vor diesem Hintergrund ist auch keine Online-Verbindung zum Durchgangsleser für „Remote-Service" notwendig, da solche Störungen dadurch nicht behoben werden können. Dies erfordert vor Ort den Einbau von geeigneten Filtern etc.

Interessant ist der Einsatz von Durchgangslesern, um innerhalb einer Bibliothek mehrere Nutzungsbereiche voneinander abzugrenzen. Als Beispiel wäre ein Lesesaalbereich mit Präsenzbestand innerhalb der öffentlichen Bibliothek zu nennen (Beispiel in München, Gasteig). Hierbei werden mehrere AFI-Werte am Durchgangsleser vorgegeben. In jedem Bereich ist ein eigener Wert vorgegeben. Bücher aus dem Lesesaalbereich müssen dann am inneren und äußeren Kreis erkannt werden (Alarm geben). Die Medien aus dem Ausleihbereich können hingegen in den Lesesaalbereich gebracht werden, ohne Alarm auszulösen. Vom Einkleben eines weiteren RFID-Etiketts oder gar eines EM-Streifens oder eines RF-Etiketts ist dringend abzuraten.

3.4.2.4 Personalarbeitsplatz

Zur Definition: Unter Personalarbeitsplatz wird sowohl die Arbeitsstation an der Theke (Thekenarbeitsplatz) als auch diejenige im Büro verstanden. Im Englischen Sprachgebiet wird er als „Staff Station" bezeichnet. Der Personalarbeitsplatz erfüllt die in Tab. 3.13 aufgeführten Funktionen. Diese sind in vielfältiger Weise bei den Lieferanten aufgeteilt. Die sog. Konvertierungsstation muss eigentlich mit hinzu gerechnet werden, denn auch sie wird vom Personal bedient. Sie ist allerdings in ihren Möglichkeiten auf das Prüfen und Beschreiben von RFID-Etiketten eingeschränkt. Es wird aber stets der gleiche Mid-Range-Leser eingesetzt und im Hintergrund läuft die gleiche Software (Middleware).

Das Anlegen und Löschen von Benutzerkarten erfolgt traditionell an der Theke. Das „Aufladen" der Karte bzw. des Kontos mit Guthaben kann an der Theke oder einem Automaten stattfinden. Allerdings werden dabei häufig die vorhandenen Benutzerkarten mit einem RFID-System auf Basis von Mifare/ISO 14443 (oder anderen proprietären Versionen) verwendet.

Der Offline-Notbetrieb ist für Situationen wichtig, in denen kein Netzwerk zur Verfügung steht. Die PCs an der Theke (und auch in allen weiteren RFID-Geräten) laufen ohne die Information vom LMS weiter, damit zumindest ein eingeschränkter Betrieb der Bibliothek möglich ist. Wenn das Netzwerk wieder verfügbar ist, werden die gesammelten Daten mit dem LMS wieder abgeglichen. In der Zwischenzeit können naturgemäß keine Ausleihinformationen (Kontostand, Benutzerberechtigung) vom LMS eingeholt werden. Allerdings verliert diese Offline-Funktion zunehmend an Bedeutung, weil sich die Ausfallzeiten der Bibliothekssysteme in den letzten Jahren stark vermindert haben. Im Übrigen wäre ein vollständiges Spiegeln des LMS auf dem RFID-Gerät bzw. zugeordneten PC vom Aufwand her nicht mehr gerechtfertigt.

Ein wichtiges, auch viel diskutiertes Thema ist die Art der Integration des RFID-Moduls an der Personalstation in das LMS. Die Integration hat sich vorwiegend in den deutschsprachigen Ländern etabliert. Sie wurde während der ersten Jahre der RFID-Systeme in Bibliotheken als Kundenbindungsmaßnahme von wenigen RFID- und LMS-Anbietern entwickelt. Dies kam auch den ersten Bibliotheken ent-

Tab. 3.13 Aufgaben des Personalarbeitsplatzes

Funktion am Personalarbeitsplatz	Theke	Büroarbeits-platz	Konvertie-rungsstation	Anmerkung
Verbuchung von Medien (Ausleihe, Rückgabe)	X	X		Gleiche Aufgabe wie am Selbstverbucher, dies wird jedoch hier vom Personal durchgeführt Über SIP2 oder NCIP durchführbar Integration in das LMS in mehreren Stufen
Funktionsprüfung für RFID-Etiketten	X	X	X	Bei eventuellen Ausfällen der RFID-Etiketten oder nach dem Konvertieren
Anlegen von neuen/ Überschreiben von RFID-Etiketten (Initialisieren oder Konvertieren)	X	X	X	Einzelmedien und Medienpakete
Makulieren (Entfernen und „Löschen" des Mediums im LMS und Löschen des RFID-Etiketts)	(X)	(X)		Heute nur bei einem LMS-Anbieter möglich[a]
Abfrage von Konto-informationen	X	X		
Anlegen neuer Benutzerkarten	X	X		Nur bei ISO 15693-Karten Simuliert den Barcode-reader und schickt Nummer zum LMS
Sperren von Benutzerkarten	X	X		
Aufladen der Karte bzw. des Kontos mit Guthaben	X	X		

[a] Fa. aStec, Berlin

gegen, welche zu Beginn nicht ihr Personal beunruhigen wollten und somit die Ausleihe an der Theke mit RFID nur unterstützen, nicht jedoch eine Selbstverbuchung zu 100 % einführen wollten. In anderen, speziell angelsächsischen und asiatischen Ländern, ist die Integration in das LMS praktisch nicht existent. Sie führt vielfach zu höherem Aufwand für RFID-Systemanbieter, da bei verschiedenen LMS entweder in die Oberfläche oder noch tiefer in das System eingebunden werden müssen.

Die Vollintegration wurde bisher nur von einem LMS-Hersteller konsequent umgesetzt (Fa. aStec, Berlin/München), in allen anderen LMS sind mehr oder weniger „tief" programmierte Teilintegrationen verwirklicht worden.

Product Specification	
Dimensions	337 x 237 x 8,3 mm
Emitting Power	1 W
Reading distance	With book label 35 – 40 cm
Connection to Reader housing	Coax Cable
Conncetion to PC	USB
Power supply	230 V, 10 W
Temperature	0 – 55 °C

Abb. 3.39 Reader-Modul (*links*) und Padantenne (*rechts*) für den Personalarbeitsplatz (InfoMedis/Feig Electronic)

Bei der Vollintegration handelt es sich um eine API zwischen RFID-Middleware und LMS. Das RFID-Framework wird vollständig integriert und läuft im Hintergrund. Der Benutzer (das Personal an der Theke und am Arbeitsplatz) sieht kein separates Fenster o. ä. für die RFID-Funktionen. Der LMS-Programmierer baut seine eigene Anwendung auf der RFID-Middleware auf.

Bei einer Teilintegration existieren ein bis zwei Schnittstellen: 1) über SIP2 oder NCIP, um mit dem LMS zu kommunizieren, und 2) über Keyboard-Emulation oder Drag+Drop die Eingabefunktion der Mediennummer.

Bei der Konvertierung ist nur dann eine Verbindung über SIP2/NCIP zum LMS erforderlich, wenn Informationen aus dem LMS auf den Chip geschrieben werden sollen. Ansonsten ist diese Funktion losgelöst, d. h. Offline zu betreiben, da nur die Mediennummer über Barcode eingelesen wird. Es werden nur die wirklich notwendigen Informationen auf die Chips geschrieben.

In angelsächsischen Ländern wird darüber nicht diskutiert. Es wäre auch hier zu überlegen, ob nicht auf die Integration – zumindest in kleineren Bibliotheken – verzichtet werden könnte. Sie verursacht Abhängigkeiten und höhere Kosten (und häufig auch Verunsicherung über die verschiedenen Lösungen). Ein für die Theke angepasstes Selbstverbuchungsprogramm würde die Aufgabe der Ausleihe und Rückgabe unkompliziert und dazu noch mit Stapelverbuchung, übernehmen.

In Abb. 3.39 ist ein einfacher Reader (Modul und Readerantenne) dargestellt, welche heute über USB an einen PC angeschlossen wird. Der gleiche Reader befindet sich im Selbstverbucher, teilweise mit einer angepassten Antenne.

3.4.2.5 Selbstverbucher

Der Selbstverbucher ist das RFID-Gerät mit dem größten Nutzen in der Bibliothek. Es besteht aus einem Touch-Screen, einem in ein Gehäuse integrierten RFID-Leser und einem Belegdrucker. In vielen Fällen ist noch ein Barcode-Leser für das Lesen der Barcode-Benutzerkarten integriert. Eine Tastatur kann für Wartungsfälle angeschlossen werden.

Es sind drei Versionen erhältlich: als Auftischgerät (Abb. 3.40), als Terminal (Abb. 3.41) und für den Selbsteinbau (Abb. 3.42).

Sämtliche Geräte sind wiederum in mehreren Varianten verfügbar. Bei Multifunktionsgeräten können zusätzlich RFID-Kartenleser, und in manchen Fällen (v. a. in UK) sogar Bezahlfunktionen integriert werden.

Die eingebauten RFID-Leser werden nicht nur für Bibliotheksanwendungen gebaut und es gibt wiederum mehrere Lieferanten, von denen die Systemanbieter ihre Lesegeräte beziehen. Aufgrund des modularen Aufbaus ist es möglich, die Lesegeräte auch mit verschiedenen PC-Typen (Desk Top, Laptop, integrierte Screens usw.)

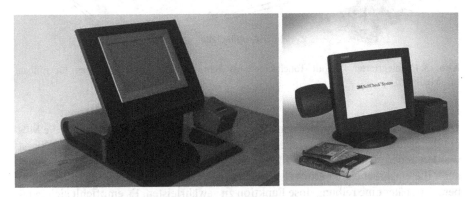

Abb. 3.40 Selbstverbuchungsgeräte (Auftischmodelle, *links* Bibliotheca-ITG, *rechts* 3M)

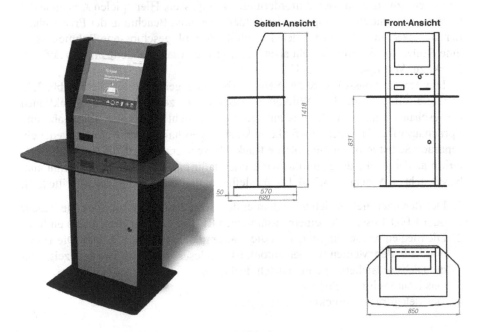

Abb. 3.41 Selbstverbuchungsgerät als Terminal (Trion)

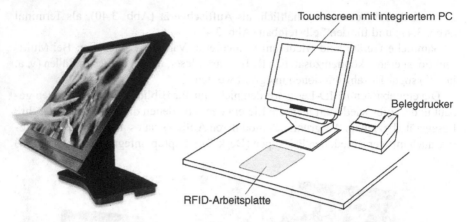

Abb. 3.42 Integrierter PC mit Touchscreen als Terminal (Fa. Trion, Vorschlag für Einbau InfoMedis)

zu kombinieren. Diese Variationsmöglichkeit wird v. a. dann genutzt, wenn die Möbel der Selbstverbucher individuell gestaltet und an die Innenarchitektur angepasst werden sollen. Hier kommt es allerdings auf den „good will" des Lieferanten an, auch die entsprechenden Hinweise zum Einbau, bzw. Design des Gehäuses zu geben, um später eine reibungslose Funktion zu gewährleisten. Es empfiehlt sich in jedem Fall, einen Prototypen zu bauen und diesen vom Systemlieferanten abnehmen zu lassen bzw. nach dessen Anforderungen anzupassen. Hier spielen Abstände der Geräte untereinander (Kopplung der Felder, aber auch Beachtung der Privatsphäre der Benutzer) und die verwendeten Bauteile (Metall, geschlossene Rahmen usw.) eine Rolle. Der Bibliothek steht aber praktisch die gesamte Palette an PCs auf dem Markt zur Verfügung (Abb. 3.42).

Die Anwendungssoftware des Selbstverbuchungsgerätes weist die in Abb. 3.43 gezeigte Struktur auf. Der Willkommensbildschirm zeigt, wenn alle Funktionen eingeschaltet sind, vier Buttons auf: Konto (-einsicht), Ausleihe, Rückgabe und Sprachauswahl. Die Rückgabefunktion kann ausgeschaltet sein, wenn entweder ein separater Selbstverbucher nur für die Rückgabe verwendet wird, die Rückgabe weiterhin an der Theke durchgeführt wird, oder dafür ein separater Rückgabeautomat bereit steht (s. Abschn. 3.4.2.6). Die Ausleihe beinhaltet die folgenden Schritte [54]:

1. Der Benutzer meldet sich an, indem er den Benutzerausweis am Barcode Reader oder RFID-Leser (oder einem zusätzlichen RFID-Leser nur für Karten) einliest.
2. Die Medien werden im Stapel auf die Platte mit dem Lesegerät gelegt. Die Transponder in den Medien werden automatisch gelesen, in einer Liste angezeigt und die Diebstahlsicherung automatisch deaktiviert.
3. Das Konto wird geschlossen.
4. Der Belegdrucker druckt einen Beleg aus.

Abb. 3.43 Softwarestruktur
beim Selbstverbuchungsgerät

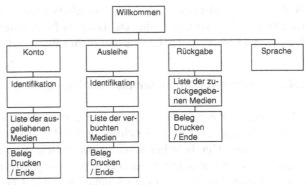

Die Zahl der Optionen auf dem Bildschirm sollte so gering wie möglich gehalten werden, da die Verweildauer der Benutzer erfahrungsgemäß exponentiell mit mehr Funktionen zunimmt; d. h., das Gerät wird viel zu lange belegt und es bilden sich Warteschlangen.

Bei der Sprachwahl wechselt lediglich die Sprache der drei Grundfunktionen, der Willkommensbildschirm bleibt im Layout bestehen. Bei der Kontoeinsicht und der Ausleihe ist die Identifikation des Benutzers erforderlich. Diese kann über die Barcodekarte und den Laserscanner, über eine RFID-Karte auf der Arbeitsplatte oder einen RFID-Leser mit einer zusätzlichen Antenne erfolgen. Auch die zusätzliche PIN-Eingabe nach der Identifikation ist möglich (wenn auch selten).

Bei der am häufigsten gewählten Funktion „Ausleihe" wird der Benutzer mit einem kurzen Text namentlich begrüßt. Ein Textfeld bzw. Informationsfenster gibt weitere Anweisungen wie z. B. „legen Sie die Medien auf die Arbeitsplatte" etc. Sobald der Selbstverbucher die Medien erkennt, listet er sie auf. Die eigentliche Verbuchung mit dem LMS läuft nun im Hintergrund ab. Am Ende jeder Zeile wird der Status der Verbuchung angezeigt. Über die Verbindung zum LMS über SIP2 oder NCIP wird nicht nur die Identität des Benutzers bestätigt, sondern auch für jedes einzelne Medium geprüft, ob er es ausleihen darf, ob es eventuell vorbestellt oder gesperrt ist, ob die Gebühren gedeckt sind oder die Anzahl der maximal auszuleihenden Medien überschritten wurde. Erst wenn alle Punkte geprüft und bestätigt wurden, wird das Medium endgültig verbucht. Die Ausleihe wird entweder über einen Button „Ende", über das Ausdrucken eines Beleges oder über ein Timeout abgeschlossen.

Bei der Funktion „Konto" wird, nach der Identifikation des Benutzers, eine Liste der bereits auf seinen Namen verbuchten Medien angezeigt. Es ist nun möglich, einzelne oder alle Zeilen auf dem Touchscreen auszuwählen und die Ausleihperiode dieser Medien zu verlängern. Anschließend kann ein Beleg gedruckt, die Anwendung beendet oder die Ausleihe fortgesetzt werden.

Für die Konfiguration der Selbstverbuchungsgeräte und der im Folgenden beschriebenen Rückgabeautomaten stehen Software-Programme zur Verfügung, mit denen ein Großteil der in jeder Bibliothek nötigen individuellen Einstellungen durch das IT-Personal selber vorgenommen werden können (Produktenamen wie Cockpit, AdminTool etc). Zu den Einstellungen gehören v. a. Nachrichten und Bilder auf dem

Willkommensbildschirm, Ein- oder Ausschaltungen von Funktionen (Rückgabe), welche Sprachen verfügbar sind etc. Da diese Funktionen zwischen den Systemlieferanten stark variieren, sollen sie hier nicht näher beschrieben werden.

3.4.2.6 Rückgabeautomaten und Sortierung

Abbildung 3.44 zeigt vier Möglichkeiten zur Buchrückgabe. Die einfachste Form ist, dass die Bücher in einen geschlossenen Behälter mit einem Einwurfschacht gegeben werden. Der Behälter kann an der Bibliothek von außen zugänglich sein. Diese Art der Rücknahme ist technisch am wenigsten aufwändig. Allerdings müssen in diesem Fall die Medien nochmals intern auf eine Antenne gelegt und im LMS zurück gebucht werden. Ein weiterer Nachteil ist, dass nicht zur Bibliothek gehörende Medien oder Gegenstände in den Behälter geworfen werden können (Vandalismusgefahr).

Der Einwurfkasten kann auch einen RFID-Leser unter einer Rutschfläche hinter dem Einwurfschacht enthalten. Dieser registriert das Medium und setzt den Status auf „Gesichert" um. Allerdings ist diese Möglichkeit mit funktionalen Unsicherheiten behaftet, beispielsweise wenn das Medium zu schnell auf der schrägen Fläche in den Behälter rutscht und nicht lange genug im Lesebereich der Antenne verbleibt. Aus diesem Grund sind Stop- and Go-Systeme, wie diese in Rücknahmeautomaten verwendet werden, zu bevorzugen. Das Medium wird so lange im Lesebereich gehalten, bis die Kommunikation mit dem Chip und dem LMS erfolgreich war. Es kann außerdem, falls es nicht zur Bibliothek gehört, wieder an den Benutzer zurückgegeben werden. Zudem kann eine Quittung gedruckt werden. Im Falle des oben geschilderten Behälters mit einer Rutschfläche hingegen kann es vorkommen, dass nicht alle eingeworfenen Medien registriert wurden. Der Ärger mit den Benutzern ist dann vorprogrammiert.

Neben dem Rücknahmeautomaten, der im Folgenden näher beschrieben werden soll, gibt es noch die Möglichkeit, die Medien am Selbstverbucher zurückzuge-

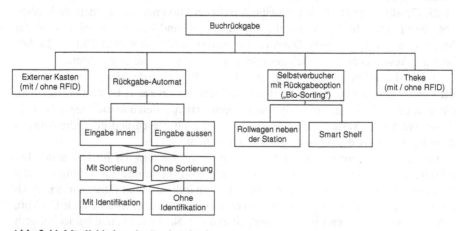

Abb. 3.44 Möglichkeiten der Buchrückgabe

ben, oder dies „klassisch" an der Theke zu erledigen. Dort werden die Medien über RFID vom Personal verbucht.

Der Rücknahmeautomat kann Medien nur einzeln entgegen nehmen, weil sie in der Regel im Anschluss sortiert werden. Er prüft die Medien über SIP2/NCIP auf Zugehörigkeit zur Bibliothek, setzt den AFI-Wert wieder auf gesichert um und leitet das Medium über ein Förderband in einen oder mehrere Behälter in der Sortierung weiter.

Der Schallpegel beträgt, wenn sich Bänder und Rollen bewegen, ca. 46 dBA, ausschließlich der Fallgeräusche. Der Pegel inkl. Fallgeräusche ist abhängig von der Fallkonstellation, liegt aber unterhalb 60 dBA.

Es können mehrere Rücknahmeautomaten nebeneinander positioniert werden (Abb. 3.45, mit nachgeschalteter Sortieranlage, Abb. 3.46), die dann ein gemeinsames Förderband hinter der Wand, in die sie eingebaut sind, beschicken. Hierbei ist die Kapazität zu beachten, die bei einer solchen Anordnung davon abhängt, wie stark jedes Gerät frequentiert wird. Teilweise sind auch Wartepausen für die Bücher am Automaten eingebaut. Die meisten Verarbeitungsschritte laufen parallel (Anfrage für jedes Medium beim LMS, Antwort abwarten, Identifizieren, Beschreiben,

Abb. 3.45 Rückgabeautomaten, Installation München (Fa. Bibliotheca/Trion)

Abb. 3.46 Sortieranlage im Anschluss an Rückgabeautomaten, Installation München (Fa. Bibliotheca/Trion)

Weiterfördern, Ausgabe an den entsprechenden Behälter usw.), um einen für den Benutzer möglichst schnellen Ablauf zu gewährleisten.

Es sind Automaten von mehreren Herstellern verfügbar, welche voneinander abweichende Teillösungen für bestimmte Aufgaben aufweisen. Die Geräte wurden vorher oft für logistische Lösungen, z. B. Paketsortierung, entwickelt. Dies führt mitunter zu anderen Lösungsansätzen, wie sie für Bibliotheksmedien, insbesondere aber dünne Medien wie Notenblätter, eigentlich erforderlich waren. Eine Mechanik mit einem Schwenkarm auf dem Förderband ist zwar für größere Objekte geeignet und robust, dünnere Hefte hingegen verklemmen sich zwischen dem Schwenkarm und dem Förderband.

Bei der Planung ist bereits zu beachten, ob das Gerät von außen zugänglich sein soll oder nur von einem Innenraum aus. Eine Außenanbringung führt zu einem signifikant höheren technischen Aufwand und natürlich auch höheren Kosten. Diese ergeben sich durch:

- die Benutzeridentifikation: diese wird häufig vorgesehen, um die psychologische Hürde für Vandalismus bzw. Beschädigungen zu erhöhen. Allerdings hat die Identifikation auch zur Folge, dass sich der Durchsatz stark vermindert, was zu Stoßzeiten je nach Auslegung zur Bildung von Warteschlangen führen kann.
- den Klimaschutz: dieser erfordert ein internes Kammersystem und ein Heizsystem.
- Feuerschutz: hier existieren verschiedene, individuelle Lösungen mit herab fahrenden Rollos etc.
- den Vandalismusschutz: Gegebenenfalls wird eine zusätzliche Glaswand integriert, welche sich erst bei der Identifikation durch den Besucher öffnet.
- den Staub- und Regenschutz: hier existieren verschiedene Lösungen mit Vordächern etc.

Alle Varianten der verschiedenen Hersteller detailliert zu beschreiben, würde hier zu weit führen. Es wird daher auf die im Internet verfügbaren Informationen verwiesen. Im Folgenden wird der Automat der Fa. Nedap/Trion als Beispiel beschrieben (Abb. 3.47 und 3.48).

Die Förderbänder (Abb. 3.48) bestehen aus ca. 1 m langen Einheiten, welche hintereinander zusammengestellt werden. Dadurch sind individuelle Anpassungen an gegebene Räume möglich. Sortiert wird nach drei Seiten. Pro Einheit können zwei bis vier Behälter beschickt werden, an der letzten Einheit drei bis fünf. Die seitliche Förderung erfolgt durch Anheben von angetriebenen Rollen. Hierdurch wird, unabhängig von der Mediengröße, eine möglichst geringe Belastung der Medien gewährleistet.

Die Sammelbehälter der Sortieranlagen (Abb. 3.49) enthalten einen Federboden, damit die Fallhöhe der Medien vom Förderband möglichst gering ist. Mit zunehmendem Füllgrad sinkt der Boden entsprechend ab. Die Federn können den jeweiligen Medien angepasst werden – für AV-Medien mit dichterer Packung und höherem Gewicht wird u. U. eine andere Vorspannung als bei Büchern gewählt. Es müssen ausreichend Behälter für den Austausch bereit gehalten werden. Ferner

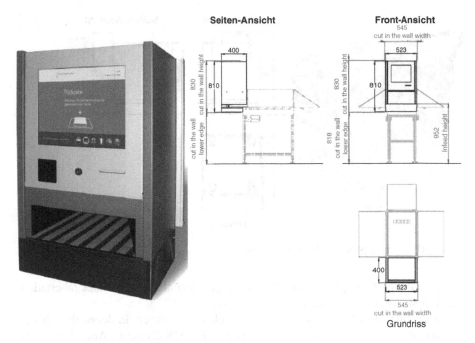

Abb. 3.47 Rückgabeautomat (Fa. Nedap/Trion) mit technischen Daten

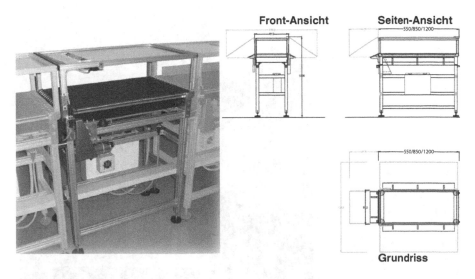

Abb. 3.48 Förderbänder (Fa. Trion)

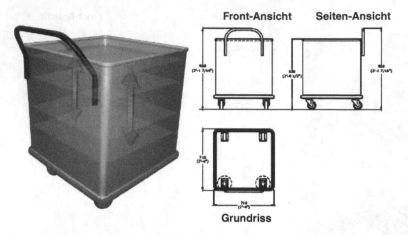

Front-Ansicht   Seiten-Ansicht

Grundriss

Abb. 3.49 Fahrbare Sammelbehälter (Fa. Trion)

ist ein „Überlauf" zu planen, falls Offline-gegeben sind, d. h. die Rückgabestation nicht mehr mit dem LMS kommunizieren kann.

Sammelbehälter können auch durch komplexere Anlagen, in denen die Bücher aufeinander gestapelt werden, ersetzt werden (Fa. MK-Systems, Abb. 3.50). Das nachfolgende Feinsortieren wird dadurch erleichtert (Haltung der Bedienperson).

Ein Rückgabe- und Sortiersystem kann über die zugehörige Software kontrolliert und gesteuert werden. Die abgebildete Anlage (Abb. 3.51) besitzt zwei Rücknahmeautomaten und sieben Sortierkanäle. Ein Behälter ist mit 100 Medien gefüllt,

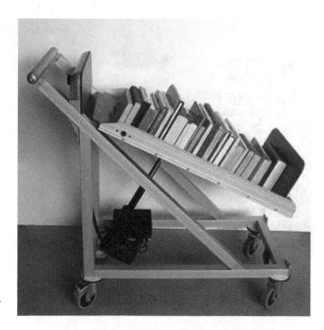

Abb. 3.50 Stapelwagen (Fa. MK-Systems)

Abb. 3.51 Information über den Zustand der Anlage mit Füllgrad der Behälter (Fa. Trion)

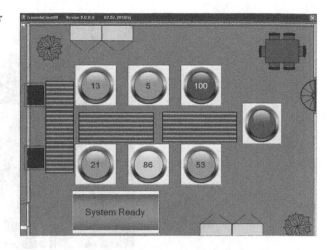

ein Behälter ist im gelben Bereich und mit 86 Medien fast gefüllt, vier Behälter sind im grünen Bereich und ein Behälter ist momentan nicht präsent, d. h. wird gerade gewechselt. Die Füllmenge kann pro Behälter individuell eingestellt werden.

3.4.2.7 Inventur-Handleser

Die Inventur von Medien im Regal war eines der ersten Versprechen der Lieferanten von RFID-Bibliothekssystemen (Abb. 3.52). Manche sahen sogar hierin damals den Hauptnutzen, da die Medien im Regal nun „im Vorbeigehen" erfasst werden sollten. Die Vorstellungen auf Messen und Vorträgen waren entsprechend positiv, im realen Einsatz jedoch zeigten sich Probleme mit der Detektionsrate. Wäre die Argumentation beibehalten worden, dass RFID nur in Bezug auf die Inventur für Bibliotheken attraktiv gewesen wäre, so hätte sich die Technologie nicht weiter durchgesetzt. Erstens war der Nutzen weit geringer als vorgegeben, zweitens war die technische Funktion sicherheit nicht ausreichen.

Der Nutzen wird in wissenschaftlichen und öffentlichen Bibliotheken unterschiedlich eingestuft. In einer Präsenzbibliothek, in der die Bücher von Studenten intensiv genutzt und auch verstellt werden, muss (in bestimmten Bereichen) fast täglich eine Inventur durchgeführt werden. Hier kann ein solches Inventurgerät in Form eines Handlesers massiv Arbeitszeit einsparen. In öffentlichen Bibliotheken hingegen ist, da bis zu 60 % des Bestandes ausgeliehen sind, der Nutzen des Inventurgerätes eher gering. Der Strom an Medien, welche ständig in die Regale von Hand zurück gestellt werden, ist so groß, dass eine ständige Ordnungskontrolle durch das Personal gegeben ist. In öffentlichen Bibliotheken wird daher wird der generelle Sinn einer Inventur in Frage gestellt.

Die technischen Einschränkungen ergeben sich aus der teilweise geringen Detektionsrate, und diese wiederum aus der Verteilung der Feldlinien und der Menge und Anordnung der RFID-Etiketten im Lesefeld (Abb. 3.53). Die Antenne kann

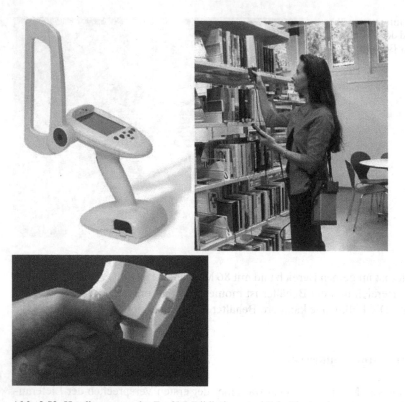

Abb. 3.52 Handlesegeräte der Fa. 3M, Bibliotheca und Feig Electronic

aufgrund der Etikettenorientierung nur mit dem Seitenfeld arbeiten, unabhängig davon, ob sie senkrecht oder flach zum Regal hin orientiert gehalten wird. Hierdurch können die Etiketten nur mit wenig Energie versorgt werden. Hinzu kommt, dass sich mehrere Etiketten gegenseitig „konkurrenzieren", wenn sie sehr eng beieinander liegen sogar verstimmen. Dies tritt nur in Grenzsituationen auf.

Entscheidend ist, dass nur eine 100-prozentige Inventur sinnvoll ist. Wird allein ein Buch aus Hundert nicht erkannt, wird es als verloren gelten. Dies ist ein viel zu hoher Anteil, der eine Inventur wertlos macht. Hinzu kommen auch Probleme in der Position innerhalb des Regals: da die ober- und unterhalb liegenden Bücher nicht auch erfasst werden sollen, kann das Lesefeld nicht allzu groß ausgelegt werden. Und bei gegenüberstehenden Regalen (Doppelregalen) dürfen die Bücher des dahinter liegenden Fachbodens nicht mit erfasst werden, da sie sonst als falsch platziert gelten würden. Es ist folglich ein Zielkonflikt, der nicht einfach zu lösen ist.

Die Genauigkeit der Erfassung kann nicht höher sein, als das Lesefeld an Breite aufweist. Innerhalb dieses Bereiches erfasste RFID-Etiketten antworten in zufälliger Reihenfolge, d. h. die Reihenfolge in der Erfassung hat keinen Zusammenhang mit der realen Reihenfolge auf dem Fachboden. Sofern allerdings nur fehlgestellte Bücher gesucht werden, ist dies tolerierbar.

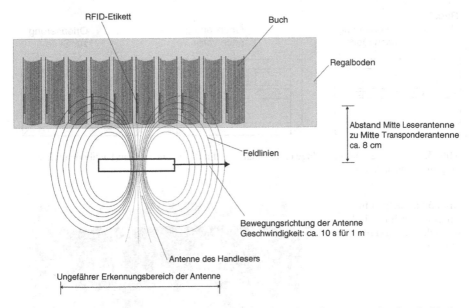

Abb. 3.53 Verteilung der Feldlinien beim Einsatz eines Handlesegerätes im Regal (Fachboden = Tablar)

Ein Lieferant (InfoMedis) hat eine Lösung entwickelt, mit denen die Zuverlässigkeit der Inventur durch Anpassungen der Auswertungssoftware auf 100 % erhöht werden konnte. Hier sind spezifische Lösungen für wissenschaftliche Bibliotheken zu finden.

Das Anwendungsprogramm für Inventurgeräte kann auf einem PDA oder einem Laptop laufen, die Geräte voll integriert oder teilintegriert sein (ein integriertes Gerät mit Leichtbau-Akku, andere Varianten mit Akku am Schultergurt und separater Handleseantenne).

Ein solches Inventurgerät ist nur bedingt für die Kontrolle von Medienpaketen geeignet. Diese müssen nacheinander, separat vom Regal geprüft werden, damit keine weiteren, nicht zum Paket gehörigen RFID-Etiketten erfasst werden.

3.4.2.8 Smart Shelf

Ein Smart Shelf ist ein Regal, dessen Fachböden bzw. Seitenwände RFID-Antennen enthalten (Abb. 3.54 und 3.55). Diese scannen in kurzen Abständen die im Regal befindlichen Medien. Das Hineinstellen, der Verbleib und das Herausnehmen können so kontrolliert werden. Dies wäre eine permanente Inventur. Gäbe es bezahlbare RFID-Antennen für größere Regale, könnten Bibliotheken in Echtzeit verfolgen, was mit den Büchern geschieht. Aufgrund des relativ hohen technischen Anspruchs (Multiplexen der Antennen und Kopplungen) und der daraus resultierenden hohen Kosten ist eine solche Ausstattung heute nicht praktikabel.

Abb. 3.54 Varianten für die Anlage eines Smart Shelf mit Antennen in den Fachböden (Orientierung für Bibliotheken *rechts*)

Abb. 3.55 Beispiel für ein Smart Shelf für flach liegende Medien (Feig Electronic)

Smart Shelves haben ihren Platz neben der Rückgabestation gefunden (Fa. Nedap). Auf dem Selbstverbucher wird bei der Rückgabe die Regalnummer angegeben, in welches das Medium, nach der korrekten Rückgabe mit Beleg, anschließend gestellt werden soll. Hierdurch wird eine Vorsortierung ermöglicht. Vorbestellte Medien können dort ebenfalls eingestellt werden. Inwiefern der zusätzliche technische Aufwand gerechtfertigt ist, bzw. ein Hinweis auf dem Selbstverbucher vollkommen ausreichend ist, bleibt in der Praxis zu prüfen.

Die Vorsortierung kann theoretisch auch ohne die RFID-Antennen erfolgen. Die Bibliotheksbesucher können die Medien direkt wieder daraus entnehmen, ohne dass sie in die normalen Regale zurück gestellt werden müssen. Dies erspart dem Bibliothekspersonal das Einordnen in die normalen Regale. Vorbestellte Medien sind im LMS gesperrt und können nicht ausgebucht werden.

Eine weitere Variante ist ein mit Türen versehener Schrank mit kleinen Ablagefächern. Es können an diesem einzelne Türen mit der RFID-Benutzerkarte geöffnet und vorbestellte Medien entnommen werden. Der Schrank wird von der Hinterseite her vom Bibliothekspersonal bedient.

Die Fa. NEDAP bietet einen RFID-Schrank an, der als „kleinste Bibliothek" bezeichnet wird. Dieser ist für Altersheime oder ähnliche Einrichtungen geeignet, in denen die Nutzer nicht in eine Bibliothek gehen können, aber trotzdem Bücher ausleihen wollen. Sie identifizieren sich am Schrank über eine Karte, woraufhin sich eine große Fronttüre öffnet. Das gewünschte Buch kann entnommen werden und wird automatisch auf die jeweilige Person registriert, da der RFID-Leser registriert, wenn ein Medium nicht mehr im Erkennungsbereich ist.

3.4.2.9 Sortierhilfen

Bei der Sortierung der Medien nach der Rückgabe können verschiedene Hilfsmittel eingesetzt werden. Neben der Sortieranlage in Abb. 3.56 können auch Kisten von Hand bestückt werden. Um diese auf ihren (einheitlichen) Inhalt hin zu überprüfen, kann ein sog. *RFID-Tunnel-Leser* eingesetzt werden. Die Bücherkiste wird hindurch geschoben und dabei von allen Seiten gescannt.

Je kleiner die Kisten sind und je weniger Medien sich darin befinden, umso zuverlässiger wird die Erfassung sein. Die bereits für Medienpakete und CDs geltenden Einschränkungen in der Lesezuverlässigkeit gelten auch hier – wohl in geringerem Ausmaß, weil das Lesefeld im Innenbereich des Tunnellesers stärker ist, aber auch hier kann in ungünstigen Konstellationen der Etiketten und Materialien zueinander keine hundertprozentige Lesesicherheit gewährleistet werden.

Bisher sind keine Bibliotheken publiziert worden, in denen solche Tunnel-Leser eingesetzt werden, aber sie könnten für solche interessant sein, in denen eine Sortierung per Hand durch Nichtfachkräfte erfolgt und diese Sortierung trotzdem eine sehr hohe Genauigkeit aufweisen muss (Einlagerung in Archive etc.).

Abb. 3.56 RFID-Tunnel-Leser (Feig Electronic)

Eine weitere Möglichkeit ist die Verwendung einer Einzelantenne, wie sie am Arbeitsplatz (Personalstation) eingesetzt wird. Und schließlich kann alternativ auch eine Handantenne verwendet werden, die zwischen die Medien gesteckt wird.

3.4.2.10 Konvertierung/Initialisierung

Die mobile Initialisierungs- bzw. Konvertierungsstation stammt aus den Zeiten vor RFID, als die Bücher noch mit EM-Streifen und Barcodes gekennzeichnet wurden. Der Vorteil ist bei der EM-Ausstattung und der RFID-Konvertierung der gleiche: es wird durch mobile Stationen vermieden, dass die Medien einmal zusätzlich auf einen Wagen gesetzt und transportiert werden müssen (Abb. 3.57). Die Stationen werden von den Systemlieferanten auch leihweise für die Konvertierungsperiode (oder zur Miete) bereitgestellt. Bei der RFID-Konvertierung mit vorhandenen EM-Streifen erfolgt das Einlesen des Barcodes und gegebenenfalls die Deaktivierung der EM-Sicherung durch eine entsprechende Bewegung mit der auf dem Scanner aufgebrachten Magnetmanschette.

Konvertierungsstationen können, im Gegensatz zu den früheren Geräten, mit entsprechenden Möbeln auch selber zusammen gestellt werden. Früher mussten grosse, schwere Elektromagneten mit eingebaut werden. Dies entfällt heute. Für die Basis wird lediglich ein Rollwagen und ein Laptop benötigt, an welchen ein RFID-Leser und ein Barcode-Scanner über die USB-Schnittstelle angeschlossen sind (Abb. 3.58). Diese drei Geräte können von der Bibliothek selber auf einen Rollwagen gestellt werden. Die RFID-Leser können ohne weiteres nach Abschluss der Konvertierung an einem Arbeitsplatz oder an der Theke eingesetzt werden. Bei Konvertierungsprogrammen, welche einen höchsten Durchsatz an Medien ermöglichen, werden keine Tasten oder Buttons auf dem Bildschirm mehr gedrückt. Sobald der RFID-Leser ein Etikett sieht, verlangt er nach dem Einlesen eines Barcodes. Sobald er mehrere Etiketten sieht, legt er nach dem Einlesen eines Barcodes automatisch ein Medienpaket mit

Abb. 3.57 Mobile Konvertierungsstationen (Bibliotheca RFID Library Systems und 3M)

Abb. 3.58 Konvertierungs-
oder Initialisierungsstation
(InfoMedis, RFID-Leser mit
RFID-Etikett unter bzw. im
Buch)

eben diesen Etiketten an. Wenn umgekehrt erst ein Barcode gelesen wurde, wird nach
einem RFID-Etikett verlangt (bei mehreren Etiketten im Lesebereich wird respektive
ein Medienpaket angelegt). Diese Vorgehensweise erfordert etwas Übung, ist aber die
schnellste Möglichkeit zur Konvertierung.

3.4.2.11 Bedruckung von Etiketten

RFID-Etiketten können, sofern eine Bedruckung überhaupt gewünscht ist bzw. sie
nicht bereits ab Werk des Lieferanten bedruckt wurden, mit einfachen Thermo-
Transferdruckern bedruckt werden. Vor dem Bedrucken der RFID-Etiketten sind
einige Tests zur Spaltbreite bzw. dem Anpressdruck der Druckrolle auf die Ther-
mo-Leiste durchzuführen. Es könnte durchaus sein, dass der Spalt zwischen beiden
Elementen so klein bzw. der Anpressdruck so hoch ist, dass der Chip geschädigt
wird. Im Allgemeinen sind diese Drucker jedoch mit variablen Rollen ausgestattet,
welche bei einer Erhöhung der Etikettendicke (durch den Chip) entsprechend leicht
nachgeben. Wichtig ist auch, dass auf und seitlich vom Chip kein Aufdruck erfolgt,
da an dieser Stelle das Druckbild unsauber würde (die Rolle wird angehoben). Weitere Drucker mit Tintenstrahl- oder Laser-Verfahren müssen ebenfalls bezüglich der
Chip-Verträglichkeit getestet werden.

   Die Etiketten können optional mit einem Logo und/oder einem fortlaufenden
Barcode bedruckt werden. Für das Logo kann die Konvertierung offline erfolgen.
Wenn ein individueller Barcode gedruckt werden soll, kann dieser in der Regel pro
Medium vom LMS bezogen werden, d. h. die Konvertierung erfolgt online. Hier
sind wiederum mehrere Möglichkeiten offen, wie die Verbindung zum LMS im Ein-
zelfall gelöst wird (voll integrierte Lösung wie bei aStec, Teilintegrationen, vorab
Laden der Medienlisten auf den Konvertierungs-Laptop etc.).

   Derzeit sind nur Thermo-Transferdrucker auch als sog. RFID-Drucker verfügbar
(Zebra, Toshiba-Tec usw.). Sie enthalten ein RFID-Leser-Modul, welches die Funktion des RFID-Etiketts prüft, die UID liest und gegebenenfalls die gesamte Initia-

lisierung des Chips in einem Arbeitsschritt übernimmt. Die Diskussionen über das Für und Wider solcher Drucker, bzw. des Zusatznutzens für die Bibliothek drehen sich um die Zeitersparnis, den zusätzlichen Programmieraufwand und den Umgang mit Medienpaketen. Ein wesentlicher kritischer Faktor ist, dass diese Drucker mit teilweise veralteten RFID-Programmen laufen, welche es nicht erlauben, das AFI umzuschreiben. In der Praxis hat sich der Einsatz der oben genannten einfachen Drucker durchgesetzt, da sie erstens kostengünstiger als RFID-Drucker sind und das Medium ohnehin zum Einkleben des Etiketts einzeln auf eine Leserantenne gelegt werden kann. Daher ist die Zeitersparnis, so lange keine geeigneteren Programme vorliegen, sehr gering.

3.4.2.12 Öffnen von Schließfächern

Taschen, Kleider und weitere persönliche Gegenstände möchten (oder sollen) die Bibliotheksbesucher häufig außerhalb der Bibliothek ablegen, um einerseits von diesen Dingen unbelastet durch das Gebäude zu gehen, ihnen andererseits aber auch keine Gelegenheit zu geben, Bücher in Taschen „verschwinden" zu lassen. Hierfür haben sich im Eingangsbereich zugängliche Schließfächer bewährt. Diese können in den einfachsten Fällen mit einem Schlüssel ausgestattet sein, der nur gegen ein Pfand (Münze) freigegeben und beim Abholen der Gegenstände wieder in der Tür zurückbehalten wird. Eine andere Möglichkeit besteht darin, die Schließfächer mit den Besucherkarten zu öffnen und zu schließen, wie dies häufig im Sport- und Fitnessbereich verwendet wird. In diesem Fall muss jedes Schloss mit einem RFID-Leser ausgestattet sein. Als Alternative Systeme gibt es sog. Keylender (z. B. Fa. MK-Systems). Diese geben die Schlüssel an einer zentralen Stelle gegen das Dranhalten eines RFID- oder Barcode-Besucherausweises oder sogar gegen einen Fingerabdruck aus (Abb. 3.59). Das System kann mit dem LMS über SIP2 oder NCIP verbunden werden, um die Herausgabe des Schlüssels auf dem Benutzerkonto zu registrieren.

3.4.2.13 Öffnen von Medienfächern

An der Universitätsbibliothek Karlsruhe wurde ein System entwickelt, welches es dem Bibliotheksbesucher erlaubt, seine vorbestellten Medien aus der Fernleihe nach persönlicher Identifikation aus einem Fach zu entnehmen ([13], Abb. 3.60). Dadurch wird erstens verhindert, dass andere, nicht autorisierte Personen diese Medien entnehmen können, zweitens müssen Fernleihmedien gesondert verbucht werden, weil sie ja nicht Teil des eigenen Bestands sind. Für diese Ausgabe soll kein Bibliothekspersonal ständig an einer Theke anwesend sein. Nachdem der Bibliotheksbesucher sich an einem Lesegerät des Ausgabeautomaten (zentral Anlagenmitte) identifiziert hat, kommuniziert das System mit einer Datenbank, um festzustellen, ob er auch Medien reserviert hat. Wenn diese in einem bestimmten Fach abgelegt sind, öffnet es sich automatisch.

Abb. 3.59 Keylender
(Fa. MK-Sorting Systems)

Abb. 3.60 Zentral gesteuerte
Ausgabe von reservierten
Medien. (ILL-Lender, zent-
rale Identifikation unter dem
Bildschirm, *Mitte* der Anlage,
Universitätsbibliothek Karls-
ruhe, [13])

3.4.2.14 Bezahl- oder Kassenautomaten

Bezahl- oder Kassenautomaten werden im Allgemeinen ohne RFID betrieben, d. h.
sie zählen nicht zu den eigentlichen RFID-Systemkomponenten in der Bibliothek.
Sie können allerdings nicht unabhängig vom LMS eingesetzt werden. Erst dann,
wenn Smart Cards/RFID-Benutzerkarten verwendet werden, müssen Sie RFID-
Reader enthalten.

Abb. 3.61 Bezahl- oder Kassenautomat (*links*, Fa. Hess), einfache integrierte Bezahlfunktion im Selbstverbucher (*rechts*, Fa. Trion)

Trotz dieser Abgrenzung sind sie ein wichtiger Bestandteil des RFID-Gesamtsystems: sie sorgen dafür, dass der bereits durch die Ausleihe und Rückgabe verminderte Besucherverkehr an der Theke noch weiter reduziert wird. In Abb. 3.61 ist ein Beispiel eines Automaten der Fa. Hess gezeigt. Es gibt mehrere Anbieter, deren Kassenautomaten in den Eigenschaften stark variieren. Dies betrifft u. a. die Art der Geldannahme, der Kreditkartenannahme, der Echtheitsprüfung von Münzen und Scheinen usw. Der Automat ist über SIP2 mit dem LMS verbunden, um den Kontostand zu verifizieren bzw. die eingezahlte Summe gutzuschreiben.

Weitere Möglichkeiten bestehen in der Integration von Bezahlfunktionen in die Selbstverbucher. Hier sind teilweise auch Möglichkeiten nur zur Zahlung mit Münzen zu erwägen. Solche Modelle werden häufiger in angelsächsischen Ländern eingesetzt. Eine solche Integration verlängert natürlich die Verweildauer der Kunden an den Geräten beträchtlich.

Eigenständige Kassenautomaten können auch außerhalb der Bibliothek eingesetzt werden, „erweiterte" Selbstverbucher logischerweise nur innerhalb der Bibliothek.

3.4.2.15 Zugangskontrolle

Es ist in der Zugangskontrolle zwischen zwei Varianten zu unterscheiden: eine Erste mit geringen und eine zweite mit hohen Sicherheitsansprüchen. Im Folgenden behandeln wir nur die erste Variante. Diese ist für die Bibliotheksbesucher gedacht, nicht für das Bibliothekspersonal.

Im Bankenwesen gab es bei der Einführung von Selbstbedienungsautomaten (Bezug von Kontoauszügen, Aus- und Einzahlungen) eine ähnliche Entwicklung. Diese Automaten befinden sich häufig innerhalb von Vorräumen zur eigentlichen

Abb. 3.62 Öffnung der
äußeren Tür zum Vorraum
mit RFID-Benutzerkarten.
(Stadtbibliothek Winterthur)

Bank. Die Kunden erhalten über eine Kreditkarte oder Bankkarte Zugang in diesen
Raum (Abb. 3.62). Dies verhindert nicht, dass weitere Personen gleichzeitig durch
die Tür gehen können. Erstens stellt diese Zutrittskontrolle aber eine erhebliche
Hürde gegenüber Vandalismus dar (v. a. in Verbindung mit Videoüberwachung),
und zweitens können die Automaten kostengünstiger ausgelegt werden, da sie sich
in einem klimatisch kontrollierten Raum befinden. Da der Vorraum rund um die Uhr
zugänglich ist, können die Besucher dort ihre Medien zu jeder Zeit zurückgeben
und – sofern auch ein Kassenautomat dort verfügbar ist – ihre Einzahlungen täti-
gen. Theoretisch können diese Türen zum Vorraum auch mit einem Buch geöffnet
werden. Dies ist auf Wunsch der Bibliothek einstellbar.

Der eigentliche Eingang zur Bibliothek muss unbedingt über mechanische
Schlösser oder auch eine Zutrittskontrolle mit verschlüsselten Karten wie im Ge-
bäudemanagement geschützt werden. Anderenfalls können bei Versicherungsfällen
Probleme auftreten.

3.4.2.16 Kaffee- und Snack-Automaten

Im Zuge dessen, dass sich Bibliotheken für die Besucher mehr und mehr zu ange-
nehmen Aufenthaltsbereichen entwickeln, wächst auch die Verantwortung des Personals für die Aufsicht. Es sind zunehmend verschiedene soziale Schichten und Al-
tersgruppen vertreten. Und Teil dieser Aufenthaltsräume sind auch Kaffeeautomaten
(Abb. 3.63), Snacks usw. Diese Automaten können entweder über ein zentrales oder
ein dezentrales Bezahlsystem mit Smart Cards (also RFID-basierten RFID-Benutzerkarten) bedient werden. Beim zentralen System ist das Guthaben in einer zentralen Datenbank (z. B. im LMS) gespeichert. Bei dezentralen Systemen hingegen
ist der Geldbetrag direkt auf der Karte gespeichert. Letztere Version hat den Vorteil,
dass die Automaten keine Anbindung an die zentrale Datenbank haben müssen. Dafür kann beim Verlust einer Karte in der Regel kein Ersatz gestellt werden.

Abb. 3.63 Kaffeeautomat
an einer Cafeteria. (EPFL
Lausanne, Rolex Learning
Center, Fa. Polyright)

Bezüglich der Sicherung der Geldtransaktionen mit Karten gibt es ebenfalls zwei Vorgehensweisen: mit oder ohne eine zusätzliche Verifizierung über eine PIN-Eingabe. Wenn nur jeweils geringe Beträge auf die Karten geladen werden, lohnt sich die PIN-Absicherung kaum. Dies spräche dafür, nur jeweils geringe Beträge einzahlen zu lassen.

Nun hat aber die Speicherung von Guthaben, entweder auf dem Chip oder dem Konto auf der zentralen Datenbank auch Vorteile für die Bibliothek: Sie verfügt über hohe Cash-Einzahlungen, die erst nach und nach – und häufig nicht vollständig – abgerufen werden. Mit diesem Kapital kann die Bibliothek arbeiten. Die Restriktionen kommen hierbei häufig nicht aus der Technik, sondern aus den Vorgaben der Gemeinden. Diese untersagen es häufig, dass eine öffentliche Einrichtung in größerem Umfange Geldbeträge verwalten darf. Die Bibliothek darf nicht „Bank spielen", d. h. Geld einnehmen oder bei einer Kontoüberziehung kleinere Kredite geben. Dieser Rahmen ist vor einer Ausschreibung unbedingt mit den zuständigen Ämtern oder Behörden zu klären.

3.4.2.17   Kopiergeräte

Kopiergeräte werden seit langem in Bibliotheken benutzt. Hierfür stehen verschiedenste Möglichkeiten zur Bezahlung mit Besucherkarten zur Verfügung. Der Betrag kann entweder an der Theke gegen eine spezielle Münze (Coin) entrichtet werden, oder es wird direkt am Automaten mit Münzen bezahlt. Beide Möglichkeiten binden zusätzlich Arbeitskräfte an der Theke bzw. beim zusätzlichen Entleeren, Zählen des Kleingelds usw. (häufig müssen auch noch Geldscheine in Münzen gewechselt werden). Lösungen über Karten sind daher deutlich vorteilhafter. Bei diesen Automaten wird entweder über die Karte auf eine Datenbank mit dem Benutzerkonto zugegriffen, oder das Gerät ist offline und der Geldbetrag wird von der Karte direkt abgebucht.

3.4.2.18 Fahrbibliotheken

Mit Fahrbibliotheken können entlegene Stadtteile, ländliche Regionen (wie in Skandinavien üblich) oder soziale Einrichtungen (Krankenhäuser, Seniorenheime) mit Büchern und anderen Medien versorgt werden. Häufig sind dabei auch Programme zur Förderung des Lesens bei Kindern und Jugendlichen enthalten (Bespiel Fahrbücherei Stuttgart: Besuch jeder Station 1 × pro Woche, 23 Stationen, 280.000 Entleihungen, 5.000 Medien, Kindergruppen (Leseförderungskonzept) mit 18 Schulen, Abb. 3.64).

RFID wird hier an zwei Stationen eingesetzt, bei der Ausleihe und der Rückgabe. Ein Durchgangsleser kann aufgrund der räumlichen Enge nicht installiert werden. Auch die Verbuchungsstationen müssen so eingebaut werden, dass keine unbeabsichtigten Verbuchungen (Miterfassen eines Mediums eines anderen Besuchers). In der Münchner Fahrbibliothek wird wegen der räumlichen Enge nur ein Personalarbeitsplatz eingerichtet werden.

3.4.2.19 Safer-Opener und CD-Ausgabeautomaten

So genannte Safer-Opener sind eine Möglichkeit, die AV-Medien wie in älteren Systemen mit Safern (Umhüllungen, welche vom Besucher – im Falle eines Dieb-

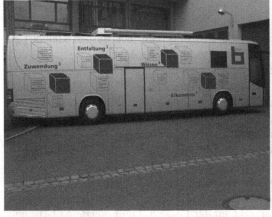

Abb. 3.64 Fahrbibliothek der Stadtbücherei Stuttgart (*rechts* Theke, Fa. EasyCheck)

Abb. 3.65 Safer-Opener als Zusatzgerät am Selbstverbuchungsterminal (u. a. von 3M, Retac-Entsicherungsmagnet und Safer)

stahls – nicht ohne weiteres ohne Spezialwerkzeug geöffnet werden können) zu sichern, aber dabei zumindest einen Schritt innerhalb des Arbeitsprozesses zu vereinfachen. Die Überlegung ist dabei, den Besucher die Safer selbst öffnen zu lassen. Er muss sich nicht an die Theke wenden. Allerdings müssen die AV-Medien nach wie vor nach der Rückgabe wieder vom Personal in die Umhüllungen gesteckt bzw. diese wieder verschlossen werden.

Es geht hauptsächlich um CDs und DVDs. Bei der Nutzung eines Safer-Openers (Abb. 3.65) verbucht der Besucher das Medium normal an einem Verbuchungsgerät. Die Safer-Box enthält neben der CD und dem Booklet noch ein RFID-Etikett. Nach der Ausleihe ist der Safer immer noch verschlossen. Um ihn zu öffnen, wird er in eine Box gesteckt, welche einen RFID-Leser und einen Elektromagneten enthält. Wenn die CD korrekt verbucht war, erkennt der Leser das umgesetzte AFI-Bit und aktiviert den Elektromagneten. Wird der Safer dann wieder heraus gezogen, verbleibt ein Sicherungsstift in der Box. Der Safer kann anschließend geöffnet werden.

Die RFID-Safer gewährleisten einerseits, dass die Hülle nicht einfach geöffnet werden kann, andererseits wird ein Alarm im Gate sicherer ausgelöst, da sich das Etikett nicht auf der CD-Oberfläche befindet welches im Gate schwieriger zu detektieren wäre. In der Praxis hat sich das System noch nicht stark verbreitet. Es bleibt abzuwarten, inwiefern sich die höheren Kosten in Material (Hüllen, Anlage) und Arbeitszeit (Wiedereinsetzen der Sicherungsstifte) gegenüber den gesunkenen Kosten für den Ersatz der CDs rechnen.

Eine alternative Lösung zu den Safern ist der Einsatz eines CD-Ausgabeautomaten (Abb. 3.66). Dieser gibt, nach der Auswahl der jeweiligen CD über eine Nummerneingabe oder das automatische Einlesen einer Mediennummer die CD automatisch heraus. Ein solcher Automat besitzt eine aufwändige Mechanik und ist entsprechend teuer. Eine Lösung mit Safern erscheint daher, v. a. für kleinere Bibliotheken, die kostengünstigere Variante zu sein.

Abb. 3.66 CD-
Ausgabeautomat (Fa. MK)

Die Erfahrungen an den Münchner Stadtbibliotheken zeigen, dass die Verluste bei CD-Kassetten mit mehreren CDs nicht nennenswert sind, auch wenn sie überhaupt keine RFID-Etiketten direkt auf den CDs haben. Jede Bibliothek ist also gefordert, sich beim möglichen Einsatz eines RFID-Safer-Systems oder eines Ausgabe-Automaten den Nutzen zu kalkulieren. Zusätzliche Sicherheit hat ihren Preis.

3.4.2.20 Automatische Kleinstbibliothek

Eine Weiterentwicklung von CD-Dispensern wird von einer deutschen Firma angeboten (MK-Sorting-Systems, Abb. 3.67). Es ist im Prinzip ein geschlossenes Hochregallager, aus welchem die am häufigsten gewählten Medien oder auch die Vorbestellungen entnommen und wieder zurückgestellt werden können. Die in sich geschlossenen Einheiten können an stark frequentierten Orten, so zum Beispiel an Bahnhöfen, Flughäfen, Einkaufszentren usw. aufgestellt werden. Es können 900 bis 1.400 Medien darin bereitgestellt werden.

3.4.2.21 Gate-Tracking im Durchgangsleser

Gate-Tracking bedeutet das individuelle Erkennen von Medien, welche im Durchgangsleser einen Alarm ausgelöst haben. Durch dieses Erkennen ist es möglich, die entsprechenden Medien frühzeitig wieder zu beschaffen. Eine Feststellung der Person, welche das Medium nicht entsichert hat, ist aus datenschutzrechtlichen Gründen nicht erlaubt. Dies würde auch erfordern, dass jeder Besucher erstens

Abb. 3.67 Kleinstbibliothek mit automatischer Ausgabe verschiedener Medien (MK-Sorting-Systems)

eine RFID-Karte besäße, welche über die gleiche Distanz wie die Bücher detektiert würde, zweitens müsste diese zuverlässig erfasst werden. Die Besucher erwarten allerdings eine gewisse Anonymität, ein persönliches „Tracking" würde kaum akzeptiert. Und ein An- und Ausschalten der Karte wäre über das AFI-bit – wie beim Buch – nicht praktikabel. Dem Besucher wäre kaum zu vermitteln, dass seine Besucherkarte immer gelesen würde. Folglich kann eben das Gate-Tracking, wie bereits erwähnt, nur zur rechtzeitigen Wiederbeschaffung von Medien, nicht aber zum „Dingfest-Machen" eines Diebes verwendet werden.

Es stellt sich ein weiteres Problem: viele Besucher haben das korrekte Ausbuchen eines Mediums einfach vergessen, oder das Scannen auf dem Selbstverbucher war nicht vollständig und dieser hat nicht alle AFI-Werte umgesetzt. Beim Auslösen eines Alarms fühlen sich die Besucher daher erinnert und kehren um, um die fehlenden Medien noch korrekt zu verbuchen. Hier entsteht folglich eine gewisse Differenz zwischen den im Durchgangsleser erfassten und den wirklich verbuchten Medien. Es ist ein zeitverzögerter Vergleich mit dem LMS erforderlich. Erst dann ergibt sich eine Netto-Liste der neu zu beschaffenden Medien (sofern sie nicht trotzdem später wieder zurück gebracht werden, was ebenfalls häufig der Fall ist).

Das Gate-Tracking birgt noch einen weiteren technischen Problempunkt: auf dem RFID-Etikett ist die Mediennummer gespeichert. Um diese bei der hohen erforderlichen Lesegeschwindigkeit im Gate zuverlässig zu erfassen, muss ein entsprechendes Programm den Chip in Echtzeit „durchscannen". Dabei können keine CRC-Checks oder ähnliche Plausibilitätstests durchgeführt werden, was bereits zu einer gewissen Fehlerquote führen kann. Das Hauptproblem besteht aber nun darin, dass ein solches Scannen für einen bestimmten Chip optimiert werden muss. Zwar arbeiten diese – nach ISO-Protokoll – gleich, sie sind aber dennoch unterschiedlich aufgebaut. Folglich muss für jede Chipart ein Programm geschrieben werden. Diese Programme könnten, wenn verschiedene Chips in einer Bibliothek eingesetzt würden (was irgendwann zwingend der Fall sein wird), in der kurzen Zeit nicht alle parallel abgearbeitet werden. Dies bedeutet, dass ein Teil der Chips zwar gelesen würde, ein anderer aber nicht. Somit ist dieses Verfahren generell infrage zu stellen, da eine proprietäre Situation entsteht, in der die Bibliothek auf den originär eingesetzten Chip angewiesen ist. Angesichts des Nutzens durch etwas frühere Nachbestellung von Medien erscheint dies nicht akzeptabel. Es wäre daher gut, wenn von den Systemanbietern andere technische Möglichkeiten erarbeitet würden.

Kapitel 4
Planung des RFID-Systems in der Bibliothek

4.1 Allgemeine Vorgehensweise

Die Planung einer RFID-Bibliothek unterteilt sich in mehrere Schritte. Der Beginn ist die Klärung der Bedürfnisse, Erwartungen und Rahmenbedingungen. Soll die Bibliothek neu oder umgebaut werden? Wird, um zwei Extremfälle aufzuzeigen, die bisherige Nutzung als Archiv-Bibliothek beibehalten oder soll eine Bibliothek mit einer sozialen Funktion entstehen, einer öffentlichen Plattform mit Café, Internet, vielfältigem Medienzugang etc.? Es ist dabei ratsam, mit der ersten groben Raumplanung frühzeitig zu beginnen, da sie einen guten Überblick, eine Art Leitfaden für die weiteren Planungen verschafft. Es müssen Vorangebote eingeholt werden, um die wirtschaftliche Planung durchzuführen. Dabei ergeben sich weitere Fragen: Welches Budget in Aussicht steht, welche Besucherfrequentierung erwartet wird, was die notwendige Anzahl der RFID-Geräte bezogen auf ihre Kapazitäten sind. Es folgt eine wirtschaftliche Beurteilung des Nutzens und der Gesamtkosten und schließlich die Erstellung einer Ausschreibung und eines Pflichtenheftes. Die weiteren Schritte sind die Planung der Etikettierung (Konvertierung), die Installation, notwendige Mitarbeiterschulungen und der eigentliche Tag der Eröffnung, an dem alle Funktionen bereit stehen sollen.

Der Ablauf und die einzelne Schritte des gesamten Planungsprozesses sind in Abb. 4.1 dargestellt. Dies ist selbstverständlich kein starres Gerüst, sondern eine Orientierung – einzelne Teile können auch parallel abgehandelt oder ergänzt werden. In den folgenden Kapiteln werden einige Schritte detaillierter betrachtet. Da die generelle Ausrichtung der Bibliothek bzw. die Bedürfnisabklärung eine interne Entscheidung ist, wird auf diese nicht näher eingegangen. Wir beginnen mit dem wichtigsten Teil, der ersten Raumplanung, aus der sich die weiteren Schritte ableiten.

4.2 Kapazitäten und Ausstattung mit RFID-Komponenten

Die Auswahl eines Systems ist in erster Linie von der Anzahl der Ausleihvorgänge abhängig, weniger von der Anzahl Medien. Die Selbstverbuchung ist die wichtigste Komponente im Gesamtsystem. Sie bringt die Hauptentlastung und ist somit die

C. Kern et al., *RFID für Bibliotheken*,
DOI 10.1007/978-3-642-05394-8_4, © Springer-Verlag Berlin Heidelberg 2011

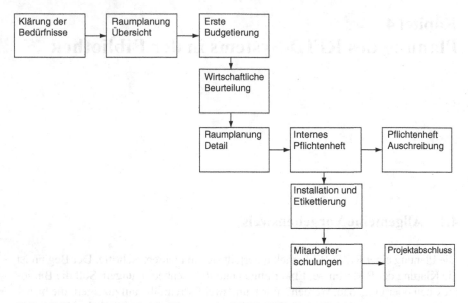

Abb. 4.1 Vorgehensweise bei der Planung einer RFID-Bibliothekseinrichtung

zentrale Komponente zum Beginn der Planung. Aus der Anzahl der pro Jahr aus-
geliehenen Medien leitet sich der Bedarf an Selbstverbuchungsstationen ab, aus der
Bestandszahl (Freihandbestand) die Anzahl der RFID-Etiketten. Selten entliehener
Archivbestand sollte erst dann etikettiert werden, wenn die Medien tatsächlich zur
Ausleihe kommen. So kann eine Bibliothek mit einem Archivierungsauftrag mit
200.000 Medien eventuell nur ein bis zwei Selbstverbuchungsgeräte haben. Bei
einer Bibliothek mit höheren Ausleihzahlen können es dagegen bei gleicher Anzahl
Medien vier bis fünf Automaten, plus zusätzliche Rückgabeautomaten sein.

Folgende Beispiele geben eine grobe Orientierung für Freihandbibliotheken, bezogen auf die Zahl entliehener Medien pro Jahr (Tab. 4.1). Selbstverständlich sind
die lokalen Platzverhältnisse und auch die Personalausstattung von entscheidender
Bedeutung.

4.3 Raumplanung

Die Raumplanung einer RFID-Bibliothek beginnt mit dem Grundriss. Aus diesem
sind etliche grundlegende Funktionen, aber auch der konkrete Investitionsbedarf,
abzulesen. Doch vergleichen wir zunächst eine „klassische" Bibliothek mit einer
RFID-Bibliothek (Abb. 4.2 und 4.3).

Beide Bibliotheken verfügen über eine Mediensicherung. Der Eingangsbereich
bleibt unverändert, mit einem Vorraum bzw. Windfang. Der Eingang ist zweimal
1 m breit und mit Schiebetüren versehen. In der traditionellen Organisation einer

Tab. 4.1 Richtwerte für eine RFID-Ausstattung von Bibliotheken (Variante 1 und 2, Abb. 3.22 ff.)

Anzahl Ausleihen	<50.000	100.000 bis 50.000	100.000 bis 300.000	300.000 bis 500.000	500.000 bis 1.000.000	>1.000.000
Version	Einfach bis Standard	Standard I	Standard II	Vollversion bis Erweitert	Vollversion bis Erweitert	Vollversion bis Erweitert
Selbstverbuchungsstation (Ausleihterminal)		1 (Ausleihe + Rückgabe[a] an 1 Gerät)	2 (1 Ausleihe, 1 Rückgabe[a])	1	2	4
Personalarbeitsplatz (Theke)	1	1	1	1	2	4
Durchgangsleser[b]	≥1	≥1	≥1	≥1	≥1	≥1
Rückgabeautomat				1	2	3
Sortierstellen				>3	>5	15

[a] mit Vorsortierung durch Kunden
[b] Durchgangsleser je nach Zugangssituation

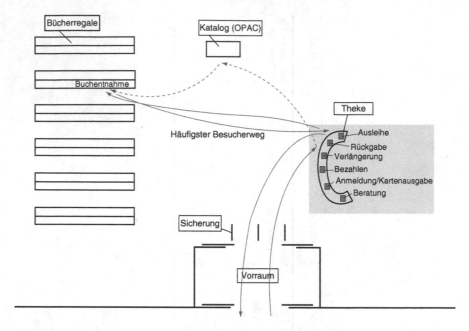

Abb. 4.2 Klassische Bibliothek mit Mediensicherung und allen Funktionen an der zentralen Theke [44]

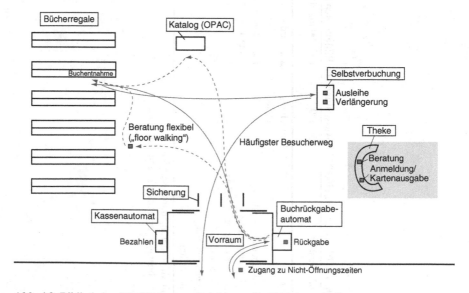

Abb. 4.3 Bibliothek mit RFID-System und dezentralen Funktionen [44]

Freihandbibliothek (Abb. 4.2) sind die meisten Funktionen an der Theke zentralisiert. Dies betrifft die Ausleihe, die Rücknahme, das Verlängern der Ausleihe, die Bezahlung von Gebühren, die Neuanmeldung mit dem Ausgeben von Benutzerkarten und schließlich die Beratung. Diese zentrale Abwicklung macht aus arbeitsorganisatorischen Gründen durchaus Sinn, denn eine Person muss viele verschiedene Arbeiten durchführen und es ist zeitsparend, wenn der Besucher zur Theke kommt und dort gegebenenfalls auf die Bedienung wartet.

Entsprechend der zentralen Bereitstellung der Funktionen ist der Weg, den der Besucher am häufigsten benutzt, derjenige zur Theke. Manche Besucher werden eventuell das Zurückbringen der Medien mit dem Ausleihen verbinden, d. h. nur einmal zur Theke gehen. Entscheidend ist aber, dass dieser Weg mindestens einmal zwingend notwendig ist. Der weitere Weg führt zum Regal, eventuell vorher zum Katalog bzw. OPAC-Platz. Nach der Entnahme eines Buches aus dem Regal muss dieses an der Theke durch Einlesen des Barcodes verbucht werden. Hierbei wird auch der EM-Sicherungsstreifen deaktiviert (und bei der späteren Buchrücknahme wieder aktiviert). Der Besucher verlässt nun die Bibliothek.

Die Zentralisierung der Funktionen führt bei stark frequentieren Bibliotheken oder zu Spitzenbesuchszeiten häufig zur Bildung von Warteschlangen. Dabei sind langwierigere Aktionen wie Neuanmeldungen, Zahlungsvorgänge oder detaillierte Beratungen mit kurzen Aktionen (Medienausleihe und Rückgabe) vermischt. Wer nur ein Medium ausleihen oder zurückgeben will, muss eventuell lange Wartezeiten in Kauf nehmen.

Bezeichnend ist in dieser Anordnung auch, dass der Beratung nicht die nötige Aufmerksamkeit gewidmet werden kann. Wer ein spezielles Anliegen hat, behindert den Ausleihbetrieb und kann bei begrenzt verfügbarem Personal nur noch zu ruhigeren Betriebszeiten zufrieden stellend bedient werden; dies ist wahrlich keine kundenorientierte Situation.

Diesem Mangel trägt das Modell mit dezentralen Funktionsbereichen Rechnung (Abb. 4.3). Die Ausleihtheke wird zur Informationszentrale, da die Routinearbeiten dort nicht mehr durchgeführt werden müssen. Alle mechanischen Funktionen wie Ausleihe, Rückgabe, Verlängerung, Zahlungen werden automatisiert und sind im Besucherraum verteilt. Das Personal steht folglich nur noch für die anspruchsvollen und zeitaufwändigen Funktionen zur Verfügung. An der Theke finden Beratungen und Neuanmeldungen statt; hier erhält der Besucher eventuell auch die reservierten Medien oder Werke aus Magazinen und Außendepots. Alle Stationen, bis auf den Durchgangsleser, sind mit dem LMS verbunden. Zum Bezahlen von Gebühren ist ein Kassenautomat angeschlossen.

Mit der dezentralen Aufteilung und Positionierung der *Selbstverbuchungsgeräte* ändert sich der häufigste Weg des Besuchers drastisch. Für die Medienrückgabe muss der eilige Besucher nicht mehr in das Gebäude hinein, sondern kann die Rückgabe und die Bezahlung von Gebühren im Vorraum, auch außerhalb der Öffnungszeiten der Bibliothek, durchführen. Die Theke kann dementsprechend kleiner ausgeführt sein. Sie ist hier nach rechts in den Hintergrund gerückt. In den Vordergrund oder in den Vorraum rücken dagegen die RFID-Geräte. Diese sind wiederum direkt an den Besucherströmen zu platzieren. Damit wird deutlich, dass hier ein

Gesamt-Bewegungskonzept berücksichtigt werden muss, um einen reibungslosen, intuitiven Ablauf zu erreichen.

Die Beratung ist nicht mehr an die Haupttheke gebunden. Das Bibliothekspersonal kann auch an weiteren Theken in den verschiedenen Geschossen und Themenbereichen eingesetzt werden oder mit dem Besucher zusammen zum Regal oder zum OPAC gehen. Im Englischen Sprachraum wurde hierfür der Begriff „floor walking" geprägt [49]. Ein solcher Personaleinsatz ist jedoch nur dann möglich, wenn fast 100 % der Verbuchungen (Ausleihe *und* Rückgabe) über die Automaten abgewickelt werden.

In der Regel ist in Bibliotheken, welche auf RFID umstellen, die vorhandene Thekensituation nicht mehr adäquat, d. h. zu groß ausgelegt. Wenn es finanziell möglich ist, sollte diese im Zuge eines Umbaus angepasst werden.

Die Anzahl der erforderlichen *Personalstationen* kann stark variieren – sie richtet sich eher nach der Größe der Bibliothek und den in den Büros verteilten zusätzlichen Stationen, als nach der Anzahl Verbuchungen. In den Büros werden Einarbeitungen der Medien, Sortiervorgänge etc. abgewickelt. Im Minimum ist in einer kleinen Bibliothek ein Personalarbeitsplatz erforderlich, in einer mittleren Bibliothek zwei bis drei. Bei größeren Bibliotheken können noch ein bis zwei weitere Personalarbeitsplätze für die Neuaufnahme von Kunden an der Theke nötig sein.

Falls keine *Kassenautomaten* eingesetzt werden, müssen die Kassierarbeiten ebenfalls an diesen Personalarbeitsplätzen erledigt werden. Grundsätzlich aber gilt, dass im Normalfall eben nur noch 2–3 % der Verbuchungen über diese Arbeitsplätze laufen.

Sofern es das Gebäude erlaubt, sollte mindestens eine *Rückgabestation* so eingerichtet werden, dass sie außerhalb der Öffnungszeiten der Bibliothek zugänglich ist. Vorzugsweise ist dies der Vorraum. Sollte nur eine Außenwand infrage kommen, so ist zu berücksichtigten, dass der dahinter liegende Raum gut klimatisiert werden muss. Die draußen in einer Warteschlange stehende Kunden sollten nach Möglichkeit durch ein Dach vor Wind und Wetter geschützt sein. Besonders wichtig sind ein Vandalismusschutz durch eine herab-/herauffahrende Barriere (Glasscheibe) und eine Feuerschutz-vorrichtung. Diesem deutlich höheren technischen (und finanziellen) Aufwand entsprechend sind Innenraum-Rückgabestationen den Außenstationen vorzuziehen.

Naturgemäß muss die *Sortieranlage* in unmittelbarer Verbindung mit den Rückgabegeräten stehen. Wenn es die räumlichen Verhältnisse zulassen, sollte ein Höhenunterschied zwischen Eingabeöffnung und Sortierband vermieden werden. Es ist zwar möglich, einen Niveauunterschied durch einen Hublift zu überwinden, aber es entstehen auf jeden Fall höhere Kosten für die zusätzlichen Förderelemente.

In der Planungsphase ist zu klären, ob die Sortieranlage nur für diejenigen Medien eingerichtet werden soll, welche ins Haus gehören, oder ob auch Medien aus anderen Zweigstellen abgegeben werden sollen. Die gesamte Verarbeitungskapazität und der Raumbedarf müssen entsprechend angepasst werden. Ein gutes Beispiel sind die Hamburger Bücherhallen, in denen die Medien aller Filialen in einer großen Sortieranlage zusammen laufen, sortiert und anschließend wieder verteilt werden. Für die Kapazität der Anlage ist die tägliche Rückgabemenge mit der Berücksichtigung von Stosszeiten ausschlaggebend.

Bei einer durchschnittlichen Rückgabemenge von 6000 Medien pro Tag wurden in der Münchner Stadtbibliothek im Anschluss an drei Automaten (plus einer internen angeschlossenen Annahmestelle) 15 Sortierstellen (Behälter) eingerichtet. Der Raumbedarf beträgt für diese Anlage 80 m². Die Sortierkriterien können von der Bibliothek individuell nach Stockwerken, Abteilungen und/oder Medienarten festgelegt werden. Es empfiehlt sich, für AV-Medien eine getrennte Sortierstelle vorzusehen, um Beschädigungen zu vermeiden.

In Bibliotheken, die eine durchschnittliche Rückgabemenge von ca. 12.000 Medien pro Tag haben, wurden Anlagen mit 3 Sortern eingerichtet (dies entspricht ca. 650 Medien pro Stunde; an Spitzentagen können bis zu 16.000 Medien pro Tag zurückgegeben werden). In vielen kleineren Bibliotheken wird oft auf eine Sortieranlage verzichtet. In diesen Bibliotheken wird beispielsweise ein Selbstverbuchungsgerät auf „Rückgabe" eingestellt. Dabei können die Kunden selbst entsprechend den Angaben auf dem Bildschirm die Bücher vorsortieren. Vorgemerkte Medien werden auf nebenstehende Bücherwägen auf der einen Seite sortiert, die weiteren auf die andere Seite. Bisher funktioniert diese sehr einfache Methode zufrieden stellend, es kommt allerdings auf die „Disziplin" der Benutzer an. Anderenfalls muss ein Smart Shelf zur Kontrolle mit eingesetzt oder die Medien im Anschluss geprüft werden. Kleinen Bibliotheken mit einem Ausleih- und einem Rückgabeterminal haben teils beide Funktionen (Ausleihe/Rückgabe) an beiden Geräten verfügbar, teils ist nur eine der beiden Funktionen verfügbar. Dies ist oft von den örtlichen Gegebenheiten und der Besucherfrequenz abhängig.

Bei Rückgabeautomaten besteht häufig die Sorge, dass Kunden andere Gegenstände als Medien in die Sortieranlage eingeben und so Schaden anrichten könnten. Diese Sorge ist bis dato nach Erfahrungen aus der Praxis unbegründet, zumindest solange es sich um Innenraum-Automaten handelt. Eine zusätzliche Sicherheit würde ein Zweiklappensystem bieten. Dieses verlangsamt zwar unter Umständen den Rückgabevorgang, ist aber für Terminals, welche von der Straße aus zugänglich sind, eine bedenkenswerte Option.

4.4 Konvertierung

Die Planung der Konvertierung beginnt mit der Überlegung, ob sie von eigenen Facharbeitskräften oder fremden Leiharbeitskräften durchgeführt werden soll. Hier ergibt sich ein großer Unterschied zwischen den Büchern ohne Beilagen, den Büchern mit Beilagen, den AV-Medien und Medienpaketen (mehrteilige Medien). Die Bücher sind relativ einfach zu handhaben. Sie können am ehesten von Nicht-Fachkräften bearbeitet werden. Ein Bibliotheksmitarbeiter sollte jedoch stets zur Kontrolle anwesend sein.

Ein eingespieltes Zweierteam kann mit einer Konvertierstation pro Tag bis zu 3500 Printmedien ohne Beilagen bearbeiten. Bei den Printmedien mit Beilagen geht die bewältigte Menge drastisch zurück, auf ca. 450 Stück pro Tag. Extrem zeitintensiv werden AV-Medien. Hier ist für ein Zweierteam mit nur 150 Stück pro Tag zu rechnen. Dies liegt an den viel komplizierteren Arbeiten mit den Scheiben: es muss entschieden werden, welches Etikett aufgeklebt wird, es muss die Funktion getestet werden, es müssen gegebenenfalls alte Etiketten entfernt werden (was sich oftmals kaum lohnt), es muss entschieden werden, wo und wie ein Buchetikett in ein Booklet eingeklebt wird, welche Dummies gewählt werden etc. Es empfiehlt sich, die in jeder Bibliothek unterschiedlichen Zusammenstellungen vor der Konvertierung auf eine optimale Beklebung hin zu untersuchen. Dabei kann das Team eingeübt werden und u. U. viel Geld gespart werden.

In manchen Ausschreibungen ist die Konvertierung mit enthalten. Dies ist, wenn überhaupt, nur für Bücher sinnvoll. Hier können z. B. studentische Hilfskräfte angestellt werden. Für die AV-Medien ist alleine die Berechnung der Personalstellen ein Vabanquespiel. Diese können bis zu 100 % variieren (Beispiele aus Ausschreibungen variieren für die gleichen Mengen an Medien zwischen 13.000 und 30.000 €). Dementsprechend können von den Anbietern kaum seriöse Angebote gemacht werden. Die Billigangebote beinhalten angelerntes, aber nicht sachverständiges Personal, die teureren hingegen Profis; was für die Bibliothek einen immensen Unterschied bezüglich der Qualität und der Geschwindigkeit macht. AV-Medien sollten also durch das Bibliothekspersonal bearbeitet werden. Nur dieses kennt wirklich die Zusammenhänge, das Wesentliche über die Konvertierung und evtl. nachfolgende Probleme. Auf jeden Fall bleiben der Bibliothek die Arbeiten bezüglich Vorbereitung und Organisation der Durchführung.

Eine Beispielrechnung für eine Bibliothek mit 200.000 Büchern und 10.000 AV-Medien sieht wie folgt aus:

Ein 2-er-Team benötigt mit einer Konvertierungsstation folgende Stunden (Arbeitskraftstunden, AKh):

$$200.000 / 3.500 \text{ Bücher pro Tag} \rightarrow 2 \text{ Personen und } 8 \text{ AKh} \rightarrow 912 \text{ AKh}$$

Es muss ein Faktor für Rüstzeiten, Fehlen, Marge des Anbieters etc. eingerechnet werden:

$$\text{Faktor } 1,3 \rightarrow 1185 \text{ AKh effektiv.}$$

Bei der Annahme mit 24 €/h Vollkosten * 1185 AKh ergeben sich 28.440 €

Printmedien mit Beilagen ergeben ein vollkommen anderes Bild. Auch wenn andere Zahlen eingesetzt werden und z. B. die bearbeiteten Medien/Tag doppelt so hoch liegen, ändert sich dieser große Kostenfaktor nicht wesentlich, d. h. er bleibt nach wie vor unverhältnismäßig hoch.

Mit einem 2-er-Team werden 150 AV-Medien pro Tag bearbeitet

$$10.000/150 \rightarrow 133 \text{ AT}, * 8h \rightarrow 1064 \text{ AKh}$$

Faktor 1,3 für Rüstzeiten, Fehlzeiten etc. $\rightarrow$ 1383 AKh effektiv.

Vollkosten 1383 * 24 CHF/h: 33.192 €

Selbstverständlich können in dem Modell auch andere Personalkosten einkalkuliert werden.

4.5   Hybrid-Systeme

Für Hybrid-Systeme gibt es mehrere Definitionen. Es handelt sich stets um eine Kombination von RFID mit einem oder mehreren anderen Auto-ID-System. Hierzu gehören insbesondere Sicherungssysteme auf EM-, RF-Basis oder Barcode. Unter „Hybrid-Lösung" kann Folgendes gemeint sein:

* die Kombination eines RFID-Etiketts mit einem EM-Streifen,
* die Kombination eines RFID-Etiketts mit einem RF-Tag (sehr selten),
* die Kombination eines RFID-Etiketts mit Barcode,
* die Kombination eines RFID-Etiketts mit Barcode und EM-Streifen.

Vor allem die Definition „RFID-Etiketten mit Barcode" führt zu Verwirrungen, denn de facto haben fast alle Medien vorhandener Bestände Barcodes und sie erhalten zusätzlich ein RFID-Etikett. Wir behandeln diese Kombination im Folgenden daher nicht weiter, ebenfalls die Kombination mit dem RF-Tag.

Hybridlösungen wurden von einzelnen Systemanbietern in der Vergangenheit stark propagiert, weil dadurch ihre Marktposition gestärkt wurde. Bei einer breiten Kundenbasis mit EM-Streifen ist dieses Vorgehen auch durchaus verständlich. RFID wäre nur ein einfaches Add-on an das bestehende Sicherungssystem gewesen. Und die EM-Streifen waren zu Beginn durchaus günstiger als RFID-Etiketten. Folglich war es überlegenswert, dass Bibliotheken mit großen Beständen (z. B. Magazine) einen Teil ihrer Medien weiterhin mit EM-Streifen kennzeichnen, insbesondere wenn diese nur sehr selten ausgeliehen werden und einen anderen Teil, diejenigen Medien, die sehr häufig ausgeliehen werden, mit RFID auszustatten. Diese Methode hat sich allerdings nicht durchgesetzt. Auch wenn es noch „Ungläubige" gibt, die sich zu einer solchen Installation überreden lassen, werden die Hybridlösungen doch immer weniger. Und auch die Systemanbieter sehen ein, dass sie sich in endlose Diskussionen verstricken und es nie eine technisch überzeugende Lösung sein wird.

Es stehen gravierende Argumente gegen eine Hybridlösung, da es an zwei Stellen Komplikationen gibt, und zwar am Selbstverbucher und am Durchgangsleser.

Die Barcodes und die EM-Streifen können nur einzeln gelesen bzw. deaktiviert/ aktiviert werden. Dies bedeutet, dass die Stapelverbuchung nicht mehr möglich ist, sobald ein EM-Streifen oder Barcode dabei ist. Da dem Bibliothesbesucher nicht erklärt werden kann, welche Bücher im Stapel verbucht werden können (diejenigen, welche nur RFID-Etiketten enthalten) und welche nicht, bleibt nur eine Einzelverbuchung. Damit wird aber der Hauptnutzen von RFID, die einfache Bedienung und Stapelverbuchung, nicht mehr wahrgenommen. Eine Hybridlösung verwässert also den Nutzen von RFID. Als einziger Vorteil von RFID bliebe dann die Inventur im Regal. Und diese ist bekanntlich noch nicht immer zuverlässig.

Es gibt Durchgangsleser, die sowohl RFID-Etiketten als auch EM-Streifen erkennen können. Sie arbeiten auf zwei Frequenzen. Allerdings ist ihre Leistung keineswegs so gut wie die eines reinen RFID-Lesers. Folglich müssen bei Hybridlösungen auch in der Detektionsrate Kompromisse gemacht werden. Und zwei Durchgangsleser mit EM und RFID hintereinander aufzustellen, verbietet die Ästhetik. Es ist also ein Dilemma: einerseits können aus Kostengründen nicht alle Medien in einer großen Bibliothek auf RFID umgestellt werden, andererseits entfaltet die RFID-Technologie bei einer Hybridlösung nicht ihre volle Wirkung.

Es gibt allerdings auch Teillösungen. Ein gangbarer Weg wäre es, die Magazinbestände nicht komplett zu kennzeichnen, sondern nur diejenigen Medien, welche bestellt wurden und an die Benutzer ausgehändigt werden. Sie erhalten erst bei der Entnahme aus dem Magazin ein RFID-Etikett. Bei der Rücknahme können diese Medien genauso behandelt werden wie Medien aus dem Freihandbestand. Auf diese Weise wird der Magazinbestand sehr langsam mit RFID ausgestattet. Eventuell werden nie 100 % erreicht, aber es ist eine praktikable Lösung.

Vorhandene EM-Sicherungsstreifen können übrigens in den Printmedien verbleiben. Sie sollten nur entsichert werden, damit sie nicht in anderen EM-Gates außerhalb der Bibliothek Alarm auslösen. Bei AV-Medien ist es schwieriger: *vom Überkleben der EM-Streifen ist abzuraten.* CDs werden zu dick und können Probleme in den Abspielgeräten verursachen und die Streifen können sich, wenn die RFID-Antenne direkt auf diesen liegt, negativ auf die Lesereichweite der neuen Etiketten auswirken.

In der Vergangenheit wurden viele Möglichkeiten erwogen, wie Hybridlösungen umzusetzen wären. Es gibt nach wie vor keine befriedigende Lösung. Wenn sie als einzig gangbarer Weg erscheint, müssen zumindest alle Alternativen von Sachverständigen sorgfältig geprüft werden.

Auch für die Unterteilung von bestimmten Bereichen innerhalb einer Bibliothek ist die Hybridlösung kein probates Mittel. In der Münchner Stadtbibliothek wurde erwogen, die nicht ausleihbaren Medien des Lesesaals mit RF-Etiketten auszustatten. Die Idee war, diese Medien an gesonderten RF-Durchgangslesern, welche diesen Bereich abgrenzen, „abzufangen". Eine Mischung der RF- und RFID Medien im äußeren Lesesaal war nicht gewünscht, sehr wohl aber durften RFID-Medien in den Lesesaal hinein getragen werden. Rein technisch betrachtet hätte die Lösung mit RF und RFID auch funktioniert, aber sie hätte die zusätzliche Ausstattung der Medien mit RF-Etiketten vorausgesetzt.

Es fand sich dann eine weitaus elegantere Lösung: Der Zugang zum Lesesaal wurde ebenfalls mit einem RFID-Durchgangsleser ausgestattet. Dieser reagiert auf einen anderen AFI-Wert als den der Freihandbestände. Sofern es jemandem gelingt, ein Medium aus dem Lesesaal herauszunehmen, wird im äußeren RFID-Durchgangsleser am Ausgang der Bibliothek ein zweites Mal Alarm ausgelöst. Dieser Leser kann auf zwei AFI-Werte eingestellt werden. Einerseits ist nun eine doppelte Sicherung vorhanden, andererseits mussten keine zusätzlichen RF-Etiketten eingeklebt werden.

Kapitel 5
Wirtschaftlichkeit

Die Wirtschaftlichkeit einer RFID-Anlage in der Bibliothek ergibt sich aus einer ganzen Reihe von Faktoren. Mehrere davon sind gut quantifizierbar (d. h. direkt zu bewerten), einige können hingegen nur qualitativ (indirekt) bewertet werden (Tab. 5.1). Wir bezeichnen diese im Folgenden als „direkte" und „indirekte" Faktoren. Für eine Investitionsentscheidung sind klar quantifizierbare, direkte Faktoren erforderlich. Hierunter sind Funktionen zu sehen wie die Arbeitszeitersparnis durch die Selbstverbuchung oder die Mediensicherung. Daraus beziehen die Bibliotheken gegenüber ihren Geldgebern ihre Begründung für die Investition in ein RFID-System. Allerdings zeigt sich mit zunehmender Einsatzdauer von RFID-Systemen immer mehr, dass die (heute noch) nicht quantifizierbaren Faktoren eine zunehmend grössere Rolle in der Gesamtbewertung spielen. Sie sind u. a. im steigenden Beratungsaufwand der Besucher und in der Beaufsichtigung von Kindern, Jugendlichen, bei gleichzeitig mehr Tagespublikum zu sehen. Bei einer Gesamtbewertung des Personaleinsatzen in der Bibliothek sind diese Aspekte sehr wichtig. Sie führen dazu, dass die Investitionen nicht – wie oft erwartet – alleine zu Personaleinsparungen, sondern zu Angebotserweiterungen für die Besucher führen.

Die RFID-gestützten Anwendungen in den Bibliotheken sind noch immer nicht ganz ausgeschöpft. Es können neue Faktoren hinzukommen, wie z. B. eine Sortierung im Inter-Library-Loan-Bereich, welche separat von der Sortierung bei der Rückgabe betrachtet werden muss. Weitere Integrationen, wie Bezahlmöglichkeiten durch Benutzerkarten usw. werden hier nicht betrachtet, um die Berechnungen nicht unübersichtlich werden zu lassen. Schwierig zu bewerten ist auch das Zusammenspiel der Komponenten untereinander. Hierunter sind Synergieeffekte zu verstehen, wenn die Geräte zusammen mehr „leisten" als jeweils allein. Ein Beispiel ist die Verbindung aus Ausleih- und Rückgabeautomat. Durch die Rückgabe im Vorraum kommt der Bibliotheksbesucher mit leeren Händen in die Bibliothek [44]. Er hat keinen Grund mehr an die Theke zu gehen, ausser um Informationen einzuholen, Probleme lösen zu lassen oder um die Bezahlung von Gebühren zu regeln. Wenn er hingegen für die Medienrückgabe zur Theke gehen muss, verleitet ihn dies dazu, auch die auszuleihenden Medien mitzubringen. Dies wiederum führt zu entsprechend höherem Zeitbedarf.

C. Kern et al., *RFID für Bibliotheken,*
DOI 10.1007/978-3-642-05394-8_5, © Springer-Verlag Berlin Heidelberg 2011

Tab. 5.1 Wirtschaftliche Kriterien bei der Einführung eines RFID-Systems in Bibliotheken (Umstellungsphase nicht berücksichtigt)

Tätigkeit	Direkt bewertbar	Indirekt bewertbar	Anmerkung
Mediensicherung	X	(X)	Nutzenberechnung durch Wiederbeschaffungskosten (X) keine Verfügbarkeit gestohlener Medien für Kunden etc.
Stapelverbuchung an der Theke	X		Berechnung durch eingesparte Arbeitszeit an der Theke Wird bei steigendem Einsatz von Selbstverbuchung (> 90 %) immer weniger verwendet
Selbstverbuchung – Rückgabe/ Ausleihe	X		Berechnung durch eingesparte Arbeitszeit an der Theke Setzt hohe Auslastung der Automaten voraus (> 90 % der Ausleihe am Selbstverbucher)
Vorsortierung nach dem Rücknahmeautomaten		X	Einsparung von Arbeitszeit Für jede Bibliothek sind individuelle Modelle erforderlich, da Mengen, Räumlichkeiten usw. variieren Kann nur durch Vergleiche im Personalbedarf vorher/nachher ermittelt werden
Inventur	X	(X)	Einsparung von Arbeitszeit (X) bessere Verfügbarkeit für die Besucher Nur bei zuverlässiger Funktion sinnvoll
Getränke- und Snackautomat	X		Einsparung Arbeitszeit Mit und ohne RFID möglich
Kopierer	X		Einsparung Arbeitszeit Mit und ohne RFID möglich
Ausgabeautomat für Fernleihen	X		Einsparung Arbeitszeit Mit und ohne RFID möglich
Gate-Tracking		X	Schnellere Wiederbeschaffung von Medien
Beratungstätigkeiten		X	„Floor Walking"
Aufsicht bei Jugendlichen		X	Je nach Attraktivität/Angebot
Neue logistische Konzepte in der Medienverteilung (Inter Library Loan)		X	Noch nicht auf Basis von RFID eingeführt. Nutzen abhängig von Umfang des ILL, Vernetzung und Kompatibilität mit anderen Bibliotheken
Ausstatten neuer Medien mit RFID	X		Aufwand wird mit dem Einkleben eines Barcodes verglichen. Der Mehraufwand für die Initialisierung der RFID-Etiketten wird bei Büchern oft überschätzt. In den folgenden Berechnungen wird dieser Faktor nicht berücksichtigt
Attraktivität der Bibliothek		X	Mehr Besucher, häufig durch modernere Einrichtungen und Nebenangebote (Zeitungslesebereich, Kaffee etc.)

Weitere Effekte des RFID-Einsatzes lassen sich erst im Nachhinein, d. h. nach dem längeren Betrieb der Anlage aus dem Unterschied zur vorherigen Situation abschätzen. So ist anzunehmen, dass die Umschlagzeiten sich pro Medium verkürzen, alleine dadurch, dass die Bibliotheksbenutzer sie schneller wieder zurück in den Kreislauf bringen können (Verfügbarkeit der Rücknahmeautomaten zu Nichtöffnungszeiten etc.). Das „Buchlager" wird generell präziser bewirtschaftet, um hier einen Ausdruck aus der Logistik zu verwenden.

Im Folgenden sind einzelne Textteile einem entkernten White Paper der Fa. Bibliotheca RFID Library Systems entnommen. Für weiterführende Analysen wird auf das RFID-Prüfgutachten von Sprengel (2007), hingewiesen. Es ist ausserdem eine umfängliche Software von Rainer Sprengel [56, 57] erhältlich. Es handelt sich hier um stark vereinfachte Betrachtungen, in denen z. B. die Verzinsung des eingesetzten Kapitals nicht berücksichtigt ist. Trotzdem bieten sie wertvolle Hinweise, wie der Nutzen eines RFID-Systems quantifiziert werden kann.

Gut quantifizieren lassen sich die „klassischen" Komponenten, wie die Mediensicherung, die Selbstverbuchung und die Stapelverbuchung an der Theke. Wie bei jeder anderen Branche, in der die Selbstbedienung Einzug gehalten hat (Tankstellen, Supermärkte, Banken), liegt der messbare Effekt in der Arbeitszeitersparnis. Wie die frei gewordene Personalkapazität eingesetzt wird, ist eine andere Frage: im weit überwiegenden Teil der Bibliotheken handelt es sich um Neu- oder Umbauten, in denen ohnehin eine vollkommen neue Arbeitsaufteilung geplant wird. Einhergehend ist bei neu gestalteten Bibliotheken, dass die Anzahl der Besucher meist stark zunimmt und zusätzlich das Angebot ausgeweitet wird. Daher sind – entgegen vielen Befürchtungen – oft keine Kürzungen, sondern gleich bleibende oder sogar Aufstockungen der Personalkapazitäten erforderlich.

5.1 Mediensicherung

Die Angaben zu entwendeten Medien pro Jahr in einer Bibliothek schwanken in einem weiten Bereich zwischen 5 und 15 % des Gesamtbestandes. Darunter sind sowohl besonders „begehrte" (z. B. CDs und DVDs), wie auch „wenig begehrte" Medien (z. B. Bücher im Archiv) zusammengefasst.

Mit einem Diebstahlsicherungssystem wird eine Reduktion der Diebstahlrate um mind. 80 % erwartet. Dies beruht auch auf Angaben verschiedener Hersteller von Warensicherungssystemen aus dem Detailhandel (3 M, Checkpoint etc.). Da sich das RFID-System in der Funktion für die Sicherung von Büchern nicht unterscheidet (Alarmauslösung im Durchgang), ist diese Analogie durchaus zulässig. Eine Bewertung für das Gate-Tracking wird hier ausgeklammert.

Im Folgenden wird ein Sicherungssystem auf Basis von RFID eingesetzt (kein Hybridsystem). Bei einer Diebstahlrate von 5 % ergibt sich für eine Bibliothek mit beispielsweise 200.000 Medien ein Verlust von 10.000 Medien pro Jahr, welche ersetzt werden müssen. Dies entspricht bei einer konservativen Annahme mit 20 €/Medium für die Wiederbeschaffung 200.000 € Kosten pro Jahr. Es ist also ein durchaus signifikanter Kostenblock im Gesamtbudget einer Bibliothek.

Bei der Einführung eines Mediensicherungssystems ist mit folgenden Investitionskosten zu rechnen:

- RFID-Etikettenpreis inklusive Einkleben ca. $0,30\ € \times 200.000$ Stück$=60.000\ €$
- Systemkomponenten (Durchgangsleser inkl. Installation) mit ca. $15.000\ €$
- Gesamtkosten$=75.000\ €$.

Bei der oben getroffenen Annahme, dass 8000 Medien weniger gestohlen werden (80 % von 10.000), reduziert sich der jährliche zu ersetzende Bestand auf 2000 Medien. Dies entspricht bei einem Wiederbeschaffungswert von 20 € pro Medium Kosten von nur noch 40.000 €. Selbst bei Einbeziehung von weiteren Kosten (Verzinsung Kapital etc.) rechnet sich der Einsatz einer Mediensicherungsanlage innerhalb eines Jahres (ca. $80.000+40.000=120.000\ €$ gegenüber 200.000 €). Zusätzliche Arbeiten, welche beim De- und Reaktivieren von bisherigen Warensicherungssystemen auf der Basis RF oder EM entstehen, bei denen jedes Medium einzeln behandelt werden muss, sind bei RFID nicht einzukalkulieren.

Etwas komplizierter wird die Betrachtung, wenn ein vorhandenes Warensicherungssystem durch RFID ersetzt werden soll. Die Etiketten bzw. Streifen sind relativ kostengünstig. Der Nutzen von RFID ergibt sich dann aus der Einsparung der Arbeitszeit beim De- und Reaktivieren.

Auf die Möglichkeit einer Mischform, sog. Hybrid-Systeme, in denen RFID und EM-Streifen gleichzeitig eingesetzt werden, wird an dieser Stelle nicht eingegangen. Diese Form bedeutet, dass die Vorteile durch die Stapelverbuchung nicht genutzt werden können und dass die o. g. De- und Reaktivierungen bestehen bleiben. Dadurch ergibt sich in einem solchen System kein Nutzen aus der Mediensicherung.

5.2   Verbuchung an der Theke

Im Normalfall werden von einem Mitarbeiter 600 Medien/Std. verbucht. Die Personalkosten belaufen sich auf 57.000 €/Stelle. Mit der RFID-Verbuchung im Stapel können an der Theke mindestens 1200 Bücher ausgeliehen werden. Die Ersparnis entspricht folglich etwa einer Personalstelle.

Eine Bibliothek in den USA ermittelte ein ähnliches Einsparungspotenzial (Videos und DVDs, Untersuchung von B. Cicola, Mastics-Moriches-Shirley Community Library, Long Island, NY). Bei 1 Mio Ausleihen/Jahr ließen sich die Personalkosten durch die Stapelverarbeitung an der Theke um € 59.900 reduzieren.

5.3   Selbstverbuchung am Automaten

Wenn sowohl die Ausleihe als auch die Rückgabe über Automaten laufen und dem Kunden keine Wahlmöglichkeit zwischen Selbstverbuchung und Verbuchung durch das Personal eingeräumt wird, kann eine Selbstverbuchungsquote von 97–98 %

erreicht werden. Die restlichen zwei bis drei Prozent ergeben sich durch Verbuchungen, welche am Automaten nicht möglich sind und nach wie vor von Personal
durchgeführt werden müssen. In dieser Betrachtung ist es nicht relevant, ob es sich
um z. B. zwei Verbuchungsstationen handelt, welche beide Funktionen (Ausleihe/
Rückgabe) erfüllen, oder ob es gesonderte Automaten sind (nur Ausleihe am Selbstverbucher, gesonderter Rückgabeautomat mit oder ohne Sortierung).

Es kann bezüglich der Arbeitszeitersparnis folgende Rechnung erfolgen:

entliehene Medien / Jahr × 2 (Ausleihe + Rücknahme) × 0,97 × Differenz
Sekunden pro Entleih- bzw. Rücknahmevorgang mit/ohne RFID
= Arbeitszeitersparnis.

Die so errechnete Summe ist in Beziehung zu setzen mit der sog. Normalarbeits-
kraft (je nach Bundesland etwas unterschiedlich), woraus sich eine potentielle Stel-
lenersparnis ergibt.

Eine Selbstverbuchungsstation ist in der Regel zu 80 % ausgelastet, hat jedoch
keine Fehlzeiten. Für eine Personalstelle können bis zu 1,5 Stellen gerechnet werden, je nachdem, ob noch zusätzliche Fehlzeiten des Personals (auch Schichtdiens-
te etc.) mit eingerechnet werden. Unter konservativer Schätzung kann bei einer
80-prozentigen Auslastung eine Selbstverbuchung einer Personalstelle gleichge-
setzt werden. Die Kosten können mit ca. 57.000 € beziffert werden.

Der gleiche Betrag ist für die Einsparungen bei der Rückgabe pro Automat an-
zusetzen (d. h. 1 Personalstelle bei 80-prozentiger Auslastung der Station). Der
Vorteil beim Kunden durch eine 24-h-Rückgabemöglichkeit kann kaum beziffert
werden.

5.4 Personalbedarf Inventur

Unter der Annahme, dass die Stundenkosten/Person bei 22 € liegen, ergeben sich
bei 200.000 Medien mit 10 Arbeitstagen und 4 Personen pro Inventur 7040 € Kosten. Von diesen Kosten könnten mit einem Handlesegerät theoretisch bis zu 90 %
eingespart werden (700 € verbleibende Kosten).

Der spätere Nutzen ist allerdings nicht direkt quantifizierbar. Er ergibt sich aus
der besseren Verfügbarkeit der Medien für die Besucher. Aufgrund dessen verzichten viele Bibliotheken auch auf eine Inventur. Diese wird v. a. dann nicht durchgeführt, wenn in öffentlichen Bibliotheken ein sehr hoher Umsatz erreicht wird. Teilweise sind bis zu 60 % des Bestandes ausserhalb der Bibliothek (Stadtbibliothek
Wien), so dass die Medien ständig neu ins Regal zurück gestellt und dabei immer
wieder geordnet werden. In öffentlichen Bibliotheken wird häufig eine laufende
Inventur gemacht, indem ständig Listen bearbeitet werden, die Medien ausweisen,
die länger als 1 Jahr nicht mehr entliehen wurden. Dabei werden auch die Medien
erkannt, die nicht mehr vorhanden sind.

5.5   Sortierung und Logistik innerhalb der Bibliothek

Dieser Effekt ist kaum quantifizierbar, da sehr starke Unterschiede zwischen den Bibliotheken vorliegen. Messbar wäre der Zeitbedarf vor und nach der Einführung einer Sortierung.

Die Sortierung im Anschluss an eine Rückgabestation wird de facto in jeder Bibliothek individuell unterschiedlich gehandhabt. Einflussgrößen sind die Anzahl der Kategorien, die Platzverhältnisse, der Anteil von AV-Medien etc. Wichtig ist jedoch, dass die Vorsortierung eine wesentliche Arbeitsentlastung bedeutet und die Bücher schneller wieder im Regal stehen. RFID ist für die Sortierung keine Bedingung. Sobald der Automat am Anfang der Sortierkette das Medium einmalig erfasst hat, wird seine Identität weiter über die Reihenfolge bestimmt. Folglich sind meistens keine zusätzlichen RFID-Lesestationen innerhalb der Sortierungskette erforderlich.

Die Sortierung ist nur eine Vorsortierung, mit unterschiedlicher Auflösung entweder pro Abteilung, pro Stockwerk, oder bis hin zum einzelnen Regalboden. In ersterem Fall können relativ grosse Behälter genutzt werden, im letzteren Fall kleine. Hier kommt zum Tragen, dass sich mit zunehmender Anzahl kleinerer Behälter auch die Anzahl der Wege zum und vom Sortierautomaten weg entsprechend erhöht.

Für die Planungen müssen die Anbieterfirmen entsprechend schlüssige Konzepte mit verschiedenen Szenarien vorlegen. Je kleiner die Behälter werden, umso eher kommen für deren Verteilung wiederum Anlagen mit Schienenführungen oder Förderbändern in Betracht.

5.6   Weitere Faktoren

Der Einsatz von *Rücknahmeautomaten* im Zusammenspiel mit der Selbstverbuchung (im Vorraum, 24 h zugänglich) führt dazu, dass die Besucher erst gar nicht mit Büchern in die Bibliothek kommen – dadurch wird die Theke nur noch für Beratung und Restverbuchungen benötigt und die Auslastung der Selbstverbuchung steigt deutlich an.

Ein *Kassenautomat* im Vorraum, welcher 24 h zugänglich ist, nimmt wie der Selbstverbucher weitere Arbeit von der Theke weg. Viele Routinearbeiten um den Geldtransfer entfallen. Die Bewertung kann ähnlich wie beim Selbstverbuchungsautomaten erfolgen. Allerdings sollte man berücksichtigen, dass auch ein Kassenautomat ständige Pflege (Entleeren, Kontrolle etc.) erfordert.

Mit dem Handlesegerät (sofern es einwandfrei funktioniert) kann die *Inventur* weit häufiger als bisher durchgeführt werden. Dies führt zu besserer Ordnung und schnellerer Verfügbarkeit (ein falsch eingeordnetes Buch ist in der Bibliothek praktisch verloren).

Die *Initialisierung*, das erstmalige Bekleben der Medien mit dem RFID-Etikett, sollte hier innerhalb der normalen Bearbeitung wie das Bekleben mit Barcode-Etiketten als Zusatzaufwand in einer Gesamtbewertung betrachtet werden. Wenn zur Sicherheit nach wie vor noch einen Barcode pro Medium eingeklebt wird fällt der zusätzliche Zeitbedarf für das Programmieren kaum oder gar nicht ins Gewicht. Er ist in der Regel – bei sinnvoller Anordnung der Geräte (Drucker, Antenne etc.) – nicht wesentlich höher als die normale Ausstattung mit einem Barcode-Etikett.

Die *Erhöhung der Buchzirkulation* ist besonders dann spürbar, wenn eine Buchrückgabestation verwendet wird. Sie erhöht sich v. a. dadurch, dass die Medien auch zu Nicht-Öffnungszeiten und damit früher wieder zurückgebracht werden.

Kapitel 6
Gestaltung von Ausschreibungen

Der weitaus größte Teil der Auftragsvergabe für RFID-Systeme in Bibliotheken erfolgt über öffentliche Ausschreibungen. Die Grenzen, ab wann eine beschränkte oder unbeschränkte öffentliche Ausschreibung durchzuführen ist, sind je Gemeinde unterschiedlich. In grossen Projekten erfolgen die Ausschreibungen international bzw. auf EU-Ebene. Der Aufwand für solche Ausschreibungen ist seitens der Bibliotheken häufig immens, zumal auch viele juristische Bedingungen berücksichtigt werden müssen.

Der Inhalt der Ausschreibung bestimmt, welche und wie viele Anbieter teilnehmen können bzw. wollen. Die Anforderungen, welche mit aufgenommen werden, dienen dazu, das gewünschte System von den bestmöglich qualifizierten Anbietern zu erhalten und gleichzeitig die Anbieterzahl zu beschränken.

Die Anforderungen müssen so präzise wie möglich, am besten sogar messbar sein. Und hier ergibt sich bereits ein Problem: bei neuen Produkten, vor allem wenn sie so komplex wie RFID-Systeme sind, ist es schwierig, diese wirklich präzise zu beschreiben, d. h. es sind noch keine klaren Anforderungslisten bekannt. Wenn die Bibliotheken solche Listen von den Lieferanten anfordern, gibt jeder eine andere, d. h. für ihn selber vorteilhafte Liste mit „erwarteten Eigenschaften" ab. Doch führt dies automatisch zu einem wirklich guten System oder findet hier bereits eine Einschränkung statt, welche innovative Lösungen automatisch ausschließt?

Der vernünftigste Weg für die Bibliothek ist, sich vor der Ausschreibung ein möglichst vollständiges Bild der verschiedenen angebotenen Systeme zu machen und sich Fachwissen anzueignen. Erst dann ist sie in der Lage, die Spreu vom Weizen zu trennen und auch widersprüchliche Aussagen verschiedener Anbieter zu entdecken und zu bewerten. Dies ist ein anstrengender Lernprozess. Dabei ist auch der Austausch mit erfahrenen Bibliotheken hilfreich oder die Konsultation von Beratern. Erst dann können Ausschreibungen so gestaltet werden, dass sie einerseits eine hohe Trefferquote für ein nutzbringendes und zuverlässiges System haben, andererseits aber auch mehrere Anbieter ihre Angebote einreichen und so die kommerzielle Seite stimmt.

Das Dilemma, einerseits ein noch unbekanntes, neues System so zu beschreiben, dass die Anforderungen ausreichend präzise sind, andererseits aber auch genügend Anbieter zum Zuge kommen, war vor 5–8 Jahren, als die ersten RFID-Systeme

C. Kern et al., *RFID für Bibliotheken,*
DOI 10.1007/978-3-642-05394-8_6, © Springer-Verlag Berlin Heidelberg 2011

in Bibliotheken installiert wurden besonders gravierend. In der Zwischenzeit sind die Anforderungsprofile zumindest in Teilbereichen von der Industrie anerkannt worden (daher wird im Folgenden auch eine von den Anbietern akzeptierte Ausschreibungsvorlage für ein Los RFID-Etiketten aufgeführt). Wenn die Anforderungen nicht treffend sind, kann der Anbieter ohne weiteres die Muss-Kriterien mit Ja beantworten. Nicht nachprüfbare Kriterien, wie etwa „ein gutes Design", wird jeder Anbieter mit Ja beantworten, da er von der Schönheit seines Gerätes überzeugt sein muss. Somit ist es unsinnig, solche weichen Kriterien mit aufzunehmen. Es sei denn, der Kunde hält sich damit eine Tür offen, um ein ausgewähltes System später ohne rechtliche Konsequenzen ablehnen oder annehmen zu können, auch wenn ihm ein finanziell günstigeres vorliegt. Angenommen, ein Lieferant bietet zwar ein technisch vernünftiges und noch dazu preisgünstiges System an, aber es gibt irgendwelche persönlichen Gründe, diesen nicht auszuwählen (mangelndes Vertrauen etc.), so wäre dies eine Möglichkeit, den unerwünschten Anbieter abzuwehren.

Neben der Hürde „Design" gibt es etliche weitere Möglichkeiten zum Ausschluss weiterer Lieferanten: die Einschränkung über Referenzen (Anzahl Grossstadtbibliotheken, in bestimmten Ländern), die Forderung nach vorhandenen Installationen mit bestimmten LMS, nach ganz spezifischen technischen Eigenschaften einzelner Geräte usw. Die Liste ist beliebig lang. Auch die Kombination von Bereichen der Selbstverbuchung mit z. B. einer umfassenden Sortieranlage kann eine Einschränkung sein, die nur von einem bestimmten Anbieter erfüllt werden kann. Je enger die Auswahl allerdings wird, umso mehr muss sich die Bibliothek hinterfragen, weshalb sie überhaupt eine Ausschreibung macht.

Im Folgenden sollen einige Aspekte bei Ausschreibungen beleuchtet werden, die immer wieder Anlass zu Diskussionen geben. Jede ausschreibende Bibliothek kann sich anhand der Kriterien überlegen, ob sie einen komplizierten Weg über Ausschlusskriterien oder einen einfachen Weg über die Zulassung vieler Anbieter und die Auswahl des geringsten Preises gehen will.

6.1 Ja/Nein-Ausschlusskriterien oder Beschreibungen

Werden harte Ausschlusskriterien angegeben, so sind die Lieferanten mitunter gezwungen mit Ja zu antworten, obwohl eine spezifische Eigenschaft (noch) nicht verfügbar ist – d. h. er muss lügen. Tut er dies nicht, kann er eventuell wegen einer Kleinigkeit nicht am Verfahren teilnehmen. Für die Bibliothek wäre es auch oft aufschlussreicher, den Status der Arbeiten oder einen Lösungsansatz für ein Problem vom Lieferanten zu erfahren.

Ein gutes Beispiel ist die Erkennungsrate beim Durchgangsleser: Wenn in der Ausschreibung pauschal eine Detektionsrate für CD-Etiketten von 90 % gefordert wird, so entbehrt dies jeder Vernunft – denn es ist technisch nicht in allen Varianten machbar und es wird kein Testverfahren angegeben. Nun wird aber derjenige Anbieter bevorzugt, welcher gelogen hat; weil er wusste, dass die Zahl aus der Luft gegriffen ist und er sich jederzeit herausreden kann. Derjenige, welcher ehrlich angegeben hat, dass das Kriterium nicht erfüllbar ist, verliert den Auftrag.

Es wäre besser gewesen, nicht ein Ausschlusskriterium aufzustellen, sondern Beschreibungen von den Anbietern zu fordern, beispielsweise die Angabe der Detektionsrate mit einem spezifischen Durchgangsleser, einer CD und einem Etikett. Die Bibliothek kann dann ausführlichere Antworten viel besser untereinander vergleichen, teilweise sogar die Kompetenz der Anbieter in den Antworten überprüfen.

Seltsamerweise werden aber Versprechungen oder sogar Falschaussagen von Lieferanten schnell wieder vergessen: das heilbringende CD-Etikett, die perfekte Hybridanlage, der Durchgangsleser mit 100 % Detektion, die besten (UHF-)Etiketten usw. sind in wenigen Wochen vergessen. Vor allem dann, wenn *neue* Versprechungen gemacht werden.

6.2 Standardisierungsarbeiten versus „Alles aus einer Hand"

Ein Lieferant wird stets bestrebt sein, das Gesamtpaket für einen Auftrag zu erhalten und nicht einzelne Lose. Die Lose nehmen ihm die Möglichkeit, Querverrechnungen, z. B. bei Etiketten, zu machen. Die Etiketten werden sehr günstig offeriert, aber eigentlich handelt es sich um einen Dumpingpreis, welcher mit anderen Komponenten kompensiert wird. Eine Vergleichbarkeit der Produkte zwischen den Anbietern kommt so nicht zustande. Genauso gut könnten Pauschalangebote abgegeben werden.

Wird die Praxis „Alles aus einer Hand" beibehalten, ist die Bemühungen um eine Standardisierung obsolet. Wenn der Kunde sich ohnehin an einen Lieferanten bindet, kann er auch ein proprietäres System kaufen. Den Preis dafür bezahlt er erst später, wenn Komponenten nachbestellt werden müssen. Solange sich der Kunde darüber bewusst und bereit ist, eventuelle Mehrkosten für ein proprietäres System zu tragen, ist dies machbar. Aber er tut zumindest der Marktentwicklung und damit den anderen Bibliotheken keinen Gefallen.

Eine Firma, die einerseits in der Standardisierung mitarbeitet, aber andererseits für „Alles aus einer Hand" plädiert, sollte sich für den einen oder anderen Weg entscheiden, sonst wird sie unglaubwürdig. Der Sinn von Standardisierung ist die Austauschbarkeit, die Vergleichbarkeit von Produkten. „Alles aus einer Hand" bedeutet schlicht das Gegenteil. Zumindest wurde dann die Firmenstrategie nicht durchdacht.

Angesichts der vorhandenen bzw. momentan entwickelten Standards ISO 18000–3.1/15693, ISO 28560 und der damit verbundenen Marktentwicklung kann nur dringend empfohlen werden, die Ausschreibungen soweit wie möglich in Lose aufzuteilen. Einerseits haben gute und spezialisierte Anbieter eine Chance zum Zug zu kommen, andererseits begibt sich der Kunde nicht in eine Abhängigkeit von einem Einzelnen.

6.3   Konvertierstationen zur Miete

Es wird in Ausschreibungen immer wieder gefordert, die Konvertierungsstationen zur Miete oder kostenfrei zur Verfügung zu stellen. Rein technisch gesehen ist die Konvertierung mit einem Laptop, einem Barcode- und einem RFID-Leser jedoch so einfach zu erledigen, dass es fraglich erscheint, was der Transport eines Möbels mit Rollen, auf dem dann die o. g. Geräte platziert werden, für einen Zusatznutzen bringt. Die Kosten für den Transport sind selten gerechtfertigt. Ein Trolley aus der Bibliothek (sofern er nicht aus Metall besteht) tut es auch. Explizit RFID-Konvertierstationen zur Miete oder Bereitstellung in Ausschreibungen zu fordern, verursacht Zusatzkosten, die wiederum in der Gesamtkalkulation des Anbieters auftauchen und vom Kunden bezahlt werden müssen.

6.4   Fern-Tuning beim Durchgangsleser

Viele Durchgangsleser enthalten heute eine Automatik, welche die Abstimmung (das Tuning) der Antennen übernimmt. Durchgangsleser früherer Generationen mussten noch von Hand bei der Installation über Relaisschaltungen von den Technikern abgestimmt werden. Heute müssen die Techniker weniger „können", die Automatik übernimmt dies. Wenn allerdings wirklich Störungen durch Leitungen oder über die Luft auf die Antennen einwirken, wäre ein wirklicher Fachmann vielleicht geeigneter gewesen.

Aus der Abstimmung vor Ort wurde, mit einem Abkömmling aus der EM-Sicherungstechnik in Warenhäusern, eine „Remote-control"-Abstimmung. Mit dieser, kann per Fernwartung auf die Durchgangsleser zugegriffen werden. Angesichts dessen, dass Durchgangsleser, die an einem festen Ort installiert sind, sich auch nicht mehr verstellen, müssen diese auch nicht mehr gewartet oder neu abgestimmt werden. Eine Prüfung ist erst dann nötig, wenn am Durchgangsleser eine Verringerung der Lesereichweite beobachtet wurde.

6.5   Inventur

Bezüglich der Inventur wird teilweise Unmögliches in den Ausschreibungen gefordert: das Lesegerät soll eine hundertprozentige Detektionsrate aufweisen (was auch immer diese bedeutet), es darf nur 200 g wiegen, es müssen 100 Medien in 10 s erfasst werden, der Akku muss 8 Arbeitsstunden halten und dann noch ein Medienpaket auf Vollständigkeit prüfen können. Dieser Abschnitt ist für den Lieferanten ein Hinweis darauf, dass die ausschreibende Bibliothek wenig Ahnung von der Technik hat. Ein Inventursystem muss ausgiebig getestet und evaluiert werden. Die oben genannten Forderungen verhindern zumindest, dass ein leistungsfähiges Gerät eingesetzt werden kann, welches genügend Energie aufbringt.

Tab. 6.1 Beispiel für Kriterien einer Ausschreibung für RFID-Etiketten (1=Muss-Kriterium, 2 Kann-Kriterium). Die aktuelle Version kann auf der knb-Website bezogen werden [11]

Leistungsverzeichnis RFID-Etiketten

Nr.	Anforderung	K.O.	voll erfüllt	anders, teilweise oder durch Anpassung erfüllt	nicht erfüllt	Anmerkung
	Datenmodell					
1	Verwendet wird das Dänische Datenmodell	K.O.				
	mandatory Part (256 bit)	K.O.				
	optional Part (>256 bit) Angabe der Speichergrösse des Chips	K.O.				
	Generelle Anforderungen					
2	Die Chips entsprechen dem ISO-Standard 18000-3 Mode 1.	K.O.				
3	Der/die Etikettenhersteller wird/werden benannt.	K.O.				
4	Der Chiphersteller wird angegeben.	K.O.				
5	AFI-Verwendung entsprechend dem dänischem Datenmodell	B				
6	Der Aufbau des gesamten Etiketts wird beschrieben inklusive Verbindung Chip/Antenne.	B				
7	Die Lesereichweite beträgt mindestens 35 cm und maximal 60 cm.	K.O.				
8	Die RFID-Etiketten müssen eine vollflächig gleichmässige und dauerhafte Haftung aufweisen (gesamtes Laminat und zum Medium). Erläuterung erforderlich.	B				
9	Das für die RFID-Etiketten verwendete Papier ist alterungsbeständig nach DIN/ISO 9706.	K.O.				
10	Die verwendeten Etikettenmaterialien sind lösungsmittel-, säure- und weichmacherfrei.	K.O.				
11	Die RFID-Etiketten werden auf Rolle geliefert und mit Produktionsdatum pro Rolle versehen.	K.O.				
12	Die Etiketten werden in Aussenwicklung auf der Rolle geliefert	K.O.				
13	Die Etiketten können durch den Bieter fertig bedruckt geliefert werden.	K.O.				
14	Der Zeitraum für die Funktionsfähigkeit der Etiketten (Wiederbeschreibbarkeit und Lesbarkeit) wird angegeben und garantiert.	B				
15	Die Lagerungsfähigkeit der Etiketten (Raumtemperatur) beträgt ab Auslieferungsdatum 2 Jahre.	K.O.				
16	Nicht funktionsfähige gelieferte Etiketten werden vom Anbieter kostenlos ersetzt	K.O.				
17	Ein Rückgaberecht für fehlerhafte RFID-Etiketten, die nicht bereits vom Hersteller als fehlerhaft gekennzeichnet sind, wird eingeräumt. Wird über Stichproben und mit definiertem Messaufbau festgestellt, dass mindestens 10 Etiketten die Grenzwerte für die Lesereichweite unter- oder überschreiten, kann die gesamte Lieferung nach Verifizierung durch einen Test nach ISO 10373-7 zurückgegeben werden.	K.O.				

6.6   Integration des Personalarbeitsplatzes in das LMS

Die Integration des RFID-Moduls in den Personalarbeitsplatz ist eine zentraleuropäische Erfindung. Es ergeben sich aus der Kombination LMS-Anbieter, LMS-Version, RFID-Systemanbieter eine grosse Zahl an individuellen Lösungen. Die Integration wurde 2002 entwickelt, um erstens eine Kundenbindung zu erreichen, zweites auch die Arbeit an der Theke in den Fällen zu erleichtern, in denen dort noch ein Grossteil der Verbuchungen durchgeführt wurde.

Die Forderung nach einer Integration sollte mit Bedacht gestellt werden. Falls eine Integration mit dem LMS X und der Version Y gefordert ist, wird in Kauf genommen, dass nur sehr wenige Anbieter zur Wahl stehen. Und damit stellt sich wiederum die Frage nach dem Sinn einer Ausschreibung.

6.7   Anforderungsliste für RFID-Etiketten

Die in Tab. 6.1 aufgelisteten Kriterien wurden am Runden Tisch in München im Sommer 2010 von den anwesenden Anbietern für RFID-Etiketten (Chiphersteller, Etikettenhersteller, Systemanbieter) diskutiert und verabschiedet. Grundlage war eine Ausschreibung, welche stark reduziert und modifiziert wurde.

Derzeit ist eine ähnliche, von den Anbietern verabschiedete Liste für die weiteren RFID-Komponenten nicht verfügbar. Dies wäre eine weitere Aufgabe des Runden Tisches in München.

Der Drang, immer Sonderwünsche in Softwaresysteme (v. a. in LMS) einzubauen, ist bei Bibliotheken systemimmanent. Der Kunde bindet sich damit Stück für Stück mehr an den Lieferanten. Dieser gibt i. Allg. nach und beugt sich den Wünschen der Kunden. Es sei denn, es existiert ein ausgewogener Supportvertrag.

Ziel dieses Kapitels war es, zumindest einen Teil der Ausschreibungen zu „entrümpeln". Es werden zukünftig weitere neue sinnvolle und nicht sinnvolle Kriterien in den Ausschreibungen zu finden sein.

Kapitel 7
Integration des RFID-Systems

Die Überlegungen zur Integration eines RFID-Systems beginnen bereits bei der ersten Planung (Kap. 4), d. h. vor der Auftragsvergabe. Im Folgenden behandeln wir vorrangig die praktischen Fragen, z. B. welche Medien wie zu bekleben sind und wo die Geräte hingestellt werden sollen.

Nach der Auftragsvergabe stehen die Systemanbieter und die Kunden häufig gemeinsam vor einem Problem, nämlich gegebenen baulichen Rahmenbedingungen: das System muss so gut es eben geht integriert werden. Es müssen viele Kompromisse in Bezug auf die Gestaltung und Positionierung der Selbstverbucher, der Durchgangsleser, der Rückgabe und Sortierung eingegangen werden. Werden hier aber Fehler gemacht, so kann dies im späteren Betrieb dazu führen, dass das System nicht seine volle Wirkung entfalten kann. Da die Komponenten einander ergänzen, müssen technische Faktoren, die Ergonomie für das Personal und die Besucherwege im Gebäude beachtet werden.

Neben den Rahmenbedingungen seitens der Bibliothek wird die Integration auch teilweise dadurch erschwert, dass viele Systemanbieter die Details erst nach dem Verkauf ansprechen. Sie möchten den Verkaufsprozess nicht zu kompliziert gestalten und dadurch den Vertragsabschluss nicht gefährden. Außerdem wird eine vorgängige Beratungsleistung nicht vergütet. Unter Umständen erhält der Konkurrent den ersehnten Auftrag und der Anbieter, der sich in der Beratung stark engagiert hatte, hat dann viel Zeit und Geld verloren.

Schließlich wissen viele Bibliotheken oft nicht, wie unwissend sie sind. Wenn Sie vom Systemanbieter nicht auf die möglichen Probleme aufmerksam gemacht werden, muss später nachgebessert werden, bzw. sind Enttäuschungen vorprogrammiert.

Als letzter Faktor ist das Überraschungsmoment zu nennen. Bei der Installation der Durchgangsleser können z. B. unvorhergesehene Störungen auftreten. Diese stellen den Systemanbieter vor die Aufgabe, sie zu identifizieren und zu eliminieren – ein wichtiger Punkt in Abschn. 7.2.2.

Sofern es komplexere Systeme sind (Abschn. 3.3.1), ist es empfehlenswert, frühzeitig einen Berater hinzuzuziehen, welcher bereits eine längere Praxiserfahrung sowie Referenzen aufweisen kann. Der Austausch von Know-how unter den Bib-

C. Kern et al., *RFID für Bibliotheken*,
DOI 10.1007/978-3-642-05394-8_7, © Springer-Verlag Berlin Heidelberg 2011

liotheken und in Arbeitskreisen ist zwar wünschenswert und wichtig, spezifische planerische Kenntnisse und Erfahrungen können aber nicht immer erwartet werden.

Der Berater sollte vor einem Um- oder Neubau direkt mit dem Architekten zusammen arbeiten. So wird vermieden, dass die ersten Design-Entwürfe bereits gemacht wurden, sich der Architekt in seinen Entwurf „verliebt" hat und – selbst mit guten Argumenten – Korrekturen gar nicht oder nur widerstrebend annimmt. Hier entsteht übrigens immer wieder eine Diskussion aus Sicht der Architekten: die Technik habe sich dem Menschen anzupassen und nicht umgekehrt. Und dabei wird impliziert, dass sich die RFID-Technik der architektonischen, teilweise auch künstlerisch gestalteten Umgebung anzupassen habe. Und je „schöner" und ausgefeilter ein architektonisches Gesamtkonzept ist, umso schwieriger wird diese Diskussion.

Bis verstanden wird, dass die RFID-Technik sich durchaus in ein architektonisches Konzept eingliedern lässt, aber auch einige physikalische Gesetzmäßigkeiten zu beachten sind, vergeht viel Zeit. Die Detailarbeit mit den Architekten zeigt, ob ein RFID-System und das Gebäude so gut aufeinander abgestimmt sind und als Gesamtsystem reibungslos funktionieren, dass man die Technik vergisst. Die Einführung der RFID-Technologie ist, in neuen wie in umgebauten Gebäuden, stets ein Meilenstein und wird öffentlich kritisch beobachtet. Wenn sich erst eine pauschale Unzufriedenheit bei den Benutzern und beim Personal eingestellt hat („das funktioniert doch alles nicht", „viel zu kompliziert" oder „auch nicht besser als vorher, Fehlinvestition"), kann es schwer werden, diese negative Meinung wieder in eine positive umzukehren. Wenn ein Automat hingegen prompt innerhalb weniger Sekunden seine Aufgabe erledigt, ist ein Überraschungseffekt gegeben. In der Stadtbibliothek München gab es Aussagen wie „weshalb haben Sie das jetzt erst?" (von einer 75-jährigen Besucherin) oder „wieso kommen wir erst jetzt dran?" (von einer Bibliothekarin, deren Filialbibliothek als letzte in der Stadt ausgerüstet wurde). Die emotionalen Statements der Kunden sind auch für die Motivation der Mitarbeitenden und deren Akzeptanz der neuen Arbeitsbedingungen wichtig.

Folgende Detailfragen werden behandelt: die Konvertierung, die Platzierung der Rücknahmeautomaten mit der Sortierung, das Vorsehen von Kapazitätsanpassungen, die Strom- und Netzwerkanschlüsse, die bauliche Integration der Selbstverbucher, der Theken und der Durchgangsleser. Die Hinweise basieren auf Erfahrungen aus der Beratung und Praxisbeobachtungen aus zahlreichen Bibliotheken.

7.1 Konvertierung der Medien

Die Konvertierung bedeutet das Einkleben der Etiketten in oder auf die Medien und das Initialisieren (erstes Beschreiben der Chips mit den Mediendaten). Sie ist ein breites Thema, weil es je nach Anspruch an die Funktion bzw. Mediensicherung, den Kosten bzw. dem verfügbaren Budget verschiedene Lösungen gibt. Die Konvertierung ist einerseits ein verfahrenstechnisches Thema – was wird wo und wann, wie und in welcher Reihenfolge bearbeitet, welche Personalressourcen sind erforderlich; andererseits betrifft sie die technische Funktion – welches RFID-Etikett

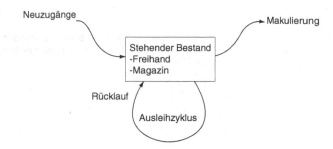

Abb. 7.1 Medienströme in der Bibliothek

wird am sinnvollsten auf welches Medium geklebt. Die Konvertierung unterteilt sich in mehrere Bereiche: den vorhandenen (stehenden) Bestand, den Rücklauf und die Neuzugänge. Der stehende Bestand unterteilt sich nochmals in den Freihandbestand und das Magazin (Abb. 7.1). Medien, welche den Zyklus verlassen, d. h. makuliert werden, werden selbstverständlich nicht mit RFID-Etiketten beklebt. Bei bereits etikettierten wird das Etikett zerstört (Schnitt durch die Antenne) oder der Chipspeicher vollständig überschrieben.

Die Konvertierung des Freihandbestandes ist der aufwändigste Teil, weil eine große Menge an Medien in möglichst kurzer Zeit bearbeitet werden muss. In vielen Fällen wird die Bibliothek für diese Zeitspanne geschlossen.

Bei den Neuzugängen sind deutlich geringere Mengen an Medien zu bewältigen. Diese werden ständig im laufenden Betrieb gekennzeichnet. Sie werden meist in einen für die Konvertierung eingerichteten Raum gebracht und an einer fest installierten Station bearbeitet. Dabei werden die Mediendaten in das LMS aufgenommen, die Bücher werden foliert, die AV-Medien in geeignete Verpackungen gelegt und dann in das Regal gestellt. Aufgrund der vielfältigen zusätzlichen Arbeiten spielt der Zeitbedarf für das Einkleben der Etiketten bei Neuzugängen eine untergeordnete Rolle. Die Arbeiten können später auch als Lückenfüller dienen, d. h. die Bearbeitung erfolgt z. B. dann, wenn wenig Publikumsverkehr ist. Im Folgenden sprechen wir daher vom aufwändigen Teil, dem stehenden Freihandbestand und dem Rücklauf. Neuzugänge können auch bereits vom Lieferanten mit RFID-Etiketten ausgestattet sein. Diese Etiketten können bereits die richtige Mediennummer enthalten, oder sie werden erst in der Bibliothek beschrieben. Dies funktioniert allerdings nur mit Printmedien ohne Beilagen.

Die Medien werden bei der Konvertierung des Freihandbestandes üblicherweise mit einem Wagen direkt am Regal oder beim Umstellen (Umzug) von einem Regal in ein anderes (Abb. 7.2) bearbeitet.

In einer öffentlichen Bibliothek sind beispielsweise 90 % Printmedien, respektive 10 % AV-Medien und Medienpakete vorhanden. Für diese 10 % sind viele Detailkenntnisse nötig, um zu entscheiden, welche Etiketten (Abschn. 3.3.2.1) auf welche Medien passen (Abb. 7.3). Dies ist außerdem in hohem Maße von den Erwartungen der jeweiligen Bibliothek abhängig. Zunächst gilt es jedoch, die Medien und ihre Kombinationen für das RFID-System zu kategorisieren. Es muss klar werden, unter welchen Bedingungen die Medien für die Antenne überhaupt „lesbar" werden, d. h., ob einzelne oder mehrere dieser Etiketten zuverlässig erkannt werden.

Arbeitsablauf mit ein oder zwei
Personen mit einer mobilen Konvertierstation

Arbeitsablauf mit zwei oder drei Personen
bei einer fixen Konvertierstation

Abb. 7.2 Verfahren der Konvertierung des Medienbestandes

Grundsätzlich gut lesbar sind einzelne Printmedien. Sie stellen ohnehin den Großteil des Bestandes dar. Alle mehrteiligen Medien, welche miteinander in einem Paket oder mit AV-Medien kombiniert werden, sind tendenziell schwieriger zu erkennen. Man kann jedoch nicht sagen, dass Medienpakete grundsätzlich nicht für eine Vollsicherung (Prüfen, ob alle Teile im Paket vorhanden sind) geeignet wären. Es ist durchaus möglich, einen Großteil des AV-Medienbestandes so zu etikettieren, dass in diesem eine Vollsicherung funktioniert. Dem LMS gegenüber fasst das Selbstverbuchungsprogramm die Teile zusammen und fragt nur eine einzige Mediennummer ab. Dies ist rein IT-technisch kein Problem. Aber es wird eine Mischung aus vollständig lesbaren AV-Medien/Medienpaketen geben, und solchen, die nur unvollständig lesbar sind. Ziel ist es also, die Rest-AV-Medien, d. h. die „Problemfälle", durch eine optimale Etikettierung zu minimieren. Man muss dafür wissen, wie sich die Etiketten im Lesefeld verhalten. Und die restlichen Problemfälle müssen im System toleriert werden. Medienpakete, die entweder unvollständig sind oder nicht vollständig gelesen werden können, werden nicht angenommen oder in. Einen gesonderten Behälter sortiert und vom Personal zu überprüft. Bei der Ausleihe können die Bibliotheksbesucher zur Prüfung auf Vollständigkeit aufgefordert, bzw. an die Theke verwiesen werden, wenn der Automat erkennt, dass das Paket nicht vollständig ist.

Die Lesereichweite ist bei AV-Medien und Medienpaketen immer mehr oder weniger stark eingeschränkt. Für diese Zusammenhänge müssen diejenigen Personen, welche diese Medien konvertieren, ein Verständnis entwickeln und dafür am besten

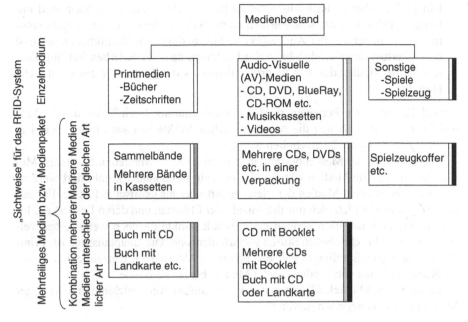

Abb. 7.3 Kategorien verschiedener Medien und Medienpakete (Streifen weiß: Stufe 1, hellgrau: Stufe 2, dunkelgrau: Stufe 3, schwarz: Stufe 4)

selber Tests durchführen: Wann ist ein Medium lesbar und wann nicht. Es können vier Stufen unterschieden werden:

- Erste Stufe: Alle Medien werden im 3D-Durchgangsleser sicher, d. h. so gut wie Bücher erkannt.
- Zweite Stufe: Im Durchgangsleser sind die AV-Medien und Medienpakete nicht mehr vollständig detektierbar. Am Selbstverbucher werden jedoch alle Teile erkannt. Der Benutzer kann gegebenenfalls durch entsprechendes Ausrichten der Medienpakete auf der Antenne dafür sorgen, dass alle Teile erkannt werden. In diesem Fall kann auf dem Bildschirm der Hinweis „Bitte Medium besser ausrichten" gegeben werden. Für die Sicherung im Durchgangsleser ist die Erkennung nur eines Etiketts zur Alarmauslösung ausreichend.
- Dritte Stufe: Einzelne RFID-Etiketten in einem Medienpaket sind auch bei besserer Ausrichtung nicht erkennbar. Vor allem eng beieinander oder übereinander liegende Etiketten, oder zwischen ihnen liegende Metallschichten können dazu führen, dass einzelne Etiketten nicht mehr erkannt werden. Eine zuverlässige Detektion, wie sie zur Vollsicherung bei einem Medienpaket wünschenswert wäre, ist so nicht möglich. Dies ist bei der Vielfalt an möglichen Positionen mehrerer Etiketten über der Antenne nicht berechenbar. Somit können auch keine verlässlichen Regeln aufgestellt werden. Ein Hinweis „besser ausrichten" würde nichts nützen.
- Vierte Stufe: in dieser Stufe ist selbst das Einzelmedium auf dem Selbstverbuchungsautomaten nicht mehr sichtbar, es ist praktisch „tot". Dies sind zwar

Einzelfälle, aber es ist wichtig sie zu kennen, denn hier muss zwingend mit Dummy-Etiketten, mit Sonderetiketten, mit Safern oder sogar mit Ausgabeautomaten gearbeitet werden. Angemerkt sei hierzu, dass viele Bibliotheken bewusst einen Verlust durch Diebstahl in Kauf nehmen, da die Wiederbeschaffungskosten für die Medien deutlich niedriger liegen als die Kosten für das zusätzliche Handling.

Je nach Erfahrung der Personen, welche die Etikettierung durchführen und der Auswahl der Etiketten können die problematischen AV-Medien aus Stufe 3 und 4 in Richtung Stufe 1 oder 2 verschoben werden.

In Abb. 7.3 ist der Medienbestand in Printmedien, AV-Medien und sonstige Medien unterteilt. Alle Medien können fast beliebig miteinander kombiniert werden: entweder als mehrere Medien der gleichen Art oder als gemischte Pakete. Für das RFID-System zählt letztlich nur die Anzahl der Etiketten und deren Lesbarkeit. Innerhalb dieser Kategorien können erste Anhaltspunkte gegeben werden, bei welchen die zuvor beschriebenen Stufen vorzufinden sind. Die Hauptaussage ist: Printmedien sind grundsätzlich besser erkennbar als AV-Medien, Einzelmedien besser als Kombinationen von Medien, dicke Medien besser als dünne.

In der Stadtbibliothek München wurde eine äußere Kennzeichnung mehrteiliger Medien in drei Kategorien gewählt:

- Ein gelber Aufkleber auf dem Medium mit der Aufschrift „3 Teile" bedeutet, dass ein Medium mit 3 lesbaren Transpondern vorliegt.
- Ein grüner Aufkleber mit der Aufschrift „3 Teile", bedeutet, dass hier zwar 3 Teile enthalten sind, aber nicht alle ein RFID-Etikett haben, also nicht alle Teile identifiziert werden können.
- Ein roter Aufkleber mit der Aufschrift „Keine Selbstverbuchung" bedeutet, dass diese Medien vom Automaten abgewiesen werden.

7.1.1 Printmedien

In der Regel werden die RFID-Etiketten auf die Innenseite des vorderen oder hinteren Buchdeckels geklebt: nahe am Falz, um gegebenenfalls eine Inventur per RFID-Lesegerät zu ermöglichen (Abb. 7.4). Es sollte eine Entscheidung für den vorderen oder hinteren Buchdeckel getroffen werden, um sicherzustellen, dass im Regal die Etiketten nicht zu nahe aneinander stehen und man bei Kontrollen das Etikett sofort findet.

Die Höhe und auch die Position (waagerecht oder hochkant) des Etiketts sollte im Bereich des Buchrückens variiert werden. Dies ist vorteilhaft für die Inventur mit dem Handlesegerät. Je näher sich die Etiketten am Buchrücken befinden, umso näher sind sie im Regal an der Antenne. Je mehr ihre Position variiert, umso weniger kommt es zu Abdeckungen. Dies ist insbesondere bei der Inventur von dünneren Medien (< 1 cm) relevant.

Abb. 7.4 Position des RFID-
Etiketts im Buchdeckel

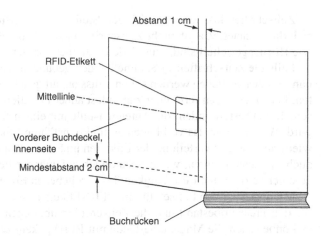

Prinzipiell könnten die Etiketten auch auf anderen Seiten (vorne oder hinten) oder sogar auf der Außenseite des Buches aufgeklebt werden. Allerdings ist dann die Gefahr groß, dass das Etikett durch Herausreißen der Seite einfach entfernt werden kann. Und auf der Außenseite ist es weniger gut vor Abrieb und anderen mechanischen Belastungen geschützt.

An dieser Stelle soll nochmals kurz auf die Möglichkeiten zur Manipulation der Etiketten durch Besucher hingewiesen werden. Das Etikett kann herausgerissen oder auch mit einer Klinge durchtrennt werden. Es können auch mit Alu-Folien ausgestatte Taschen verwendet werden. Oder es wird ein Stück Aluminiumfolie, auf das Etikett gelegt.

Probleme mit der Platzierung der Etiketten können dann auftauchen, wenn die Innenseite des Buchdeckels wichtige Informationen trägt, wie z. B. Stadtpläne bei Reiseführern, oder Illustrationen bei Kinderbüchern, die nicht verdeckt werden sollen. In solchen Fällen kann irgendeine Stelle im Buch ausgewählt werden, an der das Etikett nicht stört. Erfahrungsgemäß versuchen Kunden in solchen Fällen, die Etiketten zu entfernen, um an die Information (darunter liegende Landkarte) zu gelangen.

Wenn der Buchdeckel eine Metallfolie enthält, was nicht immer sofort erkennbar ist, ist die Lesbarkeit des Etiketts nicht mehr gewährleistet. Ist das Buch dick genug, kann das Etikett eventuell im Inneren verklebt werden, andernfalls muss auf eine Etikettierung verzichtet und das Buch von der Selbstverbuchung ausgenommen werden (Beispiel: Guinnessbuch der Rekorde).

Falls Bestände aus dem Magazin etikettiert werden sollen, sollten sie erst dann beklebt werden, wenn sie zur Ausleihe angefordert werden. Bei der Überlegung Magazine grundsätzlich zu öffnen, d. h. Freihandmagazine zu schaffen und alle enthaltenen Medien mit RFID-Etiketten zu versehen, sollte bedacht werden, dass RFID so wenig wie andere Technologien eine vollkommene Sicherheit gegen Diebstahl bietet. Sofern in dem jeweiligen Magazinbestand auch wertvolle historische Bestände enthalten sind, kann von einer Öffnung nur dringend abgeraten werden.

Zeitschriften können an beliebigen Stellen mit Etiketten versehen werden. Ob sich dies rechnet, v. a. ob mehr Zeitschriften in der Bibliothek verbleiben, wenn sie wie Bücher gesichert sind, muss jede Bibliothek für sich entscheiden.

Falls die Zeitschriften in Sammelbänden gebunden werden und diese Sammelbände später verliehen werden sollen, muss darauf geachtet werden, dass die Etiketten, bis auf eines, entfernt oder zumindest außer Funktion gesetzt werden. Dies geschieht am besten, indem die Antennenspule mit einem feinen Messer durchtrennt wird. Wie gut dann das verbleibende, funktionsfähige Etikett noch lesbar ist, hängt wiederum von der Verteilung der Etiketten im Sammelband ab. Falls alle Etiketten, auch die durchtrennten, wie ein Sandwich aufeinander liegen, könnte es trotzdem zu einer verringerten Lesefähigkeit des verbliebenen Etiketts kommen.

Mit abnehmenden Preisen für die RFID-Etiketten ist die Konvertierung nicht nur für den Freihandbestand und die Zeitschriften überlegenswert geworden, sondern es können auch die Magazinbestände mit RFID gekennzeichnet werden. Während allerdings beim Freihandbestand und bei den Zeitschriften die Sicherungsfunktion im Vordergrund steht, ist der Nutzen bei Magazinbeständen aus wirtschaftlichen Gründen infrage zu stellen. Es hat niemand außer dem Fachpersonal Zugriff auf das Magazin. Somit gibt es kein Diebstahlproblem und auch keines der Unordnung, denn die Medien werden ja vom Fachpersonal wieder eingeordnet, wenn sie aus der Ausleihe zurückkommen. Ein einziger Vorteil ist dann gegeben, wenn die bestellten Medien aus dem Magazin in der Freihandbibliothek zur Verfügung gestellt werden und dort gesichert werden müssen. Hier macht es Sinn, ein RFID-Etikett bei der Ausgabe einzukleben. Die veralteten EM- oder RF-Systeme sind jedenfalls nicht in Betracht zu ziehen, da dann eine andere Antennentechnologie benötigt wird. Und von Mischsystemen ist eher abzuraten. Angesichts der hohen Kosten für die Etikettierung ganzer, typischerweise großer Magazinbestände, muss die Kosten-Nutzen-Relation genauestens betrachtet werden. Aus heutiger Sicht, d. h. unter den o. g. Rahmenbedingungen, ist ein solcher Aufwand nicht gerechtfertigt. Zudem sind noch einige Qualitätsfragen offen (siehe Kap. 8).

7.1.2 AV-Medien

Wenn von AV-Medien gesprochen wird, sind für gewöhnlich CDs gemeint, unter denen wiederum CD-ROM, DVD, BlueRay und alle weiteren CD-Formen innerhalb der optischen Speichermedien subsumiert sind. Genau genommen gehören aber auch Video- und Musikkassetten zu den AV-Medien. Diese beiden Formen stellen einen immer geringeren Anteil in den Beständen der Bibliotheken dar. Und auch bei CDs ist zu hinterfragen, wie lange sie noch in Bibliotheken verfügbar sein werden, bzw. inwiefern sie zukünftig durch Downloads abgelöst werden.

Doch gehen wir davon aus, dass zumindest CDs noch für einige Jahre in Bibliotheken ausgeliehen oder auch archiviert werden. Dann müssen sie auch gesichert und vom Besucher genauso ausgeliehen und zurückgegeben werden können wie Bücher.

7.1.2.1 Musik- und Videokassetten

Bei den „Auslaufmodellen" der Video- und Musikkassetten ist das Problem der Be-
einflussung wie bei den CDs gegeben, allerdings in geringerem Ausmaß. Es findet
kein so enger Kontakt zwischen RFID-Etikett und Metall statt wie bei CDs. Es gibt
für Video- und Musikkassetten auch nur wenige Hinweise, wie diese zu bekleben
sind (Abb. 7.5). Für Videokassetten gibt es zwei Möglichkeiten, einmal am Rücken
ein spezielles, längliches RFID-Etikett aufzukleben, oder eines auf der flachen Seite. An beiden Stellen ist eine Vertiefung für ein normales Papieretikett vorgesehen.
Für beide Vertiefungen müssen die Etiketten in ihrer Größe angepasst werden. Für
die flache Seite kann ein Inlay aus einem Buchetikett verwendet werden. Lediglich
die Außenabmessungen des Papiers müssen etwas angepasst werden. Bei der Konvertierung können normale Buchetiketten beim Hersteller etwas kleiner geschnitten
oder gestanzt werden (ohne die Antennenspule oder den Chip zu verletzen!).

Nun hat das innen liegende Magnetband eine Auswirkung auf die Lesereichweite, da es Metallpartikel enthält. Dieser Effekt ist bei den schmalen RFID-Etiketten
für den Rücken nur sehr gering spürbar, bei den Etiketten für die flache Seite hingegen ist er stärker. Quantifizieren lässt er sich kaum, da die Videokassetten unterschiedliche Bandlängen aufweisen und zudem von den Benutzern verschieden weit
ab- oder zurückgespult werden. Für die Ringetiketten auf den Musikkassetten gilt
Ähnliches.

Musikkassetten werden in Kinderbibliotheken noch relativ häufig eingesetzt. Sie
können entweder im Booklet mit einem Buchetikett versehen werden oder sie erhalten ein Ringetikett wie es für CDs eingesetzt wird um diejenige Spindel, welche
am häufigsten leer ist.

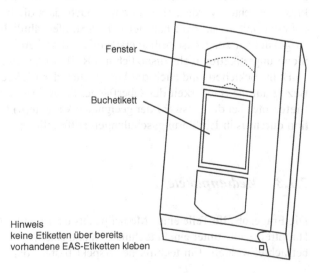

Abb. 7.5 Kennzeichnung
von Videokassetten mit
RFID-Etiketten auf der
flachen Seite

Hinweis
keine Etiketten über bereits
vorhandene EAS-Etiketten kleben

7.1.2.2 Optische Speicher (CDs und DVDs)

Für CDs sind eine ganze Reihe an Möglichkeiten zur Kennzeichnung mit RFID-Etiketten ausgearbeitet worden. Wir verzichten hier auf die Darstellung erster Entwicklungsvarianten und zeigen nur die heute üblichen Lösungen (Abb. 7.6, Tab. 7.1).

Die älteren CDs enthalten eine stärkere Metallschicht als die heutigen. Insbesondere CD-ROM enthalten einen höheren Metallanteil und sind daher selten mit RFID-Etiketten beklebt worden (die Lesereichweite beträgt nur wenige cm). Heutzutage sind die Metallanteile immer mehr reduziert worden – was die Lesbarkeit der RFID-Etiketten drastisch verbessert hat. Insbesondere DVDs (ohne mittige Metallisierung) zeigen gute Ergebnisse.

Die Lieferanten der Etiketten mussten früher Testergebnisse beilegen, dass die CD-Etiketten die maximal zugelassene Dicke an bestimmten Stellen nicht überschreiten. Gleiches galt für den Test zu Unwucht bzw. das Verhalten in hoch drehenden Laufwerken. Allerdings haben die Etikettenhersteller schon im Vornherein die Dicken beachtet und entsprechende Tests durchgeführt, so dass die Zertifikate heute nicht mehr üblich sind.

Bisher wurde bezüglich der RFID-Etiketten auf CDs nur dann von Problemen berichtet, wenn

• sich darunter ein älteres Etikett befunden hatte und durch das weitere Etikett die Dicke zu stark erhöht wurde (Sandwich-Aufbau). Dies trat nur sehr vereinzelt in Fahrzeug-CD-Abspielgeräten auf.
• sich das RFID-Etikett vom Untergrund gelöst hatte (infolge unsauberer Oberfläche beim Verkleben oder bei Lufteinschlüssen).

In der Benutzungsordnung der Bibliothek sollte in jedem Fall ein Haftungsausschluss mit aufgenommen sein, damit nicht für eventuelle Schäden an Geräten gehaftet werden muss. Es ist – wie bereits gesagt – hervorzuheben, dass seit 8 Jahren und dem verbreiteten Einsatz von CD-Etiketten nur sehr selten Probleme in der Praxis berichtet wurden. Hinzu kommt auch, dass die bisherigen EM-Sicherungsetiketten mit z. B. zwei parallelen EM-Streifen ähnlich wie die RFID-Etiketten aufgebaut waren. Es ist selbstverständlich, dass bereits vorhandene, vollflächige Sicherungsetiketten nicht zusätzlich mit RFID-Etiketten überklebt werden sollen.

Beim Bekleben sind auch die Vorschriften der Lieferanten zu beachten, v. a. in Bezug auf die Sauberkeit der Oberfläche, die Anbringung usw. Zudem geben die Lieferanten bei der Auswahl der geeigneten Variante(n) für die vorhandene Kollektion durchaus in Einführungsschulungen Hilfestellung.

7.1.3 Medienpakete

Die Frage, ob alle Teile eines Medienpakets ein Etikett erhalten sollen oder nur das Hauptteil, sollte unter einem technischen und einem wirtschaftlichen Gesichtspunkt betrachtet werden. Ein technischer Aspekt besteht darin, dass zwar alle Teile im

Abb. 7.6 Varianten zur
Kennzeichnung von CDs

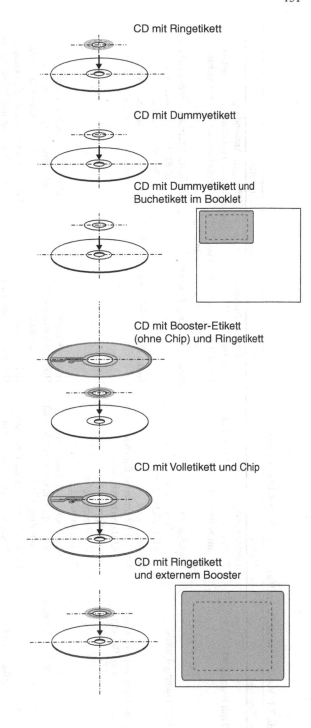

CD mit Ringetikett

CD mit Dummyetikett

CD mit Dummyetikett und
Buchetikett im Booklet

CD mit Booster-Etikett
(ohne Chip) und Ringetikett

CD mit Volletikett und Chip

CD mit Ringetikett
und externem Booster

Tab. 7.1 Vor- und Nachteile der Varianten zur Kennzeichnung von CDs

Variante	Vorteil	Nachteil	Anmerkung
A CD mit Ringetikett	Kostengünstig Funktioniert mit den meisten CDs am Selbstverbucher	Funktion am Durchgangsleser eingeschränkt Bei voll metallisierten CDs und CD-ROM starke Einschränkung	Häufigste Anwendung, Kann im Bedarfsfall mit Booster-Etiketten kombiniert werden
B CD mit Dummy-Etikett	Kostengünstig Für den Benutzer ist fehlende RFID nicht erkennbar	Keine Sicherungsfunktion	Häufigste Alternative, wenn CD nicht mit RFID funktioniert, v. a. in CD-Medienpaketen
C CD mit Dummy-Etikett und Buchetikett im Booklet	Kostengünstig Für den Benutzer ist fehlende RFID nicht erkennbar Gute Lesereichweite im Durchgangsleser Booklet ist mit „gesichert"	Keine direkte Sicherung der CD	Buchetikett mit möglichst wenig Abdeckung durch CD anbringen
D CD mit Ringetikett und Booster-Etikett (ohne Chip)	Meistens gute Sicherung – etwa Verdoppelung der Lesereichweite vom Ringetikett	Höhere Kosten Höherer Aufwand für die Anbringung	Lohnend bei häufig entwendeten CDs Empfehlung: Nutzung auf eigene Gefahr in Fahrzeug-CD-Geräten
E CD mit Volletikett (mit Chip)	Gute Sicherung – etwa Verdoppelung der Lesereichweite vom Ringetikett Keine Beeinflussung durch zentrale Metallisierung	Höhere Kosten Höherer Aufwand für die Anbringung	Lohnend bei CDs mit vollständiger Metallisierung und bei häufig entwendeten CDs Empfehlung: Nutzung auf eigene Gefahr in Fahrzeug-CD-Geräten
F CD mit Ringetikett und externem Booster-Etikett (ohne Chip)	Meistens gute Sicherung Verdoppelung der Lesereichweite vom Ringetikett Einfaches Einlegen des Booster-Etiketts	Höhere Kosten Booster kann vom Benutzer entnommen werden	Gute Möglichkeit, um nachträglich die Lesbarkeit von CDs zu verbessern

Medienpaket gekennzeichnet werden können, aber dadurch noch keine verlässliche Vollsicherung möglich ist. Das Maximum aus der Technik herauszuholen, d. h. einer Vollsicherung möglichst nahe zu kommen, bedeutet einen entsprechenden Aufwand. Andererseits ist es unumgänglich, zumindest die „problematischen" Pakete nach der Rückgabe zu kontrollieren. Die Bibliothek muss somit wirtschaftlich entscheiden, ab welchem Punkt es günstiger ist, die Etikettierung voran zu treiben oder ein entwendetes Medium neu zu beschaffen. Die Entscheidungsgrundlagen sind auch in jeder Bibliothek anders – daher kann an dieser Stelle keine allgemeingültige Empfehlung gegeben werden.

Medienpakete können in sehr verschiedenen Formen vorliegen wie z. B. als

- Buch mit Printbeilage
- Buch mit CD-ROM
- Eine oder mehrere CDs/DVDs/CD-ROMs mit Titelblatt oder weiteren Printbeilagen
- Ein Paket, wie z. B. Sprachkurse, bestehend aus Buch, CDs, etc.

Unter einem Medienpaket ist also bereits eine einzige CD zu verstehen, die von einem ebenfalls gekennzeichneten Titelblatt oder Booklet begleitet wird und somit aus 2 Teilen besteht. Entscheidend ist auch, wie sie im LMS aufgeführt sind. Ob es Print- oder AV-Medien, ob sie gemischt oder einheitlich sind, ist nicht relevant – für das Lesegerät zählt nur, ob es die einzelnen RFID-Etiketten im Feld erkennt oder nicht. Tendenziell ist dies bei CDs durch ihre Metallisierung schwieriger. Aber auch eng beieinander liegende Medien mit Etiketten an der gleichen Stelle können ein unzuverlässiges Leseergebnis zur Folge haben. Also gilt grundsätzlich: *je mehr Medien in einem Paket miteinander kombiniert werden, umso mehr ist auf eine gute Verteilung der Etiketten im Paket zu achten.* Es ist empfehlenswert, diese Kombinationen vor dem endgültigen Bekleben so gut wie möglich *auf ihre Lesbarkeit hin am Durchgangsleser, vor allem aber am Selbstverbucher, zu testen.*

Die Verpackungen und die Positionen der Etiketten in diesen spielen ebenfalls eine große Rolle für die Lesbarkeit der Etiketten. Es werden teilweise Verpackungen angeboten, welche die CDs im Regal dichter stellen lassen und damit Fläche einsparen. Je dichter sie stehen, umso wichtiger ist der seitliche Versatz zueinander. So begünstigt eine gestaffelte bzw. dachziegelartige Anordnung der CDs auf der Antenne die Lesbarkeit. Im Beispiel links in Abb. 7.7 ist allerdings davon auszugehen, dass die CDs zu wenig weit voneinander gestaffelt liegen, da die Etiketten noch vollständig abgedeckt werden. Bei dieser Art der Verpackung ist sicherlich eine bessere Anordnung als in den üblichen Jewel-Boxes gegeben (in denen die meisten CDs geliefert werden), es muss aber in jedem Fall die Lesbarkeit getestet werden.

Bei Testen ist es sinnvoll, die verschiedenen Medienpakete jeweils repräsentativ zu etikettieren. Es können dann bevorzugte und problematische Pakete unterschieden werden. Im Fall in Abb. 7.7 würde ein Buchetikett auf eines der Booklets geklebt und auf die CDs jeweils Dummy-Etiketten. Ob eine oder zwei der vier CDs noch ein Ring- und Boosteretikett oder ein vollflächiges Etikett mit Chip erhalten, muss die Bibliothek entscheiden.

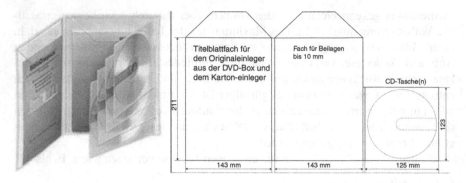

Abb. 7.7 Einsatz von speziellen Hüllen für die CDs (Fa. Noris)

7.2 Positionierungen der RFID-Geräte

In Folgenden werden praktische Empfehlungen für die bauliche Integration von RFID-Geräten gegeben. Sie sind u. a. aufgrund der technischen Vorgaben für RFID (Ausbreitungscharakteristik, Lesebereiche) und den Praxiserfahrungen aus vielen Installationen (Beobachtung der Besucherströme, Umgang mit den Geräten) aufgestellt worden.

7.2.1 Selbstverbucher

Die Selbstverbuchungsgeräte sollten in der Nähe der Theke und des Eingangs stehen, d. h. nach Möglichkeit so, dass sie von den Besuchern beim Verlassen der Bibliothek wahrgenommen werden. Es macht wenig Sinn, sie in der letzten Ecke der Bibliothek zu verstecken. Eine Sichtverbindung zur Theke ist vorteilhaft, weil das Personal dann frühzeitig eingreifen kann, falls einzelne Benutzer Probleme bei der Bedienung haben.

Selbstverbuchungsstationen müssen *eine* klare Aufgabe erledigen. Sie sollten nicht mehr als drei bis vier Funktionen haben (Sprachauswahl, Ausleihe, Kontoeinsicht, Verlängerung). An Multifunktions-Automaten verbringen die Benutzer überproportional viel Zeit. Multifunktionsautomaten haben sich nur in Bibliotheken bewährt, in denen eine sehr geringe Besucherfrequenz herrscht. Entsprechend müssen bei Multifunktionsautomaten die Kapazitäten für Stoßzeiten aufgestockt werden. Oder sie werden vom Publikum nur mäßig akzeptiert.

Da die Selbstverbuchung von den Kunden dann als Erfolg gewertet wird, wenn die Wartezeiten – besonders in Spitzenzeiten – möglichst kurz sind, sollte auf Zusatzfunktionen wie z. B. eine Kassenfunktion verzichtet werden. Entweder stellt man einen zusätzlichen Kassenautomaten auf oder belässt die Kassengeschäfte an den Theken. Auf jeden Fall muss bedacht werden, dass den Kunden ein gewisser

Kreditrahmen eingeräumt wird, der eine Verbuchung von Medien auch dann erlaubt, wenn der Bibliothek bereits Geld geschuldet wird. Tolerierbar ist dagegen eine Verlängerungsfunktion, die sowohl Personal wie auch OPACs entlasten kann, möglichst in Form einer pauschalen Verlängerung der auf dem Benutzerkonto verbuchten Medien. Einzelverlängerungen können u.U. wieder zu einer längeren Verweildauer am Selbstverbucher führen.

Grundsätzlich sollte dafür gesorgt werden, dass die Kunden die Selbstverbucher so schnell wie möglich wieder frei geben. Es bewährt sich, Körbe für den Transport von Medien innerhalb der Bibliothek zur Verfügung zu stellen, um das zeitaufwändige Verstauen der entliehenen Medien in Taschen, Rucksäcken etc. am Selbstverbucher zu vermeiden.

Am Selbstverbucher kann der Gebührenkontostand angezeigt werden. In der Praxis hat sich gezeigt, dass die Besucher nicht erst am Selbstverbucher bemerken, dass das Konto nicht ausgeglichen ist. Sie können bereits am OPAC informiert werden und vor dem Verbuchen an den Kassenautomaten gehen. Es geschieht sehr selten, dass die Besucher zweimal zum Selbstverbucher gehen. Sofern die Geldtransaktionen nicht an der Theke erfolgen sollen, sind ein bis zwei Orte für Kassenautomaten vorzusehen.

Vom Eigendesign der Selbstverbuchungsstationen ist abzuraten, da die Verteilung der Radiowellen eine wesentliche Rolle für die spätere Funktionssicherheit hat und diese beim Möbeldesign berücksichtigt werden muss. Ein eigenes Design der Möbel zieht daher umfangreiche Tests und Anpassungen nach sich. Die heute angebotenen Möbel bieten mehrere Anpassungsmöglichkeiten in der Positionierung auf einem Tisch oder als freistehendes Terminal und können zudem farblich angepasst werden. Sofern Auftischgeräte verwendet werden, sollten die Stellflächen keine Metallplatten, Metallträger oder gar Metallrahmen enthalten.

Die Privatsphäre der Besucher muss beachtet werden. Aus diesem Grund sollten Benutzer keine oder nur eine eingeschränkte Sicht auf den Bildschirm des Nachbarn haben. Der Abstand zwischen den Stationen sollte ca. 2 m betragen. Sofern die Stationen um eine Säule oder einen Pfeiler herum gestellt wurden, kann die Entfernung auch geringer sein (Abb. 7.8). Bei Bedarf kann auch eine Trennwand zwischen den Stationen angebracht werden. Hinter dem Benutzer kann auf dem Boden ein Abstandsstreifen angebracht werden. Erfahrungsgemäß wird dieser fast immer beachtet.

Die Ablageflächen des Selbstverbuchers sind bewusst klein gehalten, um zu verhindern, dass größere Mengen an Medien oder Taschen etc. auf ihnen abgestellt werden. Dies verhindert, dass weitere Medien ungewollt mit verbucht werden. Zwar kann der Lesebereich mit einer Metallfolie unter der Arbeitsfläche eingegrenzt werden, jedoch führt dies meist zu einer Verringerung der Leseleistung (Lesereichweite etc.), da das Feld in irgendeiner Weise „gestört" wird. Gerade bei Medienpaketen können dann Nachteile in der Lesesicherheit auftreten.

An den Selbstverbuchungsautomaten werden, insbesondere bei Stoßzeiten und hohen Durchsätzen, häufig die Benutzerkonten nicht geschlossen. Dies kann dazu führen, dass die nachfolgenden Benutzer ihre Medien auf den vorhergehenden verbuchen. Die Einstellung der Timeoutfunktion ist dabei von besonderer Bedeutung

Abb. 7.8 Anordnung von
vier Selbstverbuchungsstationen um einen Pfeiler herum
(zweite und dritte Station verdeckt, Münchner Stadtbibliothek, Gasteig)

und muss vor Ort getestet bzw. individuell eingestellt werden. Es gibt mit RFID-Karten auf Basis von ISO 15693 auch die Möglichkeit, das Konto sofort dann zu schließen, wenn die Karte nicht mehr auf der Arbeitsplatte erkannt wird. Ähnliches gilt für Karten, welche in einen Schlitz gesteckt werden, solange die Verbuchung dauert. Der Nachteil ist dann jedoch, dass die Karten dort häufig vergessen werden.

Eventuell kann, je nach Auslastung der Fachbereiche in einer Bibliothek, ein Selbstverbucher auch in einer Spezialabteilung mit aufgestellt werden.

Die Distanz zwischen Selbstverbucher und Durchgangslesern sollte aus zwei Gründen möglichst groß, d. h. > 5 m, sein: erstens können sonst Fehlalarme durch vorbei getragene Medien ausgelöst werden, zweitens können die Lesefelder sowohl des Selbstverbuchers als auch des Durchgangslesers gestört oder gekoppelt werden.

Der Selbstverbucher benötigt die gleichen Anschlüsse wie ein PC: einen Netzwerkanschluss und einen Stromanschluss.

7.2.2 Durchgangsleser

Der Durchgangsleser sollte im Sichtbereich der Theke liegen. Dies ist von Vorteil, wenn ein Besucher einen Alarm ausgelöst hat: Die abschreckende Wirkung „ertappt" zu werden, ist weitaus besser, wenn das Personal schnell reagiert und der Besucher unvermittelt persönlich angesprochen wird. Hilfreich sind auch Video-Kameras. Diese haben, auch ohne dass sie in Betrieb sind, bereits eine gewisse abschreckende Wirkung. Die weitaus beste Lösung ist natürlich, wenn in größeren Bibliotheken eigenes Wachpersonal zur Verfügung steht. Denn die beste Detektion nützt nichts, wenn auf einen Alarm nicht reagiert wird.

Drehkreuze sind ein Mittel, um die Besucher im Durchgangsleser länger verweilen zu lassen. Bei besonders hohen Anforderungen an die Sicherheit können diese eingesetzt werden. Allerdings sind sie bisher nicht mit einer Besucherkarten-Erkennung kombiniert worden (Abb. 7.9). Die Drehkreuze müssen sich bei einem Feueralarm oder Stromausfall automatisch entriegeln.

Für eine gute Detektion sollten die Antennen nicht mehr als 1 m Abstand zueinander haben. Es können einfache (2 Antennen) oder Doppeldurchgänge (3 Antennen) oder bei modernen Anlagen ganze Arrays mit 8 und mehr Antennen installiert werden (Abb. 7.10). Der Raum seitlich vom Durchgang wird um etwa 35 cm mit abgedeckt, so dass auch daran vorbei getragene Medien detektiert werden. Wenn seitlich mehr Raum vorhanden ist, sollte dort eine Begrenzung angebracht sein.

Ab 90 cm ist der Durchgang für Rollstühle geeignet. Es ist möglich, falls der Durchgang für den Transport sperriger Güter frei sein muss, eine (passive) Antenne so zu montieren, dass sie gegebenenfalls mit wenigen Handgriffen entfernt werden kann.

Bei der Installation der Antennen müssen im Boden vorhandene Rohrleitungen (Fussbodenheizung), Kabelkanäle etc. bei der Verankerung berücksichtigt werden. Die Antennen sind weitgehend unbeeinflusst von den im Boden befindlichen Metallarmierungen. Hingegen haben diese in Wänden oder v. a. in den Türzargen durchaus eine Auswirkung auf das Lesefeld. Vor allem dann, wenn die Türzargen einen geschlossenen Rahmen bilden. Diese müssen zwingend bei Neubauten mit einem Schnitt am Boden vor der Fertigstellung des Bodenbelages durchtrennt wer-

Abb. 7.9 Kombination eines Durchgangslesers mit Drehkreuzen (Katholische Universitätsbibliothek Leuven, Belgien)

Abb. 7.10 Array von 5 Antennen (linke Antenne verdeckt, Rolex Learning Center, EPFL, Lausanne, Schweiz)

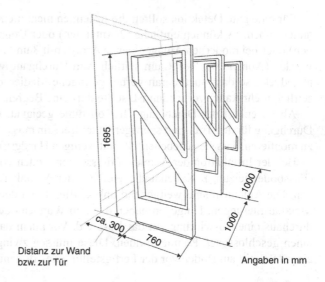

Abb. 7.11 Durchgangsleser mit drei Antennen (Doppeldurchgang, Fa. Feig)

Distanz zur Wand bzw. zur Tür

Angaben in mm

den, so dass kein geschlossener Rahmen mehr vorhanden ist. Dieser könnte die Schwingungen mit aufnehmen, verändern oder zumindest Energie aus dem Feld nehmen. Die Distanz zur Türzarge sollte mindestens 30 cm, besser 50 cm betragen (Abb. 7.11).

Der Abstand zu Regalen sollte mindestens 5 m betragen. Anderenfalls können die Besucher unbeabsichtigt Alarme auslösen. Auch die Verkehrswege vor dem Durchgangsleser müssen so bemessen sein, dass im Umkreis von ca. 1 m um den Durchgangsleser keine Medien vorbei getragen werden. Aus dem gleichen Grund sollte der Abstand zu den Selbstverbuchern und zur Personalstation mindestens 5 m betragen.

Sofern keine Gate-Tracking-Software angeschlossen ist, muss der Durchgangsleser nur mit Strom (230 V) versorgt werden. Beim Gate-Tracking ist entweder eine Datenleitung (RS 242 o. ä.) oder ein direkter Netzwerkanschluss vorzusehen.

7.2.3 Personalstation

Die Personalstation ist meist an der Theke im Eingangsbereich installiert. Dort werden alle Vorgänge bearbeitet, welche nicht mit der Ausleihe zu tun haben (Abb. 7.12). Bei Vorhandensein einer Rückgabestation entfallen auch diese Vorgänge. Die Theke soll im Eingangsbereich als erste Informationsstelle für die Besucher dienen. Es sei wiederholt erwähnt: von dort muss eine gute Sichtverbindung zur Selbstverbuchungsstation und zum Durchgangsleser gegeben sein. So kann bei Bedienungsproblemen am Verbuchungsgerät oder bei einer Alarmauslösung am Durchgangsleser schnell und unterstützend eingegriffen werden.

Abb. 7.12 Beispiel für eine
Theke (München, Gasteig)

Bezüglich der Gestaltung der Theke ist darauf zu achten, dass ausreichend Platz für die Ablage der Medien vorgesehen ist. Es sollte auch ein Abstand zwischen Tastatur und Leseantenne der Personalverbuchung gewahrt werden (Abb. 7.13). Eine Barriere verhindert, dass die Besucher ihre Medien und/oder Taschen irgendwo auf der Theke platzieren. Die Medien sollen gezielt und nicht zufällig verbucht werden. Die Ergonomie für die Mitarbeitenden muss unbedingt bei der Arbeit an der Theke beachtet werden – sofern die dort verarbeiteten Mengen relevant sind. Die Sortierwägen müssen in der Nähe stehen und es dürfen keine Niveauunter-

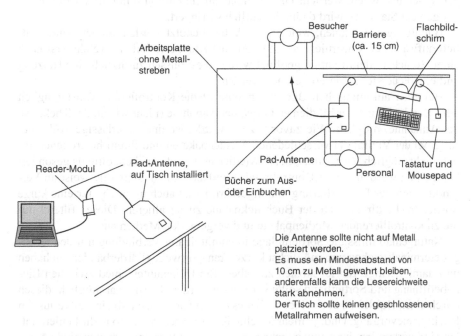

Abb. 7.13 Arbeitsbereich und Position des RFID-Lesers (Pad-Antenne) auf der Theke

schiede in der Arbeitshöhe vorhanden sein, bei denen die Medien hochgehoben werden müssten.

Bei einer Anbringung der Antenne unter der Tischplatte kann gegebenenfalls um diese herum (mit entsprechendem Abstand) eine Kaschierung mit Alufolie erfolgen, um den Lesebereich zu einzuschränken. Allerdings sollte diese durch Fachpersonal angebracht werden. Es kann außerdem eine „geschirmte" Antenne verwendet werden, welche zwar einen etwas geringeren Lesebereich aufweist, aber dafür auf metallische Gegenstände gestellt werden kann. Diese Antennen sind etwas teurer und auf Anfrage von mehreren Systemanbietern erhältlich. Diese Option birgt aber gegenüber einer „sauberen" RFID-Installation einen Nachteil: es gibt bei geschirmten Antennen Energieverluste, welche dann bei der Verbuchung von Medienpaketen/CDs nicht zur Verfügung steht. gerade diese benötigen eine ausreichende Feldstärke.

7.2.4 Buchrückgabe

Buchrücknahmestationen können in eine Wand eingebaut oder freistehend sein. Sie sind meistens von einem Vorraum aus, d. h. auch zu Nicht-Öffnungszeiten der Bibliothek, zugänglich. Dies ermöglicht nicht nur die Rückgabe während 24 h, sondern auch eine gewisse Kontrolle der Besucher. Sie müssen sich, ähnlich wie bei einer Bank mit einem Geldausgabeautomat, am Eingang identifizieren und können auch per Video überwacht werden. Die Wahrscheinlichkeit von mutwilligen Beschädigungen der Stationen wird dadurch deutlich verringert.

Buchrückgabestationen, welche von Außen benutzt werden können, sind deutlich aufwändiger konstruiert: sie müssen eine Klappe enthalten, welche erst nach einer Besucher-Identifikation geöffnet wird und es müssen zusätzlich eine Heizung und eine Feuersicherung vorgesehen werden.

Bei einer automatischen Buchrücknahme ist die Kontrolle auf Vollständigkeit oder Beschädigung der Medien erst *nach* der Annahme (nicht wie an der Theke *bei* der Annahme) möglich. Wie zuvor gezeigt wurde, ist eine zuverlässige Vollsicherung bei der Vielfalt an verschiedenen Medienpaketen und ihrem heterogenen Inhalt nicht möglich. Daher müssen AV-Medien und Medienpakete oftmals gesondert kontrolliert werden. Diese Kontrolle wird im Nebenraum, sinnvollerweise in Verbindung mit der Feinsortierung, durchgeführt. Es ist auch möglich, nur eine kurze Sortierstrecke direkt nach der Buchrücknahme zu installieren. Diese „filtert" nur die zu kontrollierenden Medienpakete und vorgemerkte Medien aus.

Naturgemäß muss die Sortieranlage in unmittelbarer Verbindung mit den Rückgabeterminals stehen, um möglichst kurze Transportwege (Förderbänder) zu haben und damit geringe Betriebskosten zu haben. Ein Höhenunterschied zwischen Eingabeöffnung und Sortierband sollte vermieden werden. Es ist zwar möglich, diesen durch einen Hublift zu überwinden, aber es entsteht auf jeden Fall ein Zeitverlust im Rücknahmevorgang. Und: je mehr Mechanik vorhanden ist, desto mehr Fehlerquellen sind vorhanden, bzw. umso mehr Kontrollen und Wartungsarbeiten sind nötig.

Maßgebend für die Anzahl der Rückgabeautomaten, die Auslegung der Sortierung und der Container ist die durchschnittliche tägliche Rückgabemenge. Außerdem muss die Menge der zurückgegebenen Medien über längere Schliessungszeiten der Bibliothek (Wochenende, Feiertage) und zu Stoßzeiten berücksichtigt werden. Und es ist zu klären, ob die Sortieranlage nur für den Bedarf der jeweiligen Bibliothek eingerichtet werden soll oder ob die Anlage – wie z. B. in den Hamburger Öffentlichen Bücherhallen – auch als Umschlagplatz für den während der Nacht aus dem ganzen Verbund in die Zentralbibliothek angelieferten Leihverkehr dienen soll.

Es können laut Herstellerangaben theoretisch bis zu 1.800 Objekte pro Stunde mit einer Rückgabestation angenommen werden. Daraus errechnet sich eine theoretische Gesamtkapazität von 43.000 Medien pro Tag bei Vollauslastung. Für die konkrete planerische Auslegung sind allerdings die Berechnungen der jeweiligen Lieferanten bei der Angebotserstellung maßgeblich, die in einem weiten Bereich variieren können.

Die Verarbeitungsgeschwindigkeit wird außerdem durch die Anzahl der Sortierstellen beeinflusst. Im Prinzip könnte mit entsprechendem technischem Aufwand jedes Buch einzeln bis an jeden Standort sortiert werden, so dass nur noch das Einstellen in das Regal von Hand erforderlich wäre. Selbstverständlich ist dies in der Praxis nicht machbar. Aber die Feinsortierung kann mehr oder weniger tief gehen. Damit nimmt der technische Aufwand überproportional zu. Nicht nur die Komplexität der Anlage erhöht sich, sondern auch die Anzahl der Wege, die mit jedem Behälter zurückgelegt werden müssen. Wird also die Vorsortierung zu stark diversifiziert, kann sich der Gewinn in Arbeitszeit durch das Umherschieben der vielen Behälter wieder umkehren.

Die Sortierkriterien können von der Bibliothek individuell nach Stockwerken, Abteilungen und/oder Medienarten festgelegt werden. Es empfiehlt sich jedoch immer, AV-Medien getrennt von Printmedien sortieren zu lassen, um Beschädigungen zu vermeiden. Für Medien, die weiter bearbeitet werden müssen, ist ein ebenfalls ein eigener Container vorzusehen.

Die Sorge, dass Kunden irgendwelche Gegenstände in die Sortieranlage eingeben könnten die Schaden anrichten, ist aufgrund der vorliegenden Erfahrungen unbegründet, zumindest solange es sich um Inhouse-Terminals handelt. Eine zusätzliche Sicherheit würde ein Zweiklappensystem bieten, welches zwar den Rückgabevorgang etwas verlangsamt, aber für Automaten, welche von der Straße aus zugänglich sind, eine gute Option ist.

Besondere Beachtung sollte dem Raum hinter der Buchrücknahme gelten: Hier muss, auch wenn keine Sortierung vorgesehen ist, zumindest für Rollcontainer ausreichend Platz zum Rangieren gegeben sein (kleine Anlage in Abb. 7.14: hier sind absolute Mindestmasse eingehalten – wünschenswert wäre die doppelte Fläche). Die Anbieter geben entsprechende Kalkulationen während der Angebotsphase ab. Dies ist v. a. auch deshalb wichtig, weil die Größen der angebotenen Rollcontainer unterschiedlich sind. Es gibt einfache, starre Container, solche mit Federboden und solche mit einer Kippvorrichtung, welche die Medien in Arbeitshöhe bringen. Bei der Kapazitätsplanung muss unbedingt berücksichtigt werden, wie fein die Vorsor-

Abb. 7.14 Planung des
Rangierraums (Reserve-Container werden aufgrund der
Enge in einem gesonderten
Raum untergebracht, Fa.
Trion)

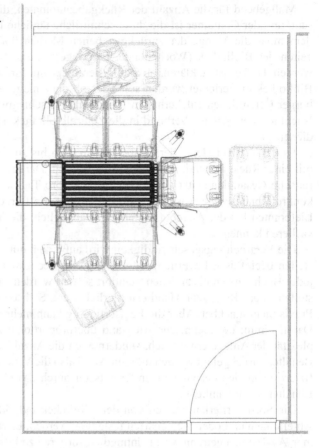

tierung sein soll: denn, wie bereits oben erwähnt, *mit zunehmender Zahl an Containern nimmt auch die Zahl der Austauschvorgänge und Fahrwege zu.*

Für die Planung der Buchrücknahme sind Brandschutzbestimmungen zu beachten, welche lokal unterschiedlich sein können. Die gesamte Anlage kann z. B. durch feuersichere Rollläden gesichert werden, die im sich Brandfall automatisch schließen (Stadtbibliothek Winterthur).

Als Anschlüsse sind, wie bei den anderen Geräten, Stromzuführung (230 V) und Netzwerkanschluss vorzusehen.

Buchrückgabe über die Verbuchungsautomaten

In Bibliotheken, die weniger als 400.000 Medien pro Jahr entleihen, kann ein Teil der Medien durch die Besucher gleich bei der Rückgabe vorsortiert werden. Landläufig wird dies als „Bio-Sorting" bezeichnet. In diesem Fall ist eines von zwei Selbstverbuchungsterminals ausschließlich für Rückgaben bestimmt. Die Vorsortierung durch die Kunden unterscheidet z. B. zwei Sachverhalte: in Medien, die wieder eingestellt werden können und solche, die einer Weiterbearbeitung bedürfen.

Den jeweiligen Ort, wo das Medium abzulegen ist, zeigt der Selbstverbuchungs-automat an, z. B. auf einen Bücherwagen rechts bzw. links. Logischerweise kann diese Art der Rückbuchung mit „Bio-Sorting" nur zu Öffnungszeiten der Bibliothek angeboten werden. Ein wirklicher Ersatz für einen Rücknahmeautomaten ist dies folglich nicht.

7.2.5 Weitere Komponenten

7.2.5.1 Zugangskontrolle

Sofern ein Vorraum für die Buchrückgabe während Nichtöffnungszeiten der Bibliothek (oder 24 Stunden) genutzt wird, sollte dieser mit einer Zugangskontrolle ausgestattet sein. Die Identifikation der Besucher erfolgt vorzugsweise mit RFID-Karten, es können aber auch, mit entsprechenden Barcode-Lesern oder Magnetkartenlesern, die klassischen Karten zur Identifikation eingesetzt werden. In manchen Fällen kann auch das RFID-Medium selber zur Türöffnung verwendet werden. Der Leser am Eingang reagiert – wiederum wie in Banken mit Geldautomaten – alleine auf die Anwesenheit einer ID-Nummer.

Zu hoch sollte der Sicherheitsanspruch ohnehin nicht gelegt werden, da jederzeit bei der Türöffnung eine zweite Person mit in den Vorraum „schlüpfen" kann. Es handelt sich nur um eine erste „Filterung" der berechtigten Personen. Und ein Abgleich mit dem LMS und der internen Besucherliste macht wenig Sinn, denn schließlich sollen auch Medien von Personen zurückgegeben werden können, welche sie nicht selber ausgeliehen haben. Die Benutzerkarten berechtigen nicht zum Eingang in den Hauptbereich der Bibliothek. Dieser ist zu Nichtöffnungszeiten mit mechanischen Schlössern verriegelt.

Im Falle von RFID-Karten wird die Antenne wird seitlich an der Tür angebracht. Entsprechende Hinweisschilder für die Bedienung sind vorzusehen. Bei der Installation sind die Vorschriften der Hersteller zu beachten, insbesondere der Abstand zu Metall (und Metallrahmen) in der Umgebung. Der Reader benötigt eine Stromversorgung und ist mit dem Türschliessmechanismus verbunden. Ein Anschluss an das Netzwerk ist nicht unbedingt erforderlich. Die Antenne sollte wegen der Beanspruchung durch die Bewegung der Kabel nicht auf der Tür selber angebracht sein.

7.2.5.2 Kassenautomat

Kassenautomaten werden, wie die Rückgabeautomaten, möglichst im Vorraum zur Bibliothek oder zumindest innen im Bereich des Benutzungsdienstes installiert. Die Identifikation erfolgt mit der Besucherkarte. Auch hier gilt, dass RFID-Karten bequemer zu nutzen sind und von den Besuchern bevorzugt werden. Zudem ist die Sicherheit deutlich höher als bei Barcode- oder Magnetkarten. Sofern auch auflad-

Abb. 7.15 OPAC-Plätze
direkt an den Regalen (Rolex
Learning Center, EPFL,
Lausanne, Schweiz)

bare Geldkarten eingesetzt werden, können diese entweder berührungslos mit RFID arbeiten oder einen Kontakt-Chip aufweisen.

Der Kassenautomat ist über das Netzwerk und eine SIP2-Schnittstelle mit dem LMS verbunden. Ansonsten ist lediglich eine Stromversorgung erforderlich. Es werden Geräte zum Wandeinbau und als Terminal angeboten (ähnlich Parkautomaten).

7.2.5.3 OPAC-Plätze

Der Online Public Access Catalogue (OPAC) sollte nie gemeinsam mit der Selbstverbuchung aufgestellt werden. Oft genug haben die Benutzer Schwierigkeiten, zwischen den beiden Anlagen zu unterscheiden. Im Extremfall könnte sich ein OPAC von einem Selbstverbucher nur dadurch unterscheiden, dass der Erstere eine Tastatur hat, der Zweite nicht. Und ein Touch-Screen ist nicht äußerlich als solcher erkennbar. Bekanntlich werden auch Hinweisschilder wenig beachtet.

Es ist folglich ratsam, jedem Gerät seinen eigenen Bereich in der Bibliothek zuzuweisen. An der EPFL in Lausanne wurden die OPAC-Plätze beispielsweise direkt an den Regalen angebracht (Abb. 7.15). Somit haben die Besucher sehr kurze Wege und können auch, wenn sie sich zwischen den Regalen befinden und etwas vergessen haben, schnell wieder dort hin zurückkehren.

7.3   Verbindung zum LMS

Die Verbindung zwischen den RFID-Stationen und dem LMS erfolgt wahlweise über zwei Protokolle, das SIP2- und das NCIP-Protokoll. Auf die Einzelheiten dazu wird in Abschn. 9.4 eingegangen. Hier soll nur der Hinweis gegeben werden, dass vor der Installation die entsprechenden Tests zwischen RFID-Systemlieferant und dem LMS durchgeführt werden müssen. Es sind auch stets eine Reihe von Spezialfällen zu berücksichtigen, welche meistens lösbar sind, aber dafür einen gewissen Aufwand bedeuten. Für die Durchführung der Tests sind ca. zwei Wochen zu veranschlagen.

Ein mittlerweile größeres Thema ist das LMS und der Personalarbeitsplatz: Hier gibt es alle möglichen Varianten an Integrationen, welche bei den Kunden mitunter zu Verwirrung führen. Die Integration bedeutet, dass die (verbleibenden, nicht am Selbstverbucher durchgeführten) Verbuchungen mit RFID an der Theke erledigt werden können und dieses Programm zusammen mit der Oberfläche des LMS läuft. Es gibt hierbei alle möglichen Abstufungen von Teil- bis Vollintegrationen.

Die Integration ist eine zentraleuropäische „Erfindung", welche ursprünglich als Kundenbindungsmaßnahme zwischen dem RFID-Systemlieferanten, dem LMS und dem Endnutzer entwickelt wurde. In angelsächsischen Ländern ist die Integration kein Thema, dort gibt es höchstens sehr einfache Software-Tools.

Hier kann nur empfohlen werden, wenn das LMS eine Vollintegration anbietet oder erlaubt, sich diese entweder vom LMS-Anbieter oder vom RFID-Systemanbieter vorstellen zu lassen und zu bewerten. Es gibt bisher nur ein LMS, welches eine wirkliche Vollintegration durchgeführt hat und etliche Funktionen darauf aufgebaut hat [48].

7.4 Mitarbeiterinformationen

Je mehr Zeit eine Projektgruppe in die Phase der Vorüberlegungen und in das Einholen von Informationen investieren kann, desto besser. Die Erfahrung hat gezeigt, dass ein Jahr angemessen ist, um für eine größere Bibliothek die Rahmenbedingungen festzulegen, Informationen einzuholen, Firmenkontakte zu knüpfen, Teststellungen zu begutachten und die nötigen Schritte in den Verwaltungsverfahren zu gehen, bevor die eigentliche Ausschreibung veröffentlicht wird. Zunehmend kann auch auf Erfahrungen zurückgegriffen werden, die in anderen Bibliotheken gemacht wurden.

In der Projektgruppe sollten Mitarbeiter aus verschiedenen Benutzungsbereichen, der IT-Abteilung, der Geschäftsleitung und der örtliche Personalrat vertreten sein. Zur Aufgabe der Projektgruppe gehört die Information der Mitarbeiter, die auf Personalversammlungen, durch Mitarbeiterbriefe, durch Informationen der als erste betroffenen Teams und durch Einzelgespräche erfolgen kann. Nützlich für die Projektgruppe ist ein Workshop zum Thema Veränderungsmanagement, um vor Beginn der Umsetzungsphase wichtige Impulse für den Umgang und die Vermittlung der bevorstehenden Veränderungen zu bekommen.

Jede Bibliothek hat ihre eigene Methodik der Mitarbeiterinformation. Trotzdem ist darauf hinzuweisen, dass es sich bei der Umstellung auf Selbstverbuchung um eine große und entsprechend für das Personal beunruhigende Veränderung handelt, die besondere Maßnahmen erfordert. So können z. B. Teststellungen benutzt werden, um möglichst vielen Mitarbeitern ein Selbstverbuchungssystem vorzuführen und sie ausprobieren zu lassen, wie sich der Umgang damit anfühlt. Denn vielfach wird mit Ängsten der Kunden argumentiert, um eigene Ängste nicht anzusprechen.

Genauso wichtig ist es, Funktionsträgern aller Ebenen und Personalräten Besuche und Gespräche in Bibliotheken zu ermöglichen, die eine solche Veränderung bereits erfolgreich bewältigt haben.

Da sich zum Teil auch die Organisation und die Aufgaben der Mitarbeiter verändern, können Planspiele vorab vermitteln, wie sich der Aufgabenbereich künftig gestalten wird und unter Umständen auch noch einige Anpassungen in der Planung bewirken. Ebenso nützlich sind Veränderungsworkshops durch externe Trainer, in denen grundlegende Sachverhalte, die bei jedem Veränderungsprozess auftreten, vermittelt und trainiert werden.

Dem Personenkreis, der am stärksten von den Veränderungen betroffen ist, sollte auch die meiste Aufmerksamkeit gewidmet werden. Dennoch werden alle Vorinformationen nicht verhindern, dass ein wirkliches Interesse erst dann entsteht, wenn die Veränderung unmittelbar bevorsteht, und Informationen auch erst dann wirklich aufgenommen werden. Dies lässt sich gut in größeren Bibliothekssystemen beobachten, wo sich die Umstellung meistens über mehrere Jahre hinzieht.

Die Schulungsinhalte für das Personal können wie folgt aussehen:

1. Im Bereich Ausleihe und Beratung

   • Allgemeines Handling von RFID-Tags und Lesegeräten
   • Hinweise zum Bekleben der Materialien
   • Hinweise, wie den Bibliotheksbesuchern der Umgang mit dem Selbstverbucher während der Umstellungsphase vermittelt werden kann (best practice)
   • Die Schulungen werden mit entsprechenden Dokumentationsunterlagen gehalten

2. Personal im technischen Serviceteam

   • Grundlagen der RFID-Systemtechnik
   • Schulung, was bei Ausfall von Rechnern/Touchscreens etc. zu tun ist
   • Unterhalt von technischen Geräten (Rollenwechsel, Platzierung von Antennen, etc.)
   • Notfallprozedere, wann die Hotline kontaktiert werden soll

3. Personal im IT-Serviceteam

   • Schulung wie Bedienoberflächen zu ändern sind
   • Funktionen ein- bzw. ausgeblendet werden
   • Notfallprozedere, wann die Hotline kontaktiert werden soll

7.5   Fazit

Mit der dezentralen Aufteilung der Funktionseinheiten mit RFID sind eindeutige arbeitstechnische Vorteile verbunden. Die Nutzungshäufigkeit der Selbstbedienungsstationen ist stark von deren Positionierung abhängig. Und je besser die Stationen genutzt werden, desto größer ist die frei werdende Kapazität für andere Dienstleistungen wie die Beratung. So ist es, wie die ersten Erfahrungen in München, Winterthur und der Universität Leuven bestätigen, durchaus möglich, dass über 90 % der Verbuchungen (Aus- und Rückbuchungen in Winterthur und München, nur Ausbuchung in Leuven) über die RFID-Stationen abgewickelt werden. Die Städtische Bücherei Wien berichtet hingegen von etwa 60 % Abwicklung über die Selbstverbuchungsstationen. Auch in Stuttgart war es nicht das vorrangige Ziel, so viel wie möglich an Verbuchungen über die Selbstverbuchungsautomaten abzuwickeln. Maßgebend ist folglich die Vorgabe der einzelnen Bibliothek.

Weitere mögliche Funktionen wie das Bezahlen von Fotokopien, die Verrechnung von Internetzeiten, Einkäufe an Getränke- und Verpflegungsautomaten etc. sind hier nicht berücksichtigt worden, da sie mengenmäßig nicht die gleiche Bedeutung haben wie die Hauptkomponenten des RFID-Systems.

Kapitel 8
Qualität der RFID-Etiketten und Lesegeräte

Qualitätsfragen zu RFID-Etiketten und Lesegeräten waren bislang kaum ein Thema. Neu verklebte Etiketten fielen nie oder nur selten in ihrer Funktion aus; es ist aber zu vermuten, dass dies mit den Jahren zunimmt. Der Lebenszyklus von RFID-Etiketten ist bisher Theorie. Dass diese ein „Lebensende" haben, ist klar, aber wann und wie es auftritt, ist nicht bekannt. Bei den Lesegeräten dagegen geht es weniger um Lebenszyklen, zurückgehende Leistung oder gar Ausfallerscheinungen, sondern um eine Charakterisierung ihrer vielfältigen Lesebereiche. Bei jedem Hersteller und jedem Modell, und dies gilt insbesondere für die Durchgangsleser, sind die Lesebereiche unterschiedlich. Sie sind nicht sichtbar und daher sind auch Vergleiche für den Kunden kaum möglich.

Solange es nur wenige Lieferanten für die beiden Komponenten gab, war der Markt noch übersichtlich. Dies ändert sich jedoch zunehmend. Es drängen Anbieter aus Fernost auf den europäischen RFID-Markt. Und da dieser stark von Nachfrage- und Erwartungszyklen geprägt ist, stehen die Anbieter immer wieder unter Druck, um ausreichend Kunden zu finden. Und alle, d. h. große wie auch kleine Firmen, werden in einer solchen Situation versuchen, die Kosten zu senken. Hier bieten sich Potenziale durch Einsparungen in der Qualität: So können z. B. vereinfachte Bonding- und/oder Prüfverfahren eingesetzt werden. Der Kostendruck wird sich durch die langfristige Preisentwicklung – v. a. bei den Etiketten – kaum vermindern. Folglich zählt das billigste Produkt. Und die ausgesprochenen Garantien können vollmundig sein, solange die Kriterien weich und kaum definiert sind. Eine mindere Qualität macht sich außerdem erst nach mehreren Jahren bemerkbar.

In dieser Situation werden auch Halbwahrheiten kommuniziert. Ein Beispiel dafür sind die Garantien für die so genannte Data-Retention. Auf die Frage hin, wie lange die RFID-Etiketten ihre Daten behielten, wurden 40, 60, sogar bis zu 80 Jahre von den Lieferanten angegeben. Es wurde ein besonders lange haltbares Etikett, speziell für Archive, angeboten. Nicht kommuniziert wurde allerdings, dass die Data-Retention nur die halbe Miete ist. Diese gilt nämlich nur für den Chip, nicht für die Lebensdauer des gesamten Etiketts. Dass dieses bereits nach 10 Jahren nicht mehr lesbar sein könnte, weil die Klebeverbindung zwischen Chip und Antenne brüchig wird, wurde verschwiegen. Solche Dinge sind für das Vertrauen der Kunden in ihre Lieferanten nicht förderlich.

C. Kern et al., *RFID für Bibliotheken,*
DOI 10.1007/978-3-642-05394-8_8, © Springer-Verlag Berlin Heidelberg 2011

Es muss nochmals betont werden, dass die Ausfälle bis dato nicht gravierend sind. Die Lieferanten in Europa sind ausserdem verpflichtet, für ihre Produkte einzustehen. Auch wenn sie die Etiketten in Asien fertigen lassen, können sie hier „vor der Haustür" bei der Lieferung minderer Qualität belangt werden. Wer jedoch direkt asiatische Massenware einkauft muss gewärtig sein, dass er diese Lieferanten im Schadensfall nicht zur Verantwortung ziehen kann. Dies gilt im Übrigen nicht nur für die Etiketten sondern auch für die Lesegeräte. Letztlich gilt also: ein verantwortungsvoller Einkäufer muss wissen, wie stark sich Qualitätsschwankungen in seiner Bibliothek auswirken können und bereit sein, für höhere Qualität auch mehr Geld auszugeben. Und ferner gilt: den gesamten Schaden, der entsteht wenn reihenweise RFID-Etiketten ausfallen und diese von Hand ausgetauscht werden müssen, wird er kaum auf den Lieferanten abwälzen können. Letzterer wird die vorzeitig ausgefallenen Etiketten ersetzen, aber kaum die Austauscharbeit in der Bibliothek durchführen.

Das Thema Qualität ist heute mit RFID nicht so einfach anzugehen, wie dies in Zeiten der Mediensicherung über EM-Streifen oder RF-Etiketten möglich war. Damals gab es nur wenige, klare Vorgaben zum Testen von Durchgangslesern [58]. Eine weitere Funktionskontrolle außer der Alarmauslösung war nicht nötig. Die damaligen Etiketten konnten praktisch nicht altern, weil sie keine geklebten Verbindungen zwischen Antenne und Chip enthielten. Mit RFID müssen dagegen zeitliche Änderungen in der Haltbarkeit dieser Verbindung berücksichtigt werden. Neben der Sicherungsfunktion am Durchgangsleser zählt auch das Verhalten am Selbstverbucher, an der Personalstation, die Erkennung von Medienpaketen usw.. Und als wäre dies nicht genug: Es kommen ständig neue Chips in vielen Varianten, neue Etiketten und Lesegeräte auf den Markt.

Um sich dem Thema anzunähern, ist es inhaltlich und methodisch sinnvoll, eine klare Trennung zwischen RFID-Etiketten und Lesegeräten zu machen. Zwar hängen beide Einheiten voneinander ab, aber eine echte Beurteilung auf Basis von Messwerten kann nur erreicht werden, wenn beim Testen von RFID-Etiketten das Leseverfahren (Lesegerät) konstant gehalten und umgekehrt bei der Untersuchung verschiedener Lesegeräte ein einheitliches Etikett und Medium verwendet wird.

Da den Bibliotheken zunehmend eine Steuerungsfunktion in diesen Qualitätsfragen zukommt, gründete 2009 das Kompetenznetzwerk Bibliotheken (knb) einen Runden Tisch, an dem zusammen mit den RFID-Lieferanten aus mehreren Ebenen (Chiphersteller, Etiketten- und Leserhersteller, Systemintegratoren) und den Bibliotheken der Fragen nachgegangen wurde, wie die Qualität für RFID-Systeme für Bibliotheken definiert werden kann und welche Kriterien aufgestellt werden müssen. Die Etiketten-Themen wurden an der Münchner Stadtbibliothek bearbeitet. Die Technische Hochschule Wildau (TH Wildau, Berlin) hat den Teil der Untersuchung der Lesegeräte übernommen. So sind zwei Arbeitskreise entstanden, deren Resultate in eine VDI-Norm [58, 64] einfließen sollen. Auf diese Norm werden sich Bibliotheken zukünftig in ihren Ausschreibungen beziehen können.

Im Folgenden werden einige der am Runden Tisch diskutierten Qualitätsfragen detailliert dargestellt. Anzumerken ist, dass sich die Ergebnisse noch ändern, bzw. neue Details hinzukommen können. Der aktuelle Stand der Arbeiten ist jeweils auf der Website des knb (http://www.bibliotheksportal.de/hauptmenue/themen/rfid/) einzusehen.

8.1 RFID-Etiketten

Zunächst gilt es, die wichtigsten qualitätsbestimmenden Faktoren aufzulisten. Diese können anschließend in die für Bibliotheken wirklich relevanten (in der Praxis nachvollziehbaren) und in eher für die Lieferanten bedeutende Faktoren unterteilt werden. Wir verzichten hier auf eine detaillierte Betrachtung der Messtechnik (siehe auch Abb. 3.20, Einflussfaktoren). Im Übrigen können die in Tab. 8.1 aufgeführten Faktoren durchaus ergänzt werden – es handelt sich um eine erste Auflistung aufgrund der Gespräche am Runden Tisch.

8.1.1 Anforderungen und Messung der Lesereichweite

Die Reichweite und Wiederholbarkeit der Lesung eines Transponders ist das wichtigste Kriterium für die Funktion des RFID-Systems in der Bibliothek. Ein Medium, welches nicht oder nur sporadisch vom Lesegerät erkannt wird, kann nicht verbucht und auch nicht gesichert werden. Auch eine ungewollte Erkennung über grössere Distanzen ist inakzeptabel, da sie zu Fehlbuchungen oder Fehlalarmen führen kann. Die Lesereichweite muss folglich einen definierten Bereich um die jeweilige Leseantenne herum einhalten.

Die Lesereichweite kann zwar in der Praxis mit einfachen Mitteln gemessen werden, aber die Genauigkeit ist aufgrund vieler externer Einflüsse relativ gering. Für wirklich reproduzierbare Ergebnisse müssen Messungen im Labor durchgeführt werden. Hier ist ein definierter Messaufbau erforderlich, welcher in ISO 18046-3 festgelegt ist [26]. Damit die Bibliotheken nicht eine große Apparatur mithilfe von Fachleuten aufbauen müssen, wenn sie Liefercharges überprüfen, muss *ein einfaches Messverfahren* und ein klarer *Mindest- und Maximalwert für die Lesereichweite* festgelegt werden. Zeigen sich bei den einfachen Messungen bereits Fehler, kann im Anschluss ein Labor zuverlässige Messungen durchführen.

Tab. 8.1 Ausgewählte Qualitätsfaktoren für RFID-Etiketten in Bibliotheken

Faktor	Relevanz für Lieferanten	Relevanz für Bibliotheken
Lesereichweite	X	X
Langfristige Funktion (inklusive Datenretention, d. h. Lesbarkeit und Beschreibbarkeit bei gleich bleibender Lesereichweite)	X	X
Langfristiger Halt auf den Medien	X	X
Unwucht bei CDs	X	X
Abweichungen innerhalb einer Charge	X	X
Einfluss des umgebenden Materials	X	X
Ansprechfeldstärke	X	
Störanfälligkeit	X	
Resonanzfrequenz	X	

Die Laboruntersuchungen könnten um folgende Kriterien erweitert werden (Vorschlag des Fraunhofer Instituts für Integrierte Schaltungen IIS, Abteilung RF- und Microwave Design, 2009):

- Performancetests nach ISO 18046-3 und ISO 18047-3
- Erfassung der frequenzabhängigen Lesereichweite
- Einbeziehen der in Bibliotheken genutzten Funktionen EAS, AFI
- Erfassen der trägermaterialabhängigen Lesereichweite
- Ermitteln von Skalierungsfaktoren für die Abschätzung der Lesereichweite auf Trägermaterial

In den Gesprächen am Runden Tisch wurde ein Praxistest definiert und ein Mindest- und Maximalwert für die Lesedistanz festgelegt. Sofern der Mindestwert in der Praxis bei einer Stichprobe überschritten wird, wird die Lieferung akzeptiert. Beim Unterschreiten des Mindestwertes (oder einem kompletten Funktionsausfall) ist dies dem Lieferanten mitzuteilen. Der Lieferant hat dann die Möglichkeit, die Bibliothek zu besuchen und die Werte selber zu überprüfen oder zumindest telefonisch Rücksprache zu halten. Es können z. B. bei Problemfällen der Stichrobenumfang erhöht oder der Messaufbau überprüft werden. Eine Menge von > 0.5 % innerhalb einer Charge kann von den Bibliotheken als ungenügend erachtet werden und Anlass für eine Zurückweisung der gesamten Lieferung sein.

Lassen sich keine Fehler im Messaufbau feststellen, sendet die Bibliothek die gemessenen Transponder mit der zu geringen Lesereichweite an den Lieferanten (keine neue Stichprobe). Der Lieferant vermisst diese Transponder im Labor. Es steht ihm frei, bei Mängeln von sich aus die Lieferung zurückzunehmen oder mit der Bibliothek eine andere Einigung zu finden.

Wenn sich die beiden Parteien nicht einigen können und die Auffassung über die ermittelten Messwerte stark differieren, können die Etiketten an eine unabhängige Institution gesandt werden. Diese kann Labortests nach ISO 18046-3 durchführen und die Einhaltung der Grenzwerte bestätigen oder ablehnen. Erst hierauf erfolgt eine definitive Zurückweisung der gesamten Lieferung auf Kosten des Lieferanten.

Anmerkung: Es handelt sich bei der genannten Vorgehensweise um einen Vorschlag des Arbeitskreises des knb. Es können hieraus keine rechtlichen Ansprüche geltend gemacht werden. Allerdings ist es ein Vorgehen, auf welches sich die beiden Vertragsparteien beim Abschluss eines Liefervertrages vorgängig einigen können. Der Arbeitskreis verweist weiterhin darauf, dass der jeweiligen Bibliothek auch eine vorgängige juristische Prüfung der Vorgehensweise obliegt.

Die Messung selbst ist in der Praxis mit einfachen (Single Loop-) Antennen, welche in den Bibliotheken häufig verwendet werden und ab Werk eine Sendeleistung von 1 W haben, durchzuführen. Würden Durchgangsleser mit grösseren Sendeleistungen und Lesereichweiten zur Referenzmessung verwendet, wäre die Reproduzierbarkeit kaum gegeben, da die Lesefelder dieser Antennen je nach Bauart stark variieren. Hingegen ist der Umkehrschluss möglich: dass nämlich ein Etikett, welches die Kriterien an der einfachen Antenne einhält, auch am Durchgangsleser eine zuverlässige Detektion ermöglichen wird.

Für die Festlegung des Mindestwertes wurden von den beteiligten Lieferanten Tests durchgeführt, d. h. überprüft, ob die Werte auch eingehalten werden können.

Der Mindestwert für die Lesereichweite wurde auf 35 cm festgelegt.
Der Maximalwert für die Lesereichweite wurde auf 60 cm festgelegt.

Der Maximalwert ist deshalb von Bedeutung, weil UHF-Etiketten oder HF-Etiketten mit sehr großen Antennen durchaus größere Distanzen überbrücken könnten. In diesem Falle wäre allerdings davon auszugehen, dass im praktischen Betrieb der Bibliotheken Probleme beim Verbuchen und bei der Alarmauslösung aufträten. Dies betrifft Situationen am Selbstverbucher, wenn die Medien von nebenstehenden Besuchern mit erfasst werden; gleiches gilt für die Personalverbuchung. Aber auch am Durchgangsleser können Medien von Besuchern erfasst werden, wenn diese an ihm vorbei und nicht hindurch gehen.

Zur Überprüfung, ob der Mindestwert für die Lesereichweite von 35 cm in der Praxis eingehalten werden kann, wurden Referenzmedien mit Transpondern von der Münchner Stadtbibliothek versandt (Duden Wirtschaft von A bis Z, ISBN 978-3-411-70964-9, foliert). Die beteiligten Firmen waren aufgefordert, die Einhaltung anhand von Laborversuchen zu überprüfen, bzw. der Forderung zuzustimmen oder sie abzulehnen.

Der Mindestwert konnte in den Messungen der Anbieterfirmen eingehalten werden (Abb. 8.1). Allerdings waren die mitgelieferten Etiketten nicht optimal auf das Referenzmedium abgestimmt. Bei optimaler Abstimmung wären 50 cm erreichbar gewesen (Aussage U. Denk, Texas Instruments). Dies wurde von allen weiteren Firmen bestätigt. Fazit: Der Grenzwert lässt ausreichend „Luft nach oben". Die Akzeptanz des Mindest- und Maximalwertes wurde auf der knb-Website 2010 veröffentlicht.

Der Mindestwert von 35 cm entspricht einer Ansprechfeldstärke von 0.101 dBµA/m mit 1 W, gemessen in 35 cm Abstand zur Messantenne. Die Messantenne hat die Abmessung von 34×24 cm der Firma Feig Electronic, Weilheim (Midrange-Reader MR 101 mit Padantenne).

Die Frequenzverschiebung beträgt beim Einkleben des RFID-Etiketts in das Referenzbuch ca. 200 kHz. Dies muss der Hersteller entsprechend bei der Abstimmung in der Serienfertigung berücksichtigen, um im Medium etwa 13,56 MHz zu erreichen.

Die Messung ist in der Praxis nach der im folgenden Text und in Abb. 8.2 und Abb. 8.3 dargestellten Vorschrift durchzuführen. Die Vorschrift zur Platzierung des

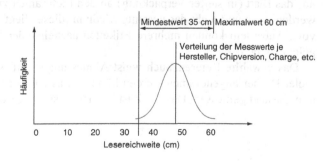

Abb. 8.1 Festlegung des Mindest- und Maximalwertes für Transponder in Printmedien

Abb. 8.2 Einlegen eines
Blattes mit dem Testtranspon-
der in den hinteren Buchrücken des Referenzbuches

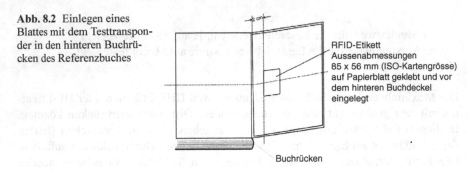

Buchrücken

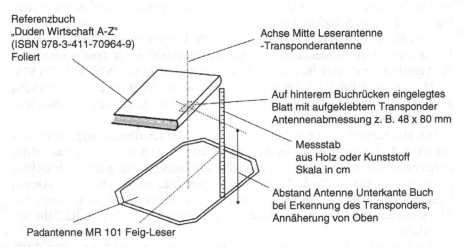

Abb. 8.3 Messung des Mindestwertes in der Praxis (Lesegerät MR 101 mit Padantenne von Feig Electronic)

Etiketts im Buch weicht geringfügig von der in Abb. 7.4 gegebenen Anweisung ab (Position des RFID-Etiketts im Buchdeckel). Es wurde aus Gründen der Einheit-lichkeit der hintere Buchdeckel gewählt sowie ein Abstand von 2 cm anstatt 1 cm vom Falz. Die Höhe darf hier im Gegensatz zu Abb. 7.4 nicht variieren. Der Trans-ponder ist auf ein eingelegtes Blatt Papier aufgeklebt und nicht direkt auf den Buch-deckel. Dies ermöglicht, dass im Falle einer Unterschreitung des Mindestwertes nur das Blatt (in steifer Verpackung) an den Lieferanten zur Überprüfung gesandt werden muss und nicht das gesamte Medium (dieses liegt dem Lieferanten bereits vor). Außerdem können mehrere Etiketten nacheinander in das Referenzmedium gelegt werden.

Das gewählte Referenzbuch weist Abmessungen auf, welche als Durchschnitt vieler Bücher angenommen werden können. Das RFID-Etikett wird in aufgekleb-tem Zustand gemessen. Das Buch ist bei der Messung geschlossen.

Geprüft wird:
- der Abstand zwischen Leserantenne und Etikett unter praktischen Bedingungen in der Bibliothek und
- die Lesbarkeit des RFID-Etiketts, nicht die Alarmauslösung durch das AFI- oder EAS-bit.

Genutzte Software bei der Messung:
- Es kann ein installiertes Selbstverbuchungsprogramm eines Systemlieferanten genutzt werden.

Umgebungsfaktoren:
- Freistehender Tisch aus Holz oder Kunststoff. Es sollen keine metallischen Rahmen, Stützen, Streben oder Tischbeine vorhanden sein (Metallschrauben sind nicht problematisch).
- Es dürfen sich keine RFID-Geräte in der Nähe (3 m) befinden. Weitere umliegende Geräte sollten ausgeschaltet sein.
- Leuchtstoffröhren sollen ausgeschaltet sein (mögliche Störungen durch die Netzteile). Die Messungen sollen bei Raumtemperatur durchgeführt werden.

Stichprobengrösse:
- Bis 10.000 10 Etiketten
  Bis 100.000 100 Etiketten
  Bis 1 Mio 500 Etiketten

Lesegerät:
- Feig Midrange-Leser MR 101 mit ab Werk eingestellter Sendeleistung (1 W, dieser Reader ist in den Bibliotheken in Europa am meisten verbreitet. Es können gleichwertige Reader bzw. Antennen verwendet werden).

Messmittel:
- herkömmlicher Messstab aus Holz oder Kunststoff, Skala in cm

Messaufbau:
- Die Messung der maximalen Lesereichweite erfolgt auf der Höhe des eingelegten Etiketts (Abb. 8.2), also zum unteren Buchdeckel. Die Position ist etwa in der Mitte des unteren Buchdeckels, 1,5–2 cm vom Falz entfernt. Es ist bei der Messung darauf zu achten, dass die Achsen des Etiketts und der Leserantenne deckungsgleich sind (d. h. nicht seitlich zueinander versetzt). Anderenfalls kann der Lesebereich um ein einige cm geringer sein.

Anmerkung: die Festlegung der Entnahmestellen bei Rollenware ist bis dato (August 2010) noch nicht erfolgt. Wir verweisen auf die aktuellen Angaben auf der knb-Website.

8.1.2 Anforderungen an die langfristige Funktion
und Haltbarkeit der Etiketten

Die Bibliotheken, insbesondere die wissenschaftlichen bzw. solche mit Archivie-rungsauftrag erwarten, dass die RFID-Etiketten 50 und mehr Jahre halten. Dass sie nicht das gleiche Lebensalter wie die Medien selber erreichen, ist ihnen durchaus bewusst.

Viele Bücher in Archiven werden über mehrere Jahre nicht ausgeliehen. Hierbei stellt sich die Frage der Funktionsfähigkeit über einen solch langen Zeitraum be-züglich der Lesbarkeit, der Programmierbarkeit und gleich bleibenden Lesereich-weite. Diese kann heute nicht garantiert werden – alleine die Garantie von 10 Jah-ren ist ein mutiger Schritt. Zum Vergleich können die Smart Cards herangezogen werden: In dieser Industrie werden 10 Jahre garantiert, aber nur dann, wenn die Kontaktstellen zwischen Chip und Antenne verlötet sind. Bei RFID-Etiketten ist diese Stelle geklebt und bekanntlich können Kleber trocknen und brüchig werden. Bei einer Alterung des Klebers könnte folglich die Kontaktierung zwischen Chip und Antenne unterbrochen werden.

Im Smart-Card-Bereich werden verschiedene Tests zur Alterung angewendet. Hierbei können zwar erste Aussagen getroffen werden, ob ein Inlay generell belast-barer als ein anderes ist, aber es ist heute keine Übertragung auf die Verhältnisse mit RFID-Etiketten in Bibliotheken möglich.

Zum einen liegen noch keine Erfahrungen vor, ab welchem Zeitpunkt die Etiket-ten in Bibliotheken „aussteigen" (Bibliotheken haben RFID-Etiketten erst seit ca. 7 Jahren im Einsatz und zusätzlich sind bei nachfolgenden Etiketten möglicherweise die Verfahren zum Bonding verbessert worden). Zum anderen sind die heutigen Al-terungstests in keiner Weise an die Umweltbedingungen in Bibliotheken angepasst worden. Die Umweltbedingungen können in öffentlichen und wissenschaftlichen Bi-bliotheken stark schwanken. Entliehene Bücher werden beispielsweise im PKW unter der Windschutzscheibe liegen gelassen und damit einem enormen Temperaturstress ausgesetzt. In wissenschaftlichen Bibliotheken lagern sie dagegen oft über viele Jahre unter besten Raumbedingungen (gleichmässige Feuchte, Temperatur etc.). Auch eine Bestrahlung mit UV-Licht kann sich unterschiedlich auf die Haltbarkeit auswirken.

Das Qualitätskriterium Haltbarkeit ist für RFID-Etiketten also noch völlig offen. Für die Bibliothek zählt die allgemeine und gleich bleibende Funktionsfähigkeit, der Lieferant hingegen muss sein Produkt und die Umweltbedingungen im Detail kennen, um es weiter zu verbessern. Auch hier gilt wie bei den Messungen zur Le-sereichweite, dass die Bibliothek nicht alle Details der Testverfahren kennen muss, sondern dass verbindliche Testverfahren und Grenzwerte vorgeschrieben werden, die von beiden Parteien gleichermaßen anerkannt werden.

8.1.2.1 Haftung der Kleber auf der Papieroberfläche

Die Frage nach der Haftung der Kleber stellt sich v. a. bei zu lange gelagerten (über-lagerten) Etiketten. Die Rollen müssen daher auf der Innenseite ein Produktions-datum enthalten. Die Klebkraft nimmt auf der Rolle ab. Sobald die Etiketten in den Büchern endgültig verklebt sind, sind sie fast unbegrenzt haftend. Detaillierte Vor-schriften, wie die Etiketten zu verarbeiten sind, sind von den Lieferanten erhältlich. Die Etiketten sollen bei der Lieferung nicht älter als ½ Jahr sein, wenn sie sich auf der Rolle befinden, so der Vorschlag des knb.

Am Runden Tisch wurden im November 2010 entsprechende Testverfahren für die Haltbarkeit und Leistung der Transponder vorgeschlagen, die im Folgenden auf-gelistet sind. Dabei ist zu beachten, dass dies noch keine abschließende Auflistung ist: Es können durchaus noch Tests entfernt oder hinzugefügt werden. Auch hier wird auf die knb-Website zum aktuellen Stand hingewiesen.

8.1.2.2 Kontakt Chip – Antenne

Wie bereits oben erwähnt, kann die Klebestelle Chip und Antenne altern und demzu-folge der Kontakt zwischen beiden Einheiten instabil oder ganz unterbrochen wer-den. Die Haltbarkeit dieser Klebestelle wird in Alterungstests aus dem Smart Card-Bereich untersucht. Texas Instruments [11] schlägt die folgenden Alterungstests für RFID Etiketten vor, um die Lebensdauer zu untersuchen (Tab. 8.2). Die Tests werden im Halbleiterbereich verwendet. Sie sind ferner durch ein in der Etiketten-industrie verwendeten Haltbarkeitstest für Papier ergänzt (Vorschlag Fa. Schreiner).

Bei den Tests sollten für die Messungen die gleichen Kriterien, wie sie am Runden Tisch für die Lesereichweite festgelegt wurden, eingehalten werden. Dementspre-chend ist die minimale Lesedistanz mit 35 cm bei einer Aktivierungs-Feldstärke von 101 dBµA/m einzuhalten.

8.1.2.3 Verhalten bei Massenentsäuerung und Trocknung

Bücher werden konservierenden oder erhaltenden Prozeduren unterzogen (z. B. am ZFB, Zentrum für Bucherhaltung GmbH, Leipzig). Diese betreffen insbesondere die Entsäuerung, Entkeimung und Trocknung. Dabei werden verschiedene physika-lische Methoden angewendet:

- Behandlung ME II n-Heptan
- Gefriertrocknung
- Gamma-Bestrahlung

Die ZFB hat zusammen mit der Stadtbibliothek München Tests zum „Überleben" von RFID-Etiketten durchgeführt. Dafür wurden RFID-Etiketten auf Karton aufgeklebt und diese anschließend mit den üblichen Methoden behandelt. Die Etiketten konnten

Tab. 8.2 Vorgeschlagene Tests für die Lebensdauer der RFID-Etiketten [11]

Nr.	Testverfahren	
	Funktion	
	Generelle Testmethode (Test Setup):	
	Für den ersten Test (0 h) und die weiteren Lesetests muss der gleiche Testaufbau verwendet werden, wie er am Runden Tisch bereits für die Mindestlesereichweite mit 35 cm definiert worden war (was einer Aktivierungsfeldstärke von 101 dBµA/m entspricht). Die Tests sind bestanden, wenn die Zahl der relevanten Ausfälle gleich 0 ist.	
	Spezifische Tests für die Transponder	
1	Biased operating life test	Stichprobengrösse: 116
	Method IEC-68–2-2/Bd	Umweltbedingungen: Temperatur +70 °C,
		Feldstärke min. 101 dBµA/m,
		Prüfpunkte bei 0 h, 168 h, 500 h
2	Thermal shock test	Stichprobengrösse: 77
	Method IEC-68–2-14/Na	Umweltbedingungen: Temperatur bei Extremen
		−40 °C/+85 °C, Anstiegszeit 25 min, Übergangszeit 1 min
		Prüfpunkte: 0c, 100c, 200c, 500c
		(c: cycle)
3	Temperature humidity test	Stichprobengrösse: 77
	Method IEC-68–2-30/Db	Umweltbedingungen: Temperatur
		+40 °C/93 %RH/25 °C/97 %RH; 24 Stunden pro Zyklus
		Prüfpunkte: 0c, 21c
4	Storage life test – high temperature	Stichprobengrösse: 45
		Umweltbedingungen: Temperatur +85 °C
	Method IEC-68–2-2/Bb	Prüfpunkte: 0 h, 168 h, 500 h
5	Storage life test – low temperature	Stichprobengrösse: 45
		Umweltbedingungen: Temperatur −40 °C
	Method IEC-68–2-1/Aa	Prüfpunkte: 0 h, 168 h, 500 h
6	Bending test	Stichprobengrösse: 100
		Anzahl Biegungen: 10
		Bedingungen: Biegegewicht 750 g, Biegeradius 13 mm in beiden Richtungen
		Prüfpunkte: Dynamisch
	Etikettenkleberbeständigkeit	
7	Papier und Pappe –	Stichprobengrösse: noch offen
	Beschleunigte Alterung – Teil 3: Feuchtwärme-	Umweltbedingungen: Temperatur 80±0,5 °C, relative humidity 65±3 %
	behandlung bei 80 °C	read points*: 500 h
	und 65 % relativer Luftfeuchte	
	DIN/ISO 5630-3	
		Das Transponderetikett wird in das Referenzbuch eingeklebt und nach 24 h in die Klimakammer gelegt
		*Unterschied zu DIN/ISO 5630-3 bei 24 h, 48 h, 72 h, 144 h
		Die 500 h sollten als B-Kriterium in der Ausschreibung aufgenommen werden, so dass ein Etikett, welches nach 1000 h Feuchtwärmebehandlung noch am Prüfkörper haftet, als qualitativ hochwertiger angesehen werden kann, als eines, das die 500 h-Marke gerade so übersteht

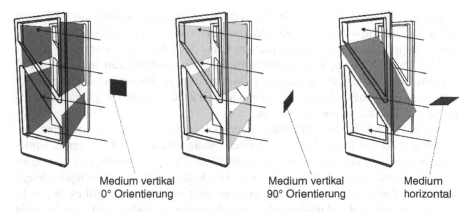

Medium vertikal   Medium vertikal   Medium
0° Orientierung   90° Orientierung   horizontal

Abb. 8.4 Einfache Messung der Detektion am 3D-Sicherungsgate (Feig Electronic)

nach der Behandlung mit n-Heptan und der Gefriertrocknung gelesen werden. Die Etiketten, welche mit Gamma-Strahlen behandelt wurden, waren nicht mehr lesbar. Demnach war die Dosis der Gammabestrahlung zu hoch, die Speicher wurden beschädigt. Die bei der Gamma-Bestrahlung angewendeten Dosen lagen zwischen 18–40 kGy.

Von wissenschaftlichen Bibliotheken (BSB München) wurden folgende Anforderungen an die RFID-Etiketten gestellt:

- Generell: keine Gefährdung des Mediums
- Das Etikett muss säurefrei sein
- Auf Bleichung sollte verzichtet werden
- Das Etikett sollte sich rückstandsfrei entfernen lassen
- Es soll keine Phenole enthalten
- Es soll einen pH-neutralen Kleber aufweisen (bzw. pH 7 aufwärts)

8.2 RFID-Lesegeräte

Im Durchgangsleser gilt es, eine möglichst hohe Detektionsrate (sichere Erfassung der RFID-Etiketten) zu erzielen. Bisher fehlen jedoch Tests, welche einen Vergleich und damit eine Angabe von Detektionsraten für RFID-Gates ermöglichen würden. Als eine einfache Definition der Lesereichweite können im Durchgangsleser ≥ 45 cm verwendet werden, in drei Orientierungen des RFID-Etiketts zur seitlichen Antenne. Diese Distanz entspricht der halben Breite des Durchgangslesers, d. h. ein genau auf der Mittellinie hindurch getragenes Buch sollte noch erkannt werden. In größerem Abstand befindliche Bücher dürfen nicht detektiert werden, da sonst am Durchgangsleser vorbeigehende Personen unbeabsichtigt einen Alarm auslösen können.

An der TH Wildau wurde ein Testverfahren festgelegt, welches an VDI 4470 („Warensicherungssysteme – Kundenabnahmerichtlinie für Schleusensysteme") angelehnt ist. Erste Ergebnisse werden im Laufe des Jahres 2010 erwartet. Für CDs und DVDs und Medienpakete ist die Ermittlung der Detektionsrate im Vergleich zu Printmedien schwieriger, da sich die Etiketten bei enger Positionierung zueinander auch gegenseitig beeinflussen. Hier kann je nach Zusammensetzung keine hundertprozentige Detektion erreicht werden.

In der Praxis kann ein Durchgangsleser nach dem in Abb. 8.4 dargestellten Verfahren getestet werden. Dabei werden Einzelmedien in drei verschiedenen Orientierungen, zwischen den Antennen hindurchgeführt. Die Geschwindigkeit kann etwa der Schrittgeschwindigkeit entsprechen. Bei leistungsfähigen Durchgangslesern sollten die Testmedien in allen Positionen erkannt werden. Dabei gilt es zu beachten, das zwischen den Antennen durchaus Bereiche zu finden sind, welche nicht abgedeckt werden. Allerdings kommt das Etikett auf einer Linie in der Mitte stets durch einen Lesebereich hindurch.

Kapitel 9
Standardisierung

Standards haben bei allen heutigen RFID-Anwendungen eine wichtige Rolle für die erfolgreiche Umsetzung gespielt. Und dies gilt in besonderem Maße für Bibliotheks-RFID-Systeme. Bereits 2002, als sich die ersten Bibliotheken zum Einsatz von RFID entschlossen, wurde auf Standards zurückgegriffen. Ohne diese wäre der heutige Markt für RFID-Systeme in Bibliotheken nicht entstanden.

Folgende Standards sind für Bibliotheken relevant

- ISO 15693 stammt aus dem Smartcard-Bereich und beschreibt die sog. *Luftschnittstelle zwischen RFID-Etikett und Lesegerät*. ISO 14443 ist ein weiterer Standard für die Luftschnittstelle bei Smart Cards mit geringerer Lesereichweite, aber höheren Sicherheitsansprüchen (Auflistung von relevanten RFID-Standards im Anhang, Tab. 13.1).
- Weitere Standards und Regelwerke existieren zur *Sendeleistung* und CE-Zeichen.
- Die jüngste Entwicklung in diesem Reigen – und dies ist auch generell ein Novum innerhalb anderer RFID-Anwendungen (Logistik, Lagerhaltung, Prozesskontrolle usw.) – ist die Festlegung eines *Datenmodells für die RFID-Etiketten*, d. h. deren Dateninhalt und dessen Schreibweise im Speicher des RFID-Chips (Dänisches Datenmodell, ISO 28560-1, -2, -3).
- Das SIP2-Protokoll (Standard Interchange Protocol 2, von 3M entwickelt [5]), später ergänzt durch das NISO-Protokoll (National Information Standards Organization in den USA [6]) sowie neuerdings SIP2-e und SIP3, wird für die *Verbindung zwischen RFID-System und LMS* genutzt.
- Schließlich gibt es noch die sog. ISIL-Nummer (International Standard Identifier for Libraries (ISIL) ISO 15511). Als *eindeutige Bibliothekskennzeichnung* wird sie für die Zuordnung der Medien zu einer spezifischen Bibliothek genutzt. Die jeweiligen Mediennummern einer Bibliothek zusammen mit der ISIL ergeben eine weltweit eindeutige Kennzeichnung der Medien.

C. Kern et al., *RFID für Bibliotheken*,
DOI 10.1007/978-3-642-05394-8_9, © Springer-Verlag Berlin Heidelberg 2011

9.1 Luftschnittstelle

ISO 15693 wurde Mitte 2001 freigegeben und später in ISO 18000-3.1 integriert. Dieser Standard legte die wichtigsten technischen Parameter für den Betrieb von RFID-Systemen mit 13.56 MHz fest und war die eigentliche Voraussetzung für die Entwicklung des Massenmarktes für RFID-Etiketten im HF-Bereich. Es existieren eine ganze Reihe weiterer Schnittstellen, etwa für die Tierkennzeichnung, die Behälteridentifikation in der Müllentsorgung usw.

Für kontaktlose Smart Cards war mit ISO 15693 bereits ein Standard verfügbar, welcher auch die Anforderungen der Objektkennzeichnung erfüllte. So genannte Vicinity Cards wiesen eine typische Lesereichweite von ca. 30 cm auf und waren vor allem antikollisionsfähig. Die größere Lesereichweite und Lesbarkeit mehrerer Transponder im gleichen Erkennungsbereich ist eine absolute Bedingung in Bibliotheken, denn nur so können Bücher im Stapel erkannt und verbucht werden. Die technischen Hintergründe sind in Abschn. 3.3 beschrieben.

Der ebenfalls wichtige ISO 14443 (mit mehreren Unterteilen) ist in Bibliotheken für die Personenidentifikation relevant. Es können nur einzelne Karten angesprochen werden. Die Datenmenge ist im Gegensatz zu ISO 15693 relativ hoch (106 kbit/s gegenüber 6.6 kbit/s). Der Benutzer hält seine Karte direkt auf die Antenne. Damit ist eine bewusste, gezielte Auslösung einer Aktion durch eine Einzelperson sicher gestellt, etwa bei der Öffnung einer Türe oder bei Transaktionen von Geldwerten. Dieser Standard ist die Voraussetzung für die Entwicklung von NFC gewesen.

In den Folgejahren wurde mit ISO 18000 ein umfassender RFID-ISO-Standard festgelegt. ISO 15693 und 14443 beruhen beide auf der HF-Frequenz von 13,56 MHz und wurden in 18000 fast 1:1 integriert (ISO 15693 ist 18000-Teil 3 Mode 1). Es wurden aber auch weitere Frequenzen in ISO 18000 mit aufgenommen, so z. B. die im UHF-Bereich gelegenen epc-Tags mit 860 bis 960 MHz (Teil 6) oder in Teil 4 Transponder mit 2,4 GHz. Eine weitere Besonderheit bilden die Transponder im Teil 3 Mode 2. Sie können auf bis zu acht Kanälen mit dem Lesegerät kommunizieren (Phase Jitter Modulation). Sie weisen besondere Vorteile bezüglich der Antikollision und Lesegeschwindigkeit auf. Das Lesen eines großen Stapels an kontaktlosen Smart Cards in einem kleinen Tunnelleser ist beeindruckend präzise und schnell.

Immer wieder wurde versucht, die Chips dieses Teils 3 Mode 2 für Bibliotheken einzusetzen: Schließlich wäre die Inventur viel schneller und zuverlässiger zu bewerkstelligen gewesen, als mit den Transpondern nach Mode 1. Allerdings ist die Lesereichweite der Mode 2-Transponder so gering, dass eine Erkennung im Gate kaum zuverlässig möglich ist. Damit wäre zwar einerseits die Inventur verbessert worden, andererseits aber die wichtige Funktion der Sicherung verloren gegangen.

Der Unterschied zwischen den HF- und UHF-Frequenzen und ihrer Eignung für Transponder in Bibliotheken ist u. a. in Abschn. 3.2.2 beschrieben.

Abbildung 9.1 zeigt vereinfacht, welche Teile von ISO 18000 für die Bibliotheken relevant sind. Innerhalb des Mode 1 sind drei Unterteile, der Mandatory, der Optional und der Custom Specific Part zu finden. Der Mandatory Part ist „Pflicht", an diesen müssen sich alle Hersteller halten, wenn sie ISO 18000-3.1-konforme Transponder-Chips anbieten wollen. Er regelt die grundsätzliche Kommunikation. Im Op-

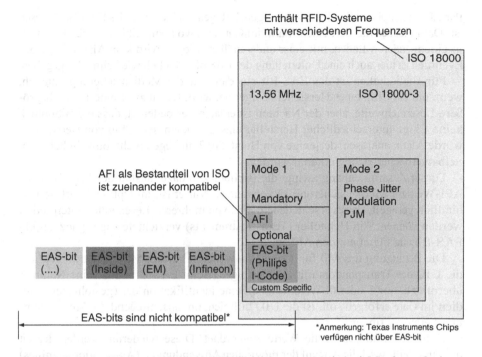

Abb. 9.1 Teile des ISO-Standards 18000 (Mitte und links unten: Mode 1 mit Mandatory, Optional und Custom Specific Part)

tional Part befinden sich Funktionen, welche die Hersteller übernehmen können, die dann aber einer festgeschriebenen Funktionsweise entsprechen müssen. Hierzu gehört der sog. AFI, der Application Family Identifier. Im Custom Specific Part können die Chip-Hersteller freie Zusatzfunktionen integrieren. Hierzu gehört das EAS-Bit (welches wiederum durch den DSFID unterteilt sein kann).

Beide Funktionen, der AFI und das EAS-Bit, müssen erläutert werden, weil sie für die weitere Entwicklung der Standards und damit des Bibliotheksmarktes von entscheidender Bedeutung waren.

Der AFI dient dazu, aus einer größeren Menge an Transpondern diejenigen herauszufiltern, die für eine bestimmte Anwendung gelesen werden sollen. Es antworten nur diejenigen Transponder an das Lesegerät, welche zur spezifischen Anwendung (z. B. Gepäckerkennung) gehören. So wird verhindert, dass sämtliche in einem Koffer befindlichen Transponder in der Gepäckkontrolle am Flughafen mit gelesen werden müssen, wenn nur die ID des Koffers von Interesse ist.

Ähnlich sieht die Vorgehensweise bei Waren oder Textilien aus. Wenn beispielsweise ein Kleid mit einem RFID-Etikett durch ein Gate getragen wird, so antwortet, auch im Beisein von Etiketten aus anderen Bereichen in der Einkaufstasche, nur das eine Textiletikett. Durch dieses selektive Verfahren wird die Lesezeit von RFID-Etiketten im Gate erheblich verkürzt.

Zusätzlich gibt es für Alarmmeldungen im Gate eine weitere Funktion, das sog. EAS-Bit (Electronic Article Surveillance). Dieses befindet sich im Custom Specific

Part. Jeder Chiphersteller kann seine eigenen Regeln wählen, wie das EAS-Bit zu lesen ist. Damit löst es nur dort einen Alarm im Gate aus, wo kompatible Lesegeräte stehen. In einem anderen Laden, mit einer anderen Technologie, wird kein Alarm ausgelöst. Eventuell ist hier auch eine Unterteilung des EAS bits, ähnlich wie beim AFI, gegeben.

Für Bibliotheken ist das EAS-Bit nur dann für die Mediensicherung tauglich, wenn nur ein Chip eines Herstellers eingesetzt wird. Es hat zwar eine 10–15 % größere Lesereichweite, aber der Nachteil ist eklatant: es bedeutet, dass die Bibliothek keine Chips unterschiedlicher Hersteller einsetzen kann. Ein Chip von Hersteller 1 würde Alarm auslösen, derjenige von Hersteller 2 hingegen nicht, obwohl beide am Selbstverbucher richtig erkannt wurden.

Dieser Zusammenhang zwingt die Bibliotheken dazu, anstatt des EAS-Bits den AFI-Wert zur Mediensicherung zu verwenden. Nur er ist, im Optional Part, so verbindlich geregelt, dass verschiedene Chips von mehreren Lesegeräten interpretiert werden können. Ein Hersteller (Texas Instruments) verzichtete sogar ganz auf ein EAS-Bit und bietet nur den AFI an.

Die Benutzung des AFI führt zu einem weiteren Vorteil: Mit ihm ist es möglich, die UID des Transponders mit zu übertragen. Beim EAS-Bit wird keine Nummer übermittelt, nur 1 oder 0. Wenn folglich eine Identifikation der (gestohlenen) Medien im Gate erfolgen soll, ist die UID hilfreich, um anschließend die Mediennummer heraus zu finden.

Dem AFI sind bestimmte Werte zugeordnet. Diese wiederum werden derzeit neu unterteilt, weil die Anzahl der möglichen Anwendungen (Application Families) stark zugenommen hat und die bisherigen Nummernbereiche nicht ausreichen. Erst im Zuge der Datenmodellstandardisierung ist ein solcher Wert für Bibliotheken in den letzten zwei Jahren zugewiesen worden: $H2_{hex}$. Wenn sich ein Medium außerhalb der Bibliothek befindet, wird es in anderen Sicherungsgates (z. B. in Warenhäusern) nicht erkannt und löst keinen Alarm aus. Innerhalb der Bibliothek wird der Wert 07_{hex} genutzt. Wenn das Gate in der Bibliothek auf diesen Wert eingestellt ist, antworten die entsprechenden RFID-Etiketten und lösen einen Alarm aus. Den bibliotheksspezifischen Wert „sieht" dieses Gate nicht. $H2_{hex}$ wird erst am Selbstverbucher bei der Ausleihe eingestellt. Bei der Rücknahme wird wieder 07_{hex} eingestellt.

Die erste Beantragung erfolgte bereits im Juni 2005 durch die Arbeitsgruppe MSHW. Es wurden zwei Werte, 91 und 92, vorgeschlagen. Damals erfolgte kaum eine Reaktion der ISO-Gruppe in London. Die Zuweisung des AFI-Wertes $H2_{hex}$ erfolgte erst offiziell 2008 durch die Beantragung der Verlagsvereinigung editeur.

9.2   Sendeleistung

Die Sendeleistung von RFID-Systemen mit einer Frequenz von 13,56 MHz ist auf 420 µA/m in 3 m Distanz begrenzt (Abb. 9.2, Final Draft ETSI EN 300 330-1 [15]). Die zugelassene Sendeleistung variiert, je nach Land, zwischen +60 und +42 dBµA/m. Die entsprechenden Messverfahren sind in ISO 18046-3 und ISO 18047-3 (Performance-Test) festgelegt. Sie ist aus Gründen der EMV (Elektroma-

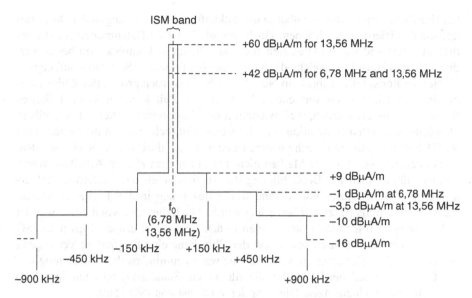

Abb. 9.2 Spectrum mask limit for RFIDs and EAS in the 6.78 and 13.56 MHz range [15]

gnetischen Verträglichkeit in Bezug auf Emissionen und Störungen anderer Geräte) begrenzt, d. h. um andere Sendeanlagen nicht zu stören [53].

Abgesehen von dieser Begrenzung bringt eine beliebige Erhöhung der Sendeleistung auch keine beliebige Erhöhung der Lesereichweite mit sich. Vielmehr zeigt sich ab einer gewissen Sendeleistung eine Sättigung. Hier gibt es sicherlich große Unterschiede in der Chipversion, der Antennenform und dem gewählten Messverfahren. Aber die Kurve wird stets einen ähnlichen, abflachenden Verlauf haben [43].

Die Sendeleistung ist bereits beim Lesegerätehersteller mit einem Maximalwert vorgegeben. Entsprechend wird aufgrund von Laborergebnissen und internen Zertifikaten das CE-Zeichen durch den Hersteller ausgegeben (Erfüllung der einschlägigen Richtlinien). In 35 cm Entfernung zu einer Tischantenne werden 101 dBμA/m [11] erreicht.

Immer wieder kommen Fragen zu gesundheitlichen Auswirkungen beim Menschen durch RFID auf. Bis heute sind keine negativen Wirkungen wissenschaftlich und eindeutig belegt worden. Die Industrievereinigung AIM hat ein lesenswertes Papier herausgegeben, welches diese Fragen detailliert angeht [3].

9.3 Datenmodell

Gegenüber der Luftschnittstelle unterscheidet sich das RFID-Bibliotheks-Datenmodell darin, dass nicht die Art der Kommunikation (im übertragenen Sinne auf die Sprache: wie werden Buchstaben ausgetauscht), sondern deren Inhalt (Festlegung der Sprache, Wörter und Inhalte) definiert werden [45]. Im Folgenden werden der heutige Status, die bereits sichtbaren und zukünftigen Auswirkungen der Datenmodellstandardisierung beschrieben. Doch was ist ein RFID-Datenmodell für Bibliotheken genau und wie wirkt es sich aus? Das Thema ist komplex. Am besten verdeutlichen es Beispiele, welche die Konsequenzen fehlender Standards aufzeigen.

Bei der Rockefeller Library in New York (2002) wurden proprietäre Chips eines bestimmten Lieferanten verwendet. Nach einiger Zeit konnten keine Etiketten mehr nachgeliefert werden, weil wiederum der Chipproduzent keine kompatiblen Halbleiter der ersten Generation mehr herstellte. Folglich mussten die bestehenden RFID-Etiketten aus den Büchern herausgetrennt und durch neue ersetzt werden. Dies bedeutete bei 100.000 Medien nicht nur einen zusätzlichen Arbeitsaufwand, sondern führte auch zur Beschädigung der Medien durch das Entfernen der veralteten Etiketten. Dieser Vorfall fand wenig Beachtung in den Fachzeitschriften, da das Problem als Einzelfall betrachtet wurde. Nach diesem „worst case" wurden jedoch in allen folgenden Installationen in den USA und Europa Chips nach ISO 15693 eingesetzt. Dadurch konnte auf der Chipebene eine langfristige Versorgung der Bibliotheken sichergestellt werden. Nun war es zumindest theoretisch möglich, die Chips verschiedener Hersteller, die alle diesem Standard unterlagen, innerhalb einer Bibliothek einzusetzen. Dies war der Verdienst von ISO 15693.

Das Definieren und Standardisieren eines Datenmodells wirkt sich auf einer zweiten Ebene aus. Es führt nicht nur zu einer Austauschbarkeit der Chips, sondern sämtlicher RFID-Geräte, wie Sicherungsgates, Verbuchungsstationen usw. Doch betrachten wir zunächst weiter die Ausgangslage. RFID-Bibliotheken nutzen heute, weltweit, mehrheitlich proprietäre, d. h. nicht standardisierte Datenmodelle. Damit ist ein sicherer Betrieb der Bibliothek durchaus gewährleistet – solange der Lieferant nicht gewechselt wird.

Ein proprietäres Datenmodell bedeutet, dass der Lieferant die Daten so in die Etiketten schreibt, dass diese nur von ihm selbst entschlüsselt werden können. Im übertragenen Sinne spricht also jeder Lieferant seine eigene Sprache. Dadurch kann er, falls erforderlich, der Bibliothek zwar verschiedene Chipversionen vom gleichen Standard anbieten, aber sie kann den Lieferanten selbst nicht wechseln. Der Lieferant verwendet sein proprietäres Datenmodell sozusagen als Kundenbindungsmaßnahme. Ein zweiter Lieferant wird sich schwer tun, die andere Sprache zu lernen (bzw. sein Lesegerät kompatibel zu gestalten). Bei einem Systemwechsel müssten folglich sämtliche Etiketten neu beschrieben (nicht ausgetauscht) werden. Da der neue Lieferant die RFID-Chips aber nicht lesen kann, können diese nicht einfach beim Verbuchen auf der Station gelesen und „on the fly" umgeschrieben werden. Sie müssen vielmehr neu initialisiert, d. h. jedes einzelne Medium über den Barcode neu eingelesen werden. Dies setzt außerdem voraus, dass im Chip keine Datenbereiche blockiert sind. Sobald dies auch nur teilweise der Fall ist, kann ein Datenmodell nicht mehr überschrieben werden.

Abbildung 9.3 fasst die Zusammenhänge zusammen. Wichtig erscheint in diesem Kontext auch, dass mit der zunehmenden Standardisierung auch eine Konkretisierung der Anforderungen an die Datenmodelle seitens der Bibliotheken erfolgen muss. Dies führt zu einer höheren Verantwortung der Bibliotheken – und den Sys-

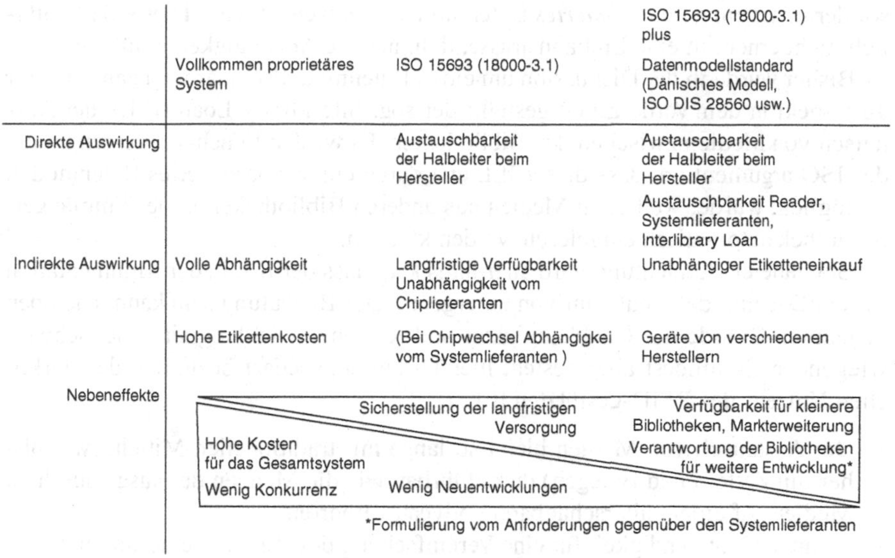

	Vollkommen proprietäres System	ISO 15693 (18000-3.1)	ISO 15693 (18000-3.1) plus Datenmodellstandard (Dänisches Modell, ISO DIS 28560 usw.)
Direkte Auswirkung		Austauschbarkeit der Halbleiter beim Hersteller	Austauschbarkeit der Halbleiter beim Hersteller; Austauschbarkeit Reader, Systemlieferanten, Interlibrary Loan
Indirekte Auswirkung	Volle Abhängigkeit	Langfristige Verfügbarkeit Unabhängigkeit vom Chiplieferanten	Unabhängiger Etiketteneinkauf
	Hohe Etikettenkosten	(Bei Chipwechsel Abhängigkeit vom Systemlieferanten)	Geräte von verschiedenen Herstellern
Nebeneffekte	Hohe Kosten für das Gesamtsystem; Wenig Konkurrenz	Sicherstellung der langfristigen Versorgung; Wenig Neuentwicklungen	Verfügbarkeit für kleinere Bibliotheken, Markterweiterung; Verantwortung der Bibliotheken für weitere Entwicklung*

*Formulierung vom Anforderungen gegenüber den Systemlieferanten

Abb. 9.3 Direkte, indirekte Auswirkungen und Nebeneffekte der Datenmodellstandardisierung

temlieferanten wird ein Teil ihrer Arbeit abgenommen. Hier eine Grenze zu ziehen, ist die Aufgabe der Arbeitsgruppen.

Mit dem zunehmenden Einsatz von RFID-Systemen hat sich auch die Bedeutung der Bibliotheken innerhalb der RFID-Industrie verändert. Sie sind zu einem Kundensegment geworden, das nachhaltig attraktive Stückzahlen an RFID-Etiketten und Lesegeräten abnimmt. Die meisten anderen Anwendungsbereiche mit ähnlichen Stückzahlen, etwa in der Logistik, sind bisher nicht vollständig ausgereift, d. h. sie befinden sich oft noch im Test-Stadium. So weckt der Bibliotheksmarkt die Aufmerksamkeit weiterer Lieferanten. Dies ist durchaus im Interesse der Bibliotheken. Durch die Konkurrenzsituation bleibt der Markt in Bewegung, die Preise sinken und die Versorgung ist sichergestellt.

Eine grundlegende Bedingung hebt die Bibliotheken von anderen RFID-Anwendungen ab und unterstreicht damit die Notwendigkeit der Datenmodellstandardisierung: Bibliotheken haben einen sehr hohen Anspruch an die Lebensdauer und Verfügbarkeit der RFID-Etiketten. Bibliotheken „leben" grundsätzlich länger als viele Firmen, denn es sind öffentliche Einrichtungen. Sie müssen also zwingend damit rechnen, dass Lieferanten im Laufe der Jahre vom Markt verschwinden, zumindest aber neue Versionen von RFID-Systemen aufkommen. Dies nicht zu berücksichtigen, wäre nachlässig. Die Datenmodellstandardisierung ist sowohl ein Kosten- als auch ein Versorgungsthema, mit mittel- bis langfristigen Auswirkungen.

Bisher bestand lediglich eine Unabhängigkeit vom Chip, bzw. Chiplieferanten. Mit einem standardisierten Datenmodell erweitert sich die Unabhängigkeit auf das gesamte System, d. h. die Unabhängigkeit vom System-Lieferanten. Die Tragweite dieser Entwicklung ist bisher nur wenigen Bibliotheken und Lieferanten bewusst geworden. Dabei ist nicht entscheidend, *welches* Datenmodell zum Zuge kommt, sondern dass ein *standardisiertes* Datenmodell angewendet wird. Dieses darf natürlich nicht erneut in eine Einbahnstrasse, d. h. in neue Abhängigkeiten führen.

Bisher wurde in der Diskussion um einen Datenmodellstandard ein ganz anderer Teilaspekt in den Vordergrund gestellt: der sog. Interlibrary Loan (ILL), der Austausch von Medien zwischen den Bibliotheken. Es wird auf Fachkongressen und in der ISO argumentiert, dass dieser ILL erst durch ein standardisiertes Datenmodell ermöglicht würde, weil dann Medien aus anderen Bibliotheken in der Empfängerbibliothek automatisch eingelesen werden könnten.

Bei näherer Betrachtung wird allerdings klar, dass der ILL in der Argumentation für ein Datenmodell heute nur von untergeordneter Bedeutung sein kann. Die oben genannten Gründe der Unabhängigkeit und Kostenentwicklung sind viel schwerwiegender. Zumindest aber besteht hier Diskussionsbedarf bezüglich des wirklichen Nutzens des RFID-gestützten ILL.

- Der Austausch von Medien bleibt so lange mit traditionellen Mitteln (wie bisher mit Zetteln und Belegen) durchführbar, wie die Mengen der ausgetauschten Medien auf einem überschaubarem Niveau verharren.
- Wenn die Notwendigkeit für eine Vereinfachung des ILL über eine automatische Erkennung der Mediennummer dringend wäre, wäre dies mit einem Barcode einfach machbar.
- Das gelieferte Buch wird bisher in der Praxis nicht in den Medienkreislauf der ausleihenden Bibliothek integriert, sondern stets extra behandelt. Allerdings können bei der Rückgabe an RFID-Automaten Komplikationen auftreten, wenn ein nicht zur Bibliothek gehörendes Medium mit einem unbekannten Datenmodell angenommen werden muss. Doch auch dafür ließe sich eine technische Lösung finden, etwa indem die SW des Rückgabeautomaten zusätzliche Fernleihnummern, welche in den optionalen Teil des Dänischen Modells geschrieben werden, akzeptierte [51].

9.3.1 Entwicklung der Standardisierungsarbeiten

Der erste Ansatz für ein Datenmodell kam ca. 2004 aus den Niederlanden. Dort werden die Nummernkreise für die Medien der nationalen Bibliotheken zentral von der NBD Biblion (Verband der Niederländischen öffentlichen Bibliotheken) vergeben und verwaltet. Dieses Recht wurde auf RFID-Etiketten ausgeweitet und anschließend entwickelte die NBD ein eigenes Datenmodell. Sie legte es offen, behielt aber die Rechte an den Daten. Die NBD verfolgte zunächst auch das Geschäftsmodell, sämtliche RFID-Etiketten zentral einzukaufen und vorzuprogrammieren. Da die Nummernkreise der einzelnen Bibliotheken bekannt waren, ermöglichte dies auch die Initialisierung der Etiketten bereits vor der Auslieferung in der zentralen Buchbearbeitung bei der NBD.

Die direkte Verknüpfung des Datenbesitzes mit dem Einkauf von RFID-Etiketten wurde nach einiger Zeit allerdings aufgegeben. Der Druck, ständig die Preise anzupassen, wurde aufgrund der ausländischen Konkurrenz so groß, dass der Etikettenvertrieb schließlich eingestellt wurde. Nach dieser Loslösung vom Etikettenverkauf beschreiten die Niederlande aber auch heute noch mit dem Eigentumsan-

Abb. 9.4 Einladung zur
Sitzung in der Deutschen
Bibliothek Frankfurt am
14.12.2005 mit Industriever-
tretern und dem MSHW

spruch auf die Mediennummern einen Sonderweg – das Datenmodell ist zwar offen, aber gleichzeitig proprietär, weil in den Niederlanden kein Weg daran vorbei führt. Keine andere Organisation hat dies in ähnlicher Weise durchgesetzt. Umso bemerkenswerter ist dieser Sonderweg, als die Niederlande an der Datenmodellstandardisierung in der ISO intensiv mitarbeiten (siehe unten).

Kurz nach dem Start des NBD-Modells in den Niederlanden wurde das Datenmodell-Thema in Dänemark und Deutschland aufgegriffen (Abb. 9.4). In Kopenhagen, am Institut des Dansk Standard (DS) trafen sich erstmals Repräsentanten fast aller RFID-Systemlieferanten um die technischen Parameter festzulegen, d. h. zu entscheiden, welche Daten aufgenommen und wie sie konkret auf die Chips geschrieben werden sollten (siehe Anhang: Beteiligte, Working Group on RFID Data Model for Libraries). Im deutschsprachigen Arbeitskreis MSHW (Vertreter der Bibliotheken aus München, Stuttgart, Hamburg, Wien) wurden die bibliothekarischen Anforderungen geprüft (Auswahl der Daten). Zusätzlich wurde der oben genannte AFI-Wert für die Sicherung der Medien bei der ISO beantragt. Die Klärung und Beantragung des AFI-Wertes war ein wichtiger Meilenstein. Sie besaß eine ähnliche Bedeutung wie das Datenmodell für die Kompatibilität der RFID-Systeme in Bibliotheken.

Das Ergebnis war ein dem NBD-Modell ähnliches, aber nun freies Datenmodell, weil es keine Rechte an Mediennummern festschrieb. Dieses Resultat ist heute als „Dänisches Datenmodell" bekannt. Es wird in vielen Ausschreibungen für RFID-Bibliothekssysteme in Zentral- und Nordeuropa fest vorgeschrieben. In diversen weiteren Ländern wurden Derivate des dänischen Modells entwickelt, die jedoch voraussichtlich im Zuge der internationalen Standardisierung auf ISO-Ebene aufgegeben werden. Das Dänische Datenmodell hingegen ist als ein Teil (-3) im geplanten ISO-Standard enthalten, der zurzeit verabschiedet wurde (2011).

Das Dänische Datenmodell war und ist bisher kein Standard im eigentlichen Sinne, da es nicht durch ein offizielles Gremium, zum Beispiel DIN, ISO oder ein anderes Institut, verabschiedet wurde. Somit ist es auch nicht korrekt, von einem „Dänischen Standard" zu sprechen. Es hat sich aber als ein Defacto-Standard durchgesetzt und in den zurückliegenden Jahren seine Eignung in der Praxis bewiesen. Es sind auch von den Bibliotheken, welche es bis heute einsetzen, keine Anpassungen oder Erweiterungen gewünscht worden. Dies spricht dafür, dass die zu Beginn geleistete Arbeit sehr effektiv war.

9.3.2 Inhaltliche Fragen

Das Dänische Datenmodell ist inhaltlich in zwei Abschnitte unterteilt (Tab. 9.1):

- Der *Mandatory Part* enthält die unbedingt erforderlichen Daten, wie z. B. die Mediennummer, Medienpakete und ISIL-Nummer. Er hat einen Mindestumfang von 256 bit.
- Der *Optional Part* hat eine fast beliebige Größe und Inhalt. Es nutzt den Speicher über 256 bit hinaus (übliche RFID-Chips haben einen Speicher von 1 bis 2 kbit). In diesem Teil können zum Beispiel Verlage oder Lieferanten logistische Daten hinterlegen. Diese können durchaus verschlüsselt sein.

Tabelle 9.1 gibt eine Übersicht über die Dateninhalte des Dänischen Datenmodells.

Tab. 9.1 Dänisches Datenmodell (Stand 14.12.2005 [45])

	Nutzung	Platz (Byte)
Mandatory		
Data Model Version	Erkennung, welche aktuelle Version des Datenmodells verwendet wird	0,5
Type of Usage	Verwendung des Mediums/Labels	0,5
Number of Parts in Item	Verwendet für Medienpaketerkennung	1
Ordinal Part Number	Verwendet für Medienpaketerkennung	1
Primary Item ID	Eindeutige Nummer zur Objektidentifizierung	16
CRC	Checksumme zur Verifikation der Daten	2
Country of Owner Library	Zugehörigkeitserkennung, Inter-Library Loan	2
Owner Library	Zugehörigkeitserkennung, Inter-Library Loan, Nach ISO/FDIS 15511 (ISIL)	11 (9)
Media Format	Spezifiziert die Art des Mediums	1
Optional		
Alternate Item ID	Kann als ergänzende Nummer des Mediums oder als eindeutige Nummer zur Objektidentifizierung, falls größer als 16 Zeichen, verwendet werden	–
Extended Owner Library	Zugehörigkeitserkennung, Inter-Library Loan, falls lange Bibliothekskennungen verwendet werden	–
Acquisition	Dieser Block kann für Lieferinformationen vom Lieferanten verwendet werden. Es wird empfohlen, diese Daten vor der Zirkulationsfreigabe zu löschen.	–
Supplier ID	Lieferanten ID	–
Item Identification	Nummer zur Objektidentifizierung	–
Order Number	Bestellnummer	–
Invoice Number	Rechnungsnummer	–
Unstructured Extension	Bibliotheks- oder Systemerweiterungen	–

Ein zusätzlicher CRC (Cyclic Redundancy Check) prüft, ob in der Datenübermittlung etwaige Zahlen- oder Bit-Änderungen aufgetreten sind.

Das Dänische Datenmodell wurde vor ca. vier Jahren als Vorlage in die ISO aufgenommen. Das Dansk Standard-Institut (DS) beantragte die Aufnahme als Work Item und übernahm den Vorsitz in einer Arbeitsgruppe mit der Bezeichnung ISO-TC46 SC4 WG11. Die Idee war, die Ebene der nationalen Standardisierung zu überspringen und gleich einen internationalen Standard zu entwickeln. 2007 trat in Kopenhagen diese Arbeitsgruppe erstmals zusammen. Vertreter aus Australien, Dänemark, Deutschland, Finnland, Frankreich, Italien, Neuseeland, Niederlande, Japan, Schweden, Schweiz, Südafrika, Vereinigtes Königreich und den USA beteiligten sich. Die Mitglieder wurden von den nationalen Standardisierungsorganisationen gewählt. Neu mit dabei waren die Verlage mit der Vereinigung editeur. Zwei Parteien, die Niederlande mit der NBD und editeur engagierten sich stark mit zusätzlichen Beratern und übernahmen wichtige inhaltliche und redaktionelle Arbeiten (Delegierte aus Deutschland durch DIN NIA 31.4 und DIN NADB9).

Entgegen den ursprünglichen Erwartungen wurde zunächst nicht das bisherige Dänische Datenmodell 1:1 übernommen, sondern ein vollkommen neues vorgeschlagen. Es basierte auf einem im Bereich Fluggepäckerkennung diskutierten Modell (ISO 15962), welches ein hohes Maß an Flexibilität ermöglichte, da die Felder des Chip-Speichers variabel beschrieben werden konnten. Dieser neue Ansatz kam vielen Mitgliedern entgegen, da in vielen Ländern noch Uneinigkeit über die eigentlichen Dateninhalte auf dem Chip herrschte. So betrachteten manche Vertreter es als wichtig, dass auch der Buchtitel mit auf dem Chip gespeichert würde. Andere hingegen waren der Meinung, dass jegliche Inhalte, bis auf die Mediennummer, jederzeit vom LMS aus bezogen werden könnten. Durch die Flexibilität des Datenmodells waren diese Diskussionen unnötig geworden.

Im neu vorgeschlagenen Datenmodell wurden OIDs, sog. Object Identifier, eingesetzt. Sie verweisen über eine Nummer auf den im Chip gespeicherten Bereich mit der jeweiligen Information. Dieses Modell kann, wenn ein entsprechend „schlankes" Profil gewählt wird, an kleine Chipgrößen angepasst werden. Die wichtigste Überlegung für dieses Datenmodell war allerdings, dass die Verlage die RFID-Etiketten mit ihren Daten integrieren und diese anschließend in der Logistikkette, bis in die Bibliothek hinein werden nutzen könnten. Die Zweckmäßigkeit ist ein eigenes Diskussionsthema.

Anmerkung: Im DIN NABD-9 wurde zwischenzeitlich als Gegenvorschlag zu 28560-2 ein Datenmodell DIN 32700 erarbeitet, welches dynamisch war und gleichzeitig ohne OIDs auskam [14]. Es wurde wieder zurückgezogen, nachdem das Dänische Modell als Teil 3 akzeptiert wurde.

Hintergrund für den Vorschlag für ISO 28560-2 war von Seiten der Verlage die Nutzung eines zentralisierten Einkaufes von RFID-Etiketten und damit die gemeinsame Nutzung von Kosteneinsparungspotenzialen (analog zum Ansatz der NBD). Allerdings ist dieses Argument heute angesichts der Kostensenkungen der Etiketten kaum noch stichhaltig. Zudem ist noch kein Datenmodell aus den Verlagen bekannt und die Bibliotheken wissen nicht, wie sie diese Verlagsdaten sinnvoll einsetzen sollten. Auf kommerzieller Seite sind ebenfalls viele Punkte offen. *Die Möglichkeit, im optionalen Teil des Dänischen Datenmodells Lieferantendaten zu speichern und diese gegebenenfalls, beim Eintritt des Buches in die Bibliothek, zu überschreiben, wurde nicht aufgenommen.*

Aufgrund des Einspruches mehrerer Mitglieder wurde das bisher erarbeitete Dänische Datenmodell trotzdem als eigener Teil 3 vollständig in ISO DIS 28560 aufgenommen. Erstens war es bereits in einigen Ländern verbreitet, zweitens waren die Vorteile eines komplexen dynamischen Datenmodells bei den gegebenen bereits geringen Chipgrößen mit 1 kbit nicht klar erkennbar. Und drittens war das OID-Modell in keiner Weise erprobt, geschweige denn bei den Systemlieferanten integriert worden. Ein vollkommen neues Datenmodell auf der „grünen Wiese" zu lancieren, erschien vielen Beteiligten als nicht zielführend.

ISO DIS 28560 (DIS – Draft International Standard) wurde mit drei Teilen auf den Weg gebracht. Der Draft International Standard wird derzeit (2010/2011) noch überarbeitet und Mitte 2011 in einen ISO 28560 Standard überführt. Die erwähnten drei Teile enthalten folgenden Inhalt:

- ISO DIS 28560 Teil 1 [27] enthält eine Beschreibung vielfältiger, für Bibliotheken denkbarer Datenelemente. Sie umfassen neben der Mediennummer auch den Titel von Büchern und weitere Daten, welche eventuell offline auf dem Chip verfügbar sein sollten. Aus den Elementen kann für jedes Land ein sog. „Profil" zusammengestellt werden (s. Tab. 9.2).
- ISO DIS 28560 Teil 2 [28] basiert auf ISO 15962 und den oben genannten OIDs. Er wird inzwischen in den angelsächsischen Ländern stark propagiert. In diesen Ländern sind bisher vorwiegend proprietäre Datenmodelle im Einsatz.
- ISO DIS 28560 Teil 3 [29] entspricht zu fast hundert Prozent dem Dänischen Datenmodell. Es ist im Vergleich zum Teil 2 einfacher strukturiert und hat sich in den zurückliegenden Jahren in der Praxis bewährt. Es ist v. a. in den Deutschsprachigen und skandinavischen Ländern verbreitet.

9.3.3 Fazit und Bemerkungen

Das Dänische Datenmodell wird Teil des internationalen Standards. Allerdings wird dieser Teil 3 voraussichtlich stärker in den zentraleuropäischen und skandinavischen, weniger in den angelsächsischen Ländern eingesetzt werden. Für die Bibliotheken ist aber mit beiden Teilen, 2 und 3, vorerst eine gute Grundlage geschaffen, auf die sie sich in Ausschreibungen beziehen können. Wie bereits oben erwähnt, ist es momentan nicht so wichtig, *welcher* Standard sich durchsetzt, sondern *dass überhaupt* ein solcher verwendet wird.

Die Folgen der Einführung des Dänischen Datenmodells sind bereits heute erkennbar. Durch die Unabhängigkeit von den Lieferanten ist bereits ein rapider Preisrückgang für die RFID-Etiketten eingetreten. Dies ist klar zum Vorteil der Bibliotheken. Viele können sich so bereits heute ein RFID-System leisten. Eine weitere

Tab. 9.2 Datenelemente in ISO/FDIS 28560-1 Information and documentation – RFID in libraries – Part 1: General requirements and data elements. Das einzige obligatorische Element ist der Primary Item Identifier

1	Primary item identifier
2	Content parameter
3	Owner institution (ISIL)
4	Set information
5	Type of usage
6	Shelf location
7	ONIX media format
8	MARC media format
9	Supplier identifier
10	Order number
11	ILL borrowing institution (ISIL)
12	ILL borrowing transaction number
13	GS1 product identifier
14	Reserved for Alternative unique item identifier
15	Local data A
16	Local data B
17	Title
18	Product identifier local
19	Media format (other)
20	Supply chain stage
21	Supplier invoice number
22	Alternative item identifier
23	Alternative owner library
24	Subsidiary of an owner library
25	Alternative ILL borrowing institution
26	Local data C
27	Reserved for future use
28	Reserved for future use
29	Reserved for future use
30	Reserved for future use
31	Reserved for future use

Folge ist aber auch, dass die Marktentwicklung viel schneller voranschreitet, als dies ursprünglich von den Lieferanten erwartet wurde. Eine erhöhte Transparenz und abnehmende Preise halten sie in Atem.

Ein Blick ins Vereinigte Königreich und die USA zeigt, dass dort eine vollkommen andere Situation bezüglich der Systemanbieter gegeben ist. Dort wird der Markt von sehr wenigen Anbietern bei höheren Preisen dominiert. Es scheint, dass die Bibliotheken im Fall eines fehlenden Datenmodellstandards eher nur zwei bis drei größeren Anbieter favorisieren, da sie generell in größere Unternehmen mehr Vertrauen haben. In den Ländern, in denen das Dänische Datenmodell angewendet wird, sind es momentan ca. 15 Anbieter [20].

Aus heutiger Sicht macht ein gemeinsamer, zentraler Einkauf von RFID-Etiketten durch die Verlage, wie dies ursprünglich von der NBD und nun von editeur beabsichtigt bzw. vorgeschlagen worden war, nur wenig Sinn. Allerdings sind die Bibliotheken gut beraten, auch weiterhin zu beobachten, wie – etwa auf Verlagsseite – der Vertrieb der Etiketten neu organisiert wird. Denn sobald nur noch wenige Anbieter eine Chance haben, RFID-Etiketten anzubieten, wird sich dies preislich auswirken. Aus heutiger Sicht, solange die Bibliotheken Großabnehmer sind, würde es sinnvoll sein, wenn diese sich organisierten und von sich aus den Verlagen ein Angebot unterbreiteten, welchen Anteil sie für die Etiketten in bereits ausgestatteten Medien bereit wären zu bezahlen. Denn nachdem die vorhandenen großen Bestände mit RFID-Etiketten ausgestattet sind, geht es nur noch um den Bezug der geringeren Stückzahlen für Neuzugänge.

Der Interlibrary Loan wird vermutlich auch weiterhin keine tragende Rolle als Berechtigung für ein internationales Datenmodell spielen. Es gibt keinen Zusatznutzen, den ISO 28560-2 gegenüber 28560-3 den Bibliotheken bieten könnte. Bisher ist noch keine konkrete Nutzung der Verlage oder wenigstens ein plausibles Szenario in diesem Bereich bekannt geworden.

In Ausschreibungen für RFID-Systeme sind inzwischen häufig zwei Lose, d. h. eine Trennung zwischen System und RFID-Etiketten, vorzufinden. Das Dänische Datenmodell ist im deutschsprachigen Raum ein fester Bestandteil dieser Ausschreibungen geworden. Die Austauschbarkeit sämtlicher Komponenten muss dann auch nicht explizit als Forderung mit aufgenommen werden. Die heute häufig zu findende Bezeichnung „offenes System" sagt in diesem Zusammenhang ohne die Nennung des relevanten Standards in Ausschreibungen nichts aus.

Der optionale Teil des Dänischen Datenmodells wurde bisher nie genutzt. Hier stellt sich die Frage, weshalb die Verlage diese Möglichkeit nicht in Erwägung ziehen, sondern den viel komplizierteren Weg über ein vollkommen neues Datenmodell beschreiten. Dies ist v. a. deshalb fragwürdig, weil der Buchstrom zu den Bibliotheken nur einen Bruchteil der Gesamtmenge ausmacht (Abb. 9.5).

Mit der Unabhängigkeit vom Lieferanten wurde das Hauptziel der Datenmodellstandardisierung erreicht. Allerdings tauchen, neben den oben genannten kommerziellen Aspekten (was sind die Mehrkosten der Umprogrammierung der bereits aus-

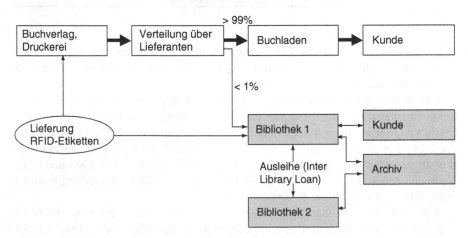

Abb. 9.5 Zukünftig mögliche direkte Belieferung der Bibliotheken über die Verlage, wenn die Medien bereits mit RFID-Etiketten ausgestattet sind und in der Logistik mit genutzt werden können

gestatteten Medien? Wie können AV-Medien einbezogen werden, die ja bekanntlich in den Bibliotheken höchst unterschiedlich gehandhabt werden?), bereits die ersten neuen Fragestellungen auf: Können UHF–Systeme, die derzeit nicht unterstützt werden, zukünftig auch berücksichtigt werden? Schließlich müssten dann das bisherige Datenmodell und die gesamte dahinter stehende Software zur Verwaltung der OIDs gänzlich neu konzipiert werden. Auch die Frage der freien Verfügbarkeit für die Bibliotheken, wie sie inzwischen bei den HF-Systemen mit mehreren Chip-Lieferanten gegeben ist, wäre neu anzugehen.

So kommt mittlerweile der Gedanke auf, das Bewährte müsse bewahrt und Neues streng auf seine Tauglichkeit hin geprüft werden. Dieses Stadium der Marktentwicklung wurde sehr schnell erreicht.

9.4   Verbindung zum Bibliotheks-Managementsystem

Die Verbindung zum Bibliotheksmanagementsystem (LMS) hat mit der RFID-Technologie direkt nichts zu tun. Sie ist jedoch eine wichtige Voraussetzung, um eine RFID-Station an eine Bibliotheksdatenbank anzuschließen. Das Selbstverbuchungsgerät muss beispielsweise beim Ausleih- und (teilweise) beim Rückgabeprozess die Information erhalten, ob

- das Medium zur Ausleihe freigegeben ist,
- ob die angemeldete Person das spezifische Medium ausleihen darf (Altersbeschränkung, Kontobelastung, überfällige Medien etc.),
- wie der Kontostand des Benutzers aussieht und ob Medien verlängert werden müssen,
- was der Rückgabezeitpunkt ist und
- dass die Ausleihe erfolgreich durchgeführt wurde.

Einige Arbeiten kann das Selbstverbuchungsgerät selbständig durchführen. Hierunter fällt die immer wieder gewünschte Prüfung auf Vollständigkeit in Medienpaketen (Vollsicherung), oder in Offline-Situationen (wenn das LMS nicht zur Verfügung steht) kann das Selbstverbuchungsgerät auch ohne Rückfrage die gewünschten Medien entsichern und in einer Liste vermerken. Der Abgleich mit dem LMS geschieht dann zu einem späteren Zeitpunkt, wenn dieses wieder zur Verfügung steht. Bei einigen Daten sind die Automaten jedoch auf die Antwort vom LMS angewiesen. Ohne diese Antworten wäre nur ein eingeschränkter Betrieb eines RFID-Systems möglich, es liesse sich gerade noch zur Mediensicherung (An- und Abschalten) nutzen.

Zwei Schnittstellenprotokolle haben sich etabliert, das SIP2-Protokoll und das NCIP-Protokoll. Im Folgenden werden beide kurz beschrieben und ihre Vor- und Nachteile gegenüber gestellt. Sie unterscheiden sich grundlegend voneinander im strukturellen Aufbau und im Bereich der Definitionen. Früher übliche Protokolle wie Telnet werden nicht behandelt. Die Protokolle sind TCP/IP-basiert (der Vergleich basiert auf einem Beitrag von B. Michaelis [48]).

Aus den Unterschieden zwischen den beiden Protokollen ergeben sich wesentliche Auswirkungen auf den Aufwand für die Installation und Wartung der Schnittstelle zwischen Selbstbedienungsautomaten und Bibliothekssystem.

9.4.1 Generelle Kommunikation zwischen Selbstbedienungsautomat und LMS

Für die Kommunikation zwischen dem Selbstverbuchungsgerät und dem LMS ist es
unerheblich, mit welchen Lesegeräten (Barcode, RFID oder sogar Bilderkennung)
gearbeitet wird. Selbstverbuchungsgeräte nutzen eigene Programme für die Lösung
ihrer spezifischen Aufgaben. Ein integriertes Bibliothekssystem bedient hingegen
eine Vielzahl von Arbeitsplätzen und Geräten (siehe auch Abb. 9.6 ff.). Die notwendigen Prozesse werden zentral auf Servern verwaltet. Die Kommunikation von
einem Selbstbedienungsgerät zur Serverapplikation des LMS kann durchaus auch
individuell gelöst werden. Der Nachteil individueller Lösungen besteht jedoch darin, dass diese nur für spezifische Konstellationen anwendbar sind. Sobald mit einem
anderen LMS kommuniziert werden soll, muss die Schnittstelle neu programmiert
werden. So haben sich für die Kommunikation im bibliothekarischen Bereich seit
langem verschiedene Protokolle entwickelt. Damit wird die Unabhängigkeit zwischen den Herstellern der Automaten und der Bibliothekssysteme heute weitgehend
gewährleistet.

Mängel oder Lücken in den Protokollen werden von den Anwendern selbst
durch Modifizierungen ausgeglichen. Damit entstehen bereits Lösungen, die ein
„bisschen proprietär", d. h. für andere Applikationen in dieser Form nicht mehr
nutzbar sind. Beide Partner müssen sich immer wieder mit diesen Modifikationen
auseinandersetzen. Damit erhöhen sich der Aufwand für die Hersteller sowie die
Kosten für die Bibliotheken.

Der SIP-Standard für die Selbstverbuchung wurde bereits 1997 von 3M entwickelt. Dieses „Standard Interchange Protocol" wurde von vielen Bibliotheken eingesetzt und ist heute als SIP2 (3M™ Standard Interchange Protocol Version 2.00)
das am meisten verwendete Protokoll. Es wird fortlaufend weiter entwickelt, dem-
nächst sollen ein e-SIP2 (extended) und eine SIP3-Verion publiziert werden.

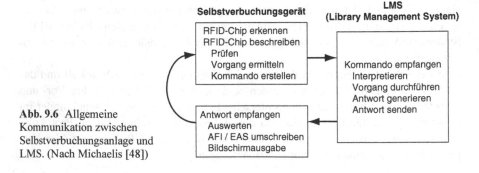

Abb. 9.6 Allgemeine
Kommunikation zwischen
Selbstverbuchungsanlage und
LMS. (Nach Michaelis [48])

Im Zuge der Entwicklung Web-basierter Bibliotheken und des ILL (Interlibrary Loan) entstand die Notwendigkeit des Austauschs von Daten von Bibliotheken, Benutzern und Exemplaren sowie auch der Ausführung von Operationen für Benutzer und Exemplare in anderen Bibliotheken. Auf der Grundlage des bereits vorhandenen SIP2-Protokolls wurde für die neuen Herausforderungen das NISO Circulation Interchange Protocol (NCIP – Z39.83) entwickelt. Die erste Version entstand im Jahre 2002. Dieses umfassende Protokoll beinhaltet auch die Funktionen, die für die Kommunikation zwischen Selbstverbuchern und LMS notwendig sind. Die aktuelle Version ist aus dem Jahr 2008.

Ein weiteres Protokoll ist SLNP (Simple Library Network Protocol) der Firma SISIS (heute OCLC). Dieses wird vorwiegend in SISIS-SunRise-Anwendungspaketen für Fernleihserver in Deutschen Bibliotheksverbünden eingesetzt. Es weist einen eingeschränkten Funktionsumfang für die Selbstverbuchung auf.

Auch der Einsatz von API-Schnittstellen (Application Programming Interface) ist möglich. Hierbei sind dann jedoch umfassende individuelle Vereinbarungen zwischen RFID- und LMS-Lieferant notwendig.

9.4.2 Vergleich der Protokolle SIP2 und NCIP

9.4.2.1 SIP2

Request und Response werden bei SIP2 in strukturierter Form im sogenannten Package-Format gegeben. Beide beginnen mit einem eindeutigen Command-Identifier. Danach werden die Inhalte der Felder mit definierten festen Längen in vorgegebener Reihenfolge übergeben. Zum Schluss werden Felder mit variabler Länge und definierten Feldindikatoren übergeben. Aufgrund der linearen Struktur lassen sich multiple Angaben nicht abbilden.

Requests können bei SIP2 nicht prozessunabhängig ausgeführt werden. Dies würde eine Unabhängigkeit von vorhergehenden Aktionen bedeuten und dass die Verbindung auch ohne nachfolgende Probleme nach jeder Interaktion enden könnte.

Definierte Vorgaben für die Belegung sind nur an wenigen Stellen vorhanden. Damit ergeben sich vielfältige Möglichkeiten der Belegung. Kommandos müssen deshalb herstellerabhängig ausgewertet und beantwortet werden.

9.4.2.2 NCIP

Request und Response werden im XML-Format (Extensible Markup Language) übergeben. Damit existieren jeweils genaue Beschreibungsmöglichkeiten in Form einer DTD (Document Type Definition). Request und Response können mit sog. Parsern jeweils überprüft werden. Für den strukturellen Aufbau existiert ein eindeutiges XML-Regelwerk.

Hierarchische Strukturen, die für multiple Angaben so wichtig sind, lassen sich hierbei genau abbilden. Hat ein Benutzer zum Beispiel verschiedene Sperren, die eine Ausleihe nicht zulassen, so können hier alle Gründe detailliert bekannt gegeben werden. Auch unterschiedliche Gebühren können nur unter Verwendung hierarchischer Strukturen genau abgebildet werden.

NCIP verwendet spezifizierte Datentypen (Enumerated Data Types). Erweiterungen müssen in Profilen bekannt gegeben werden. Muss das LMS zum Beispiel eine Aktion (Ausleihe, Rückgabe oder Verlängerung) ablehnen, so gibt es pro Request eine Menge von zulässigen Fehlermeldungen. Für diese sind keinerlei individuelle Absprachen und Umsetzungen notwendig. Die Aufgabe des Selbstbedienungsautomaten besteht dann darin, diese Meldungen in die gewünschte Sprache bibliotheksspezifisch umzusetzen.

Die wichtigsten, in der Praxis sichtbaren Unterschiede zwischen SIP2 und NCIP sind folgende:

Ausgabe komplexer Informationen
Mit SIP2 können komplexe Angaben in individueller Form übergeben werden. Die Angaben für die Sortierung, die Bildschirmausgabe oder die Ausgabe auf einem Quittungsdrucker können beliebig mit „sort bin", „screen message" bzw. „print line" übergeben werden. Das ist für die Realisierung in einer Bibliothek sehr bequem, jedoch müssen diese für jede Bibliothek individuell angepasst werden. Mit NCIP müssen diese Angaben detailliert und typgerecht angegeben werden.

So ergibt sich aus dem NCIP-Protokoll eine strikte Trennung der Aufgaben zwischen Automat und LMS. Das LMS übergibt strukturierte, definierte Daten und der Automat bildet daraus die entsprechenden Ausgaben für Bildschirm und Drucker. Diese Trennschärfe ist bei Verwendung von SIP2 so nicht erkennbar.

Für die Definition einer Sortieranlage ist es günstiger aus mehreren, strukturierten NCIP-Angaben eines Exemplars die richtige Sortierbox jeweils im entsprechenden Rückgabeautomaten zu ermitteln. Da in einem Bibliothekssystem mit unterschiedlichen Standorten auch unterschiedliche Rückgabeautomaten mit abweichenden Sortierboxen vorhanden sein können und sich diese Sortiervorgaben auch ändern können, sollten diese Sortiereinstellungen am Rückgabeautomaten vorgenommen werden können. Günstig sind dabei Einstellungen, die keine Programmänderung erfordern und die die jeweilige Bibliothek selbst vornehmen kann.

Authentifizierung
Mit NCIP kann im Request genau angegeben werden, wie die Authentifizierung erfolgen soll. Genaue Angaben, ob die Anmeldung mit oder ohne Passwort und mit Ausweisnummer oder einer anderen Nummer erfolgen soll, sind hier möglich. Diese Einstellungen fehlen bei SIP2. Hier können nur „patron identifier" und „password identifier" angegeben werden. Die Definition, was der „patron identifier" ist, bleibt Absprache zwischen den Herstellern der Automaten und des LMS.

Kennzeichnung eines Mediums
Auch hier kann im NCIP-Request genau angegeben werden, mit welchen Angaben das Medium ermittelt werden soll. Das kann die eindeutige Mediennummer aber auch die UID des RFID-Chips sein. Im SIP2-Request ist hierzu keine spezifizierte Angabe möglich.

Anzeige eines Mediums
Strukturierte Titelinformationen wie Titel, Autoren, Verlag, Erscheinungsjahr usw. lassen sich nur mit NCIP erzeugen. In SIP2 gibt es mit „title identifier" keine definierte Ausgabe.

Anzeige Benutzerkonto
Mit NCIP können Ausleihen oder Bestellungen einzeln mit vielen Angaben strukturiert und mit fest definierten Werten ausgegeben werden. Bei SIP2 ist die Ausgabe unstrukturiert und damit individuell gestaltet. Strukturierte Angaben von Gebühren, Sperren und Adressangaben sind nur mit NCIP möglich.

Alle Exemplare verlängern
Bei NCIP gibt es keine Möglichkeit, alle ausgeliehenen Exemplare eines Benutzers mit einem Request zu verlängern. Jedes Exemplar muss einzeln mit einem Request verlängert werden. In SIP2 steht für die Gesamtverlängerung der Request „renew all" zur Verfügung.

Vorgang Ausleihe oder Rückgabe widerrufen
Wenn ein Ausleihvorgang wieder rückgängig gemacht werden soll, weil der Benutzer z. B. das Exemplar zu schnell vom RFID-Reader entfernt hat und der Schreibvorgang für das AFI-Flag für die Sicherung der Medien nicht erfolgen konnte, kann das mit dem NCIP-Request „UndoCheckout" erfolgen. Für die Rückgabe steht ein solcher Request nicht zur Verfügung. Man geht davon aus, dass im Rückgabeautomaten ein Exemplar kaum vom Benutzer wieder „herausgeholt" werden kann. Mit SIP2 gibt es dagegen „cancel" sowohl für die Ausleihe als auch die Rückgabe.

9.4.3 Fazit

Sowohl SIP2 als auch NCIP sind für die Gestaltung der Schnittstelle zwischen Selbstverbuchungsautomat und LMS geeignet. Mit SIP2 lassen sich jedoch nur Lösungen erzielen, die mit individuellen Absprachen zwischen den Herstellern der Software für die Automaten und des LMS einhergehen. Dies kann für beide Partner einen hohen Zeitaufwand bedeuten, was wiederum zu einem höheren Kostenaufwand für die Lieferanten und letztlich für die Bibliothek führt. Nach dem nun für den Dateninhalt der RFID-Etiketten das dänische Datenmodell entwickelt wurde, wäre es wünschenswert, auch die Standardisierung der Schnittstelle zwischen Automaten und LMS, bzw. die Nutzung vorhandener Standards (NCIP) voranzutreiben. Die Erfahrungen der Entwickler von Bibliothekssoftware zeigen, dass die Verwendung des NCIP-Protokolls bei Implementationen für verschiedenste Bibliotheken die Arbeit wesentlich erleichtert hat.

Auch über die reine Selbstverbuchung hinaus ist dieses Protokoll geeignet, um selbst komplizierte Bezahlfunktionen am Kassenautomaten zu bedienen. Eine weitere Möglichkeit besteht in der Anfrage fremder Bibliotheken nach bestellbaren, verfügbaren Exemplaren zu einem gewünschten Titel. Dieses kann in Verbundsystemen als Vorstufe für die Fernleihe genutzt werden.

9.5   Bibliothekskennzeichen

Die sog. ISIL-Nummer (International Standard Identifier for Libraries and Related Organizations) wurde von der ISO im Jahr 2003 als weltweit einmalige Identifikationsnummer für Bibliotheken generiert (ISO 15511). Die ISIL-Nummer soll als international eindeutige Kennung grenzüberschreitende bibliothekarische Dienstleistungen und den Datenaustausch vereinfachen. Alle bestehenden Bibliothekssigel werden auf neue ISIL abgebildet. Die Deutsche ISIL-Agentur ist Vergabestelle für diese Codes in Deutschland. Neben der eindeutigen Vergabe im internationalen Kontext sind ISIL auch besser für den Gebrauch als Kennzeichen in Internetanwendungen und anderen Softwaresystemen geeignet.

Ein ISIL besteht gemäß ISO 15511 aus drei Teilen:

• Einem Länderpräfix nach ISO 3166-1 bestehend aus zwei Buchstaben oder einem Nicht-Länderpräfix bestehend aus 1, 3 oder 4 Buchstaben. Als Zeichen sind ausschließlich A bis Z erlaubt. Die Präfixe werden von der ISIL Registration Authority den lokalen ISIL-Agenturen zugewiesen.
• Einem BindestrichMinus (-, ASCII-Code 54)
• Dem lokalen Bibliothekskennzeichen, vergeben von der jeweiligen ISIL-Agentur. Als Zeichen sind die Buchstaben A bis Z und die Ziffern 0 bis 9 sowie Sonderzeichen zugelassen. Die Bibliothekskennung darf höchstens 11 Zeichen umfassen.

Die Gesamtlänge einer ISIL-Nummer ist auf 16 Zeichen begrenzt.

Beispiele:
Bibliothek des Geographischen Instituts der Universität Göttingen   DE-7-022
Stadtbibliothek München   DE-M-36
Bibliothek der Schweizer Sektion von Amnesty International, Bern   CH-001025-1

Die Vergabe der ISIL-Nummern erfolgt durch die Staatsbibliothek zu Berlin, bzw. die Schweizerische Nationalbibliothek in Bern, bzw. die Österreichische Nationalbibliothek in Wien. Entsprechende Antragsformulare können i. d. R. online ausgefüllt werden. RFID-Bibliotheken sollte diese Nummer rechtzeitig beantragen und an den Systemlieferanten weiter geben, damit dieser sie bei der Initialisierung der RFID-Etiketten als Voreinstellung eingeben kann.

Kapitel 10
Datenschutz

Die Diskussion über RFID und Datenschutz in Bibliotheken begann etwa 2002. Sie ist, bis auf Teilbereiche, für Bibliotheken weit fortgeschritten. Die RFID-Anwendungen werden im Kontext des Datenschutzes bei den Nutzern wie auch beim Bibliothekspersonal inzwischen deutlich realistischer gesehen. Dies hängt damit zusammen, dass die Akzeptanz der Technologie bei den Bibliotheksnutzern gestiegen ist, dass Fälle ausgeblieben sind, in denen ein Datenmissbrauch nachgewiesen werden konnte und dass ein tieferes Verständnis der Technologie beim Personal vorhanden ist. Bei Letzterem sind v. a. die IT-Verantwortlichen besser in der Lage, die Fragen der Anwender zu beantworten. Die weniger kritische Haltung hat auch mit der Umsetzung von RFID-Anwendungen in anderen Bereichen zu tun. Ein einziger Skandal, bei dem eine Daten-CD (analog zu den Steuersündern und anderen Fällen) verkauft oder veröffentlicht würde, würde das Thema Datenschutz mit RFID allerdings wieder äusserst negativ in die öffentliche Diskussion bringen.

Über den Industrieverband AIM und das EDÖB (Eidgenössischer Datenschutz- und Öffentlichkeitsbeauftragter), über das Informationsforum RFID der EU sowie die EMPA St. Gallen (Hilty et al., siehe weiterführende Literatur) und mehrere andere Institutionen sind umfangreiche Arbeiten geleistet worden, um Fragen des Datenschutzes in Bibliotheken mit RFID zu beantworten [2, 9].

In der Literatur werden Personen, welche Bibliotheksbesucher „ausspionieren" wollen, als „Angreifer" bezeichnet. Hierbei bieten sich im Wesentlichen zwei Möglichkeiten: entweder geht es um das so genannte „Mithören" in einiger Entfernung (über 10–20 m) oder um ein direktes Auslesen von RFID-Etiketten mit einem eigenen Lesegerät (unter 1 m) durch einen Angreifer. So viel zur Definition. Doch sehen wir uns die Punkte im Detail anhand von verschiedenen Szenarien an. Szenarien deshalb, weil reale Fälle, in denen der Datenschutz wirklich verletzt wurde, bisher nicht bekannt sind. Es gibt allerdings Nachstellungen, die teilweise in You-Tube unter Stichworten wie RFID und Bibliotheken zu finden sind.

So wie für all die vielen RFID-Anwendungen jeweils geeignete Systeme herausgesucht werden müssen, so kann der Datenschutz auch nicht pauschal für RFID betrachtet werden, sondern muss sich auf das spezifische, ausgewählte System und die Anwendung beziehen. Der jeweilige technische Aufwand, um einen Angriff zu

C. Kern et al., *RFID für Bibliotheken,*
DOI 10.1007/978-3-642-05394-8_10, © Springer-Verlag Berlin Heidelberg 2011

unternehmen, ist je nach System und Anwendung sehr unterschiedlich. Im Folgenden werden einige, für Bibliotheken relevante Aspekte beschrieben.

- Die in Bibliotheken üblichen Etiketten mit *HF-Frequenzen* sind gegenüber UHF-Frequenzen schwieriger direkt über grössere Distanzen auszulesen, da sie eine geringere Lesereichweite als UHF-Etiketten aufweisen.
- Die Etiketten in den Büchern wie auch die RFID-Benutzerkarten enthalten *keine Buchtitel oder Personennamen*, sondern nur Nummern, denen wiederum die Daten im LMS zugeordnet werden. Derzeit sind keine Datenmodelle bekannt, in denen anders verfahren würde. Die Diskussion, ob der Buchtitel als Datenelement im OID-Modell (ISO 28560-2) und innerhalb eines Profils mit aufgenommen werden soll, ist noch nicht abgeschlossen und wird sehr kontrovers geführt. Die Tendenz zeigt eher, dass der Titel nicht mit gespeichert wird, u. a. weil er viel Speicherplatz belegt.
- Das sog. *„Killen"* von *RFID-Etiketten* (vollständiges und finales Löschen des Speichers) oder die Nutzung von „Clip-Tags" ist in Bibliotheken nicht möglich, da die Medien sich im Kreislauf befinden. Im Übrigen werden die Kill-Funktionen bzw. geeignete Etiketten in der Logistik im Kleidungsbereich (dort ist RFID inzwischen eingeführt worden) von den Kunden derzeit nicht genutzt.
- Auch ein *Abdecken der Etiketten mit Alufolie* (oder mit einer ausgekleideten Tragetasche) kommt für die Bibliothek nicht infrage: dies würde zwar ein Auslesen verhindern, aber gleichzeitig auch die Sicherungsfunktion am Eingang außer Kraft setzen. In die gleiche Richtung ginge ein Abdecken der Transponder mit einer Folie im Medium oder gar das Durchtrennen der Antennenbahnen mit einem feinen Messer.

Innerhalb der technischen Möglichkeiten bleibt also eine gewisse Chance, dass RFID-Etiketten in Bibliotheken von einem Angreifer ausgelesen werden können. Er erhält die Mediennummern, eventuell auch die Benutzernummer. Es setzt allerdings voraus, dass sich der Angreifer bestens mit der RFID-Technologie auskennt und die Daten auch mit dem LMS verknüpfen kann, um die Verbindung zwischen Mediennummer – Personenidentität – Buchtitel herzustellen.

Diese Kenntnisse und den Zugang zum LMS vorausgesetzt, würde er sich immer noch überlegen, wie er die Aufgabe am effektivsten lösen könnte. Anstatt RFID-Lesegeräte anzuwenden, wäre die einfachste Methode, sich unauffällig in der Nähe aufzuhalten und mittels optischer Mittel (versteckte Webcam) die ausleihende Person und ihre Medien zu erfassen („Detektiv-Methode"). Keiner, auch in einer klassischen Bibliothek, könnte diese Art der Datenerhebung bei Einzelpersonen verhindern. Bevor also jemand einen grossen Aufwand treibt und (unauffällig) Antennen zur Erfassung von Etiketten in grösseren Entfernungen in der Bibliothek postiert, hätte der Detektiv seine Arbeit längst erledigt. Daten, welche auf Einzelpersonen bezogen sind, können also immer durch einfache Beobachtung erhoben werden.

Einzeldaten haben nur einen begrenzten Wert. Erst Massendaten und daraus extrahierte Verhaltensmuster für Personengruppen wären interessant (die Profilerstellung für Personen ist nicht zu verwechseln mit dem „Profiling" im Datenmodell ISO 28560-1). Diese Massendaten müssten aus dem LMS kopiert und anschliessend analysiert werden. Vor den LMS-Daten steht allerdings die Bibliothek als verantwortliche Institution. Sie – insbesondere die IT – sind für deren Sicherheit des Netzwerks und der Zugänge verantwortlich. Fazit: der Aufwand, um Daten einzeln zu erfassen, ist mit RFID vergleichsweise hoch, der Nutzen gering. Um Profile für Massendaten zu erheben, ist RFID in der Bibliothek kaum geeignet, hier wäre ein direkter Angriff auf die Datenbank interessant.

Eine Kryptierung, wie diese bei Smart Cards auf verschiedenen Ebenen durchgeführt wird, um die Daten auf dem Chip vor einem unberechtigten Zugriff zu schützen, ist kaum eine Alternative für die Datenablage auf den Buchetiketten, denn dies stünde einem standardisierten Datenmodell im Wege. Die von NXP (Halbleiterhersteller, Graz) vorgeschlagene Verwendung von individuellen Passwörtern für jedes Etikett erscheint aus Sicht der Praktikabilität schwierig umzusetzen. Zwar ließen sich einzelne Sektoren durch den Bibliotheksbenutzer mit einem Passwort schützen, allerdings müssten diese bei der Rückgabe wieder aufgehoben werden. Hier besteht eine immense Hürde, die noch nicht gelöst ist.

2010 wurde ein RFID-Logo durch die ISO freigegeben (Abb. 10.1), welches darauf hinweist, dass RFID zur Kennzeichnung der Bücher genutzt wird. Wie die Einführung des Logos konkret für Bibliotheken ausgestaltet wird, ist noch offen. Vermutlich wird nur ein Schild am Eingang auf die Nutzung von RFID hinweisen. In anderen Anwendungen dagegen muss auf jedem Etikett das RFID-Logo gedruckt sein. Ein Nachdruck bzw. ein Zusatzstempel auf die existierenden Etiketten in den Bibliotheken erscheint wegen des großen Arbeitsaufwandes als unrealistisch.

Die Datenschutzdiskussion wurde mit durch den Patriot Act in den USA ausgelöst. De facto gibt es in den Vereinigten Staaten keinen Datenschutz, der mit dem Deutschen Recht vergleichbar wäre. Jede Institution kann in den USA zu einer Bibliothek gehen und die personenbezogenen Daten anfordern, ohne eine richterliche Legitimation vorzuweisen. Leider wird in den Diskussionen hierzulande nicht auf diesen Unterschied hingewiesen und viele Ängste wurden 1:1 übertragen (SpyChips [4, 34]). In den USA ist praktisch jede Aktion um RFID bedenklich, hierzulande existiert zumindest eine auf die Betriebe bezogene Sorgfaltspflicht. Bibliotheken dürfen keine persönlichen Daten ohne richterlichen Beschluss herausgeben.

Abb. 10.1 RFID-Logo

Wie sind die Risiken im Missbrauch von RFID in Bibliotheken durch eine Attacke nun einzuschätzen? Wir befinden uns mit der öffentlichen Diskussion in einer schizophrenen Situation: einerseits ist ein vollkommen sorgloser und naiver Umgang mit persönlichen Daten zu beobachten. Als Beispiele seien der Umgang mit Loyalty Cards, Kreditkarten, Payment-Karten, Handy-Tracking-Apps, Facebook, Amazon-Bestellungen und schließlich Google Earth genannt. In jedem dieser Fälle werden Datenspuren hinterlassen, anhand derer das Verhalten einer Einzelperson zurückverfolgt werden kann. Ihre Präferenzen, Gewohnheiten, sogar ihre Bewegung in einer Stadt lassen sich 1:1 rekonstruieren, wenn sie ein Mobiltelefon mit sich trägt.

Mit RFID werden Szenarien dargestellt, die vom eigentlichen Problem – wie verhindern wir die Massendatenerfassung und wie gehen wir mit den vorhandenen Datenspuren um? – ablenken. Es wäre viel wichtiger, sich Gedanken zu machen, wie Datenspuren im Internet dauerhaft wieder gelöscht werden könnten. Weshalb kann man als Internetnutzer nicht einen Aufruf in Google unter seinem eigenen Namen starten, der eben jene Daten heraussucht, die mit dem eigenen Namen verknüpft sind, und weshalb kann man diese nicht selber dauerhaft löschen? Eine solche Möglichkeit der Datenverwaltung scheint kaum umsetzbar. Aber jeder Internetbenutzer hat die Möglichkeit, die Informationstiefe seiner persönlichen Daten bei der Eingabe vorzugeben.

Fest steht, dass Angriffe auf RFID-Etiketten in Bibliotheken nichts für normale Nutzer sind. Es ist etwas für Spezialisten, die sich überlegen müssen, welcher Nutzen ihrem Aufwand gegenübersteht. Es sind sogar Aussagen von Bibliotheksbenutzern gemacht worden, dass sie RFID als Beitrag zum Schutz ihrer Privatsphäre sehen, da sie die auszuleihenden Medien nicht mehr an einer Theke (mit anderen Besuchern im Rücken) offen vorlegen müssen.

Kapitel 11
Ausblick auf Neuentwicklungen

Fachmessen dienen dazu, alle Marktteilnehmer zusammenzubringen. Dabei werden Kontakte geknüpft, Vor- und Nachteile der Systeme verschiedener Anbieter miteinander verglichen, die Konkurrenz beobachtet sich gegenseitig, und es wird über das Entwicklungspotenzial einer Branche diskutiert. Neuentwicklungen hängen von beiden Seiten ab, den Anbietern und den Kunden. Nur wenn ausreichend und präzise Anforderungen von der Kundenseite kommen, gibt es auch „kundengetriebene Neuentwicklungen". Diese sind stets diejenigen, die am meisten Erfolg in der Umsetzung versprechen. Für den Kunden steht von Anfang an ein klarer Nutzen im Vordergrund. Der Lieferant hingegen kann zwar gute Ideen haben (dies muss er sogar), aber die Möglichkeit von Fehlentwicklungen ist relativ groß, wenn er diese nicht ausreichend mit den Kunden diskutiert. Bis er ein Produkt „auf Verdacht" entwickelt hat, es dann auf einer Messe vorgestellt und vielleicht eine negative Reaktion erhalten hat, ist viel Geld bzw. Arbeitszeit in das Projekt geflossen.

Derzeit entsteht auf Bibliotheksmessen der Eindruck, als verließen sich die Bibliotheken sehr stark auf Neuigkeiten, die ihnen von den Lieferanten präsentiert werden. Die präzise Formulierung dessen, was die Bibliotheken als neue Eigenschaften erwarten (es müssen auch nicht bis ins Detail durchgearbeitete Konzepte sein) und das Signal, ein neues Produkt ernsthaft voranzutreiben (und Geld dafür auszugeben), sind mitunter unzureichend. Dies kann an der bereits eingetretenen Marktreife und dem immer geringer werdenden Grenznutzen der neuen Produkte liegen, andererseits aber auch an der zunehmenden Komplexität der RFID-Anwendungen.

Es hilft manchmal, einen Schritt zurück zu gehen und zu versuchen, Trends zu erkennen. Etwa, dass Bibliotheken immer mehr die Funktion der *Wissensaufbereitung* übernehmen („Bibliotheken fangen dort an, wo Google aufhört", I. Bussmann, Stuttgart). Ein weiterer Trend ist die Entwicklung der Bibliotheken hin zu *Aufenthaltsräumen*, d. h. Orten, an denen sich Menschen gern aufhalten, an denen sie sich entspannen, unterhalten, informieren und lernen können. Einerseits führen die Bibliotheken ihren alten Auftrag der Wissensvermittlung mit neuen Mitteln fort, andererseits bieten sie eine neue Plattform für diejenigen, welche nicht nur zum Lernen in die Bibliothek kommen. Die RFID-Systeme haben zu einem ersten Schritt beigetragen, um die klassischen Aufgaben des Bibliothekspersonals (Logistik, Bücher bewegen) zu erleichtern. Die Architekten haben neue, angenehme

C. Kern et al., *RFID für Bibliotheken*,
DOI 10.1007/978-3-642-05394-8_11, © Springer-Verlag Berlin Heidelberg 2011

Lebensräume geschaffen. Um es überspitzt zu sagen: das Aufstellen eines Kaffeeautomaten zieht aber noch keine neuen Besucher an – dies geht nur dann, wenn ein
architektonisches Gesamtkonzept für ein Gebäude vorhanden ist.

Aus den beiden Trends ergeben sich mehrere Anwendungsbereiche und schließlich konkrete Aufgaben für die RFID-Anbieter. Hierzu gehören:

1. Intuitive Suchsysteme und Kontakte mit Mitarbeitenden („was könnte ich
   suchen?"),
2. Leitsysteme („wo finde ich das gesuchte Buch?"),
3. Zutritts- und Bezahlsysteme (um sich in einem Raum zu „bedienen" und zu
   „konsumieren"),
4. Sicherungssysteme, die in den Hintergrund treten (aber gleichzeitig keine größeren Verluste zulassen) und
5. die Bereitstellung von Medien an Orten, die bisher nicht erreicht wurden (Wie-
   deraufleben von Fahrbibliotheken, Container-Lösungen etc.).

Zu 1: Die Auswahl der Informationen ist ein wichtiger Startpunkt. Angesichts der
Flut an Informationen muss diese reduziert werden, möglichst schnell und präzise.
Ist ein treffendes Buch zu einem Thema gefunden worden, stellt sich die Frage, welche Literatur sich außerdem noch zu dem Thema findet. Hierdurch kommt es erst zu
einer Einordnung und Bewertung. Bei dieser Einordnung spielt ein weiterer Aspekt
eine Rolle: es muss wieder Zufälle und oder das Einfließen von Erfahrung geben.
Es muss einfacher werden, zu überprüfen, was andere Personen zu einem Thema
gedacht haben. Damit sind wir beim Thema „serendipische Suche", die Suche nach
Zufällen, nach Dingen, die in ein Thema passen, aber nicht geplant waren. Wenn
ein Bibliotheksmitarbeiter eine Empfehlung ausspricht, ist dies nichts Anderes. Der
Suchende wäre „nie alleine drauf gekommen". Ansätze, um diese Suche techno-
logisch zu unterstützen, wurden in der Kunstbibliothek am Sitterwerk in St. Gallen
durch eine permanente Inventur, einen RFID-Erfassungstisch und eine entsprechende Software verwirklicht [41].

Zu 2: Ein Medium muss in einer Bibliothek schnell auffindbar sein – wir sind es
heute aus der IT-Ebene gewohnt, in wenigen Sekunden ein Suchergebnis zu haben.
Die Hinleitung zum gesuchten physischen Medium kann klassisch über Regalnum-
mern, Themenbereiche etc. erfolgen, oder es wird ein funkgestütztes Leitsystem
eingesetzt. Dieses kann ein Mobiltelefon oder ein Pad-Computer sein, welche eine
Indoor-Ortung erlauben, d. h. den eigenen Standort ermitteln und den Weg zum
gesuchten Objekt berechnen. Diese Aufgabe ist derzeit innerhalb von Räumen technisch noch sehr anspruchsvoll, da Funksysteme nicht sehr präzise arbeiten. Hilfreich ist allerdings bereits ein Lageplan, der auf einem Display angezeigt wird und
der die entsprechende Position des gesuchten Mediums angibt.

Zu 3: Sobald der Besucher die Bibliothek betritt, benötigt er für die Nutzung von
Diensten spezielle Berechtigungen. Der einfachste Fall ist die Barcode-Benutzer-
karte, der komplexeste Fall ist die kontaktlose Geldkarte bis hin zum NFC-Handy
(s. u.), welche eine ganze Reihe an Aktionen ermöglichen: die Zufahrt zum Gebäude und Parkplatz, die Benutzung von Getränke- und Snackautomaten, die Bezahlung an Kassen in Cafés, die Ausleihe, die Nutzung von PCs, die Nutzung von

Medienkabinen, der Zugang zu bestimmten Räumen zu bestimmten Zeiten (auch Nachts) usw. Die dahinter stehenden IT-Systeme können sehr komplex werden.

NFC bedeutet Near Field Communication [47]: die Benutzung des Mobiltelefons als Smart Card und RFID-Reader mit einer Verbindung ins Internet. Das Mobiltelefon wird an ein RFID-Etikett gehalten. Dadurch wird der damit verbundene Gegenstand identifiziert und es kann aus dem Internet eine Information dazu herunter geladen werden. Ein Beispiel ist die Ticketbuchung für Veranstaltungen. In Bibliotheken wäre z. B. das Verbuchen von Einzelmedien über das Handy denkbar. Derzeit werden zahlreiche Tests z. B. im Bereich Öffentlicher Verkehr (Deutsche Bundesbahn mit sog. Touchpoints) durchgeführt. Eine Hürde für die Einführung sind die noch geringe Anzahl an NFC-fähigen Mobiltelefonen und Probleme bei der Einigung der Marktteilnehmer für ein schlüssiges Geschäftsmodell. Indes werden Mobiltelefone bereits im Eventbereich eingesetzt, indem der Barcode auf dem Display angezeigt und dieser am Eingangstor eingelesen wird.

Zu 4: Sicherungssysteme an Ein- und Ausgängen stellen Barrieren dar, damit Medien nicht entwendet werden. Hier liegt der Vergleich mit offenen Supermärkten nahe: dort werden, auf breiter Front, Durchgangsleser installiert, die kaum noch auffallen. Der Hintergrund ist dabei, dass die Kunden barrierefrei auf die Waren zugehen können. Gleichzeitig müssen die Sicherungssysteme sehr präzise arbeiten. Nur so lässt sich ein Diebstahl verhindern und die Wirkung, „auf frischer Tat" ertappt zu werden, ist am größten. Folglich können Durchgangsleser nie präzise genug sein. Aus Bibliotheken könnten zukünftig ebenfalls höhere Anforderungen an die Durchgangsleser gestellt werden: die Mindestdurchgangsbreite ist vom Gesetzgeber auf 1,2 m erhöht worden [10]. Die weitere Verbesserung der Lesegeräte ist eine wichtige Aufgabe für die Hersteller. Ein gewisses Potenzial liegt auch im *Einsatz neuer Chipgenerationen in den Etiketten*. Es fehlt derzeit allerdings an einer Risikobereitschaft der Bibliotheken, auf die Standardisierung zu vertrauen und die versprochene Kompatibilität verschiedener Chips von den Lieferanten einzufordern.

Zu 5: Fahrbibliotheken wurden einst als Anachronismus abgetan. Das Image waren schwerfällige, alte Busse. Dabei zeigen Lösungen wie in Stuttgart, dass solche Fahrbibliotheken durchaus modern sein und ein neues Zielpublikum erreichen können. In die gleiche Richtung zielen Mini-Bibliotheken in Containern oder sogar fahrbaren Regalen, die durch Krankenhäuser oder Seniorenheime gefahren werden. Hierdurch werden neue Kundenkreise erschlossen.

Aus diesen neuen technischen Möglichkeiten ergeben sich neue Anforderungen an das Personal, die erst Schritt für Schritt umgesetzt werden müssen. RFID-Systeme dienen nicht nur der Kontrolle von Arbeitsprozessen, sondern sie ziehen, in geschlossenen Systemen wie den Bibliotheken, tiefgreifende Veränderungen der Arbeitsprozesse nach sich. Wenn dies bewältigt ist und intelligente Softwaresysteme die Kunden und Mitarbeiter unterstützen, wird RFID in den Hintergrund treten und als Identifikationsmittel im normalen Alltag fast vergessen. In Stuttgart, München, Wien, Winterthur und vielen anderen Bibliotheken ist dies bereits der Fall.

Kapitel 12
Anhang

12.1 System- und Komponentenanbieter (Stand Anfang 2011)

Anbieter	RFID-Lese-Komponenten	RFID-Etiketten	Software	Installation
3M	X	X	X	X
Bibliotheca ICG	X	X	X	X
D-Tech	X	X	X	X
EasyCheck	X	X	X	X
EnvisionWare	X	X	X	X
FCI-Smartag		(X)		
Feig Electronic	(X)			
InfoMedis	X	X	X	X
Intellident	X	X	X	X
Knotech	X	X	X	X
MK-Systems	X	X	X	X
Nedap	X	X	X	X
Novatec	X	X	X	X
PV-Supa	X	X	X	X
UPM		(X)		
Printolabel		(X)		
Smart-trac		(X)		
Schreiner		(X)		

X Direkter Lieferant an Bibliotheken, (X) Zulieferer

C. Kern et al., *RFID für Bibliotheken*,
DOI 10.1007/978-3-642-05394-8_12, © Springer-Verlag Berlin Heidelberg 2011

12.2 Ausschreibungsvorlagen und Hilfestellung bei der Umsetzung

RFID-Anwenderforum im knb: http://www.bibliotheksportal.de/fileadmin/0the-men/RFID/dokumente/Ausschreibung_rfid-Etiketten_Runder_Tisch_4.pdf

Leistungsverzeichnis RFID-Etiketten

Nr.	Anforderung	K.O.	voll erfüllt	anders, teilweise oder durch Anpassung erfüllt	nicht erfüllt	Anmerkung
	Datenmodell					
1	Verwendet wird das Dänische Datenmodell	K.O.				
	mandatory Part (256 bit)	K.O.				
	optional Part (>256 bit) Angabe der Speichergrösse des Chips	K.O.				
	Generelle Anforderungen					
2	Die Chips entsprechen dem ISO-Standard 18000-3 Mode 1.	K.O.				
3	Der/die Etikettenhersteller wird/werden benannt.	K.O.				
4	Der Chiphersteller wird angeben.	K.O.				
5	AFI-Verwendung entsprechend dem dänischem Datenmodell	K.O.				
6	Der Aufbau des gesamten Etiketts wird beschrieben inklusive Verbindung Chip/Antenne.	B				
7	Die Lesereichweite beträgt mindestens 35 cm und maximal 60 cm.	K.O.				
8	Die RFID-Etiketten müssen eine vollflächig gleichmässige und dauerhafte Haftung aufweisen (gesamtes Laminat und zum Medium). Erläuterung erforderlich.	B				
9	Das für die RFID-Etiketten verwendete Papier ist alterungsbeständig nach DIN/ISO 9706.	K.O.				
10	Die verwendeten Etikettenmaterialien sind lösungmittel-, säure- und weichmacherfrei.	K.O.				
11	Die RFID-Etiketten werden auf Rolle geliefert und mit Produktionsdatum pro Rolle versehen.	K.O.				
12	Die Etiketten werden in Aussenwicklung auf der Rolle geliefert	K.O.				
13	Die Etiketten können durch den Bieter fertig bedruckt geliefert werden.	K.O.				
14	Der Zeitraum für die Funktionsfähigkeit der Etiketten (Wiederbeschreibbarkeit und Lesbarkeit) wird angegeben und garantiert.	B				
15	Die Lagerungsfähigkeit der Etiketten (Raumtemperatur) beträgt ab Auslieferungsdatum 2 Jahre.	K.O.				
16	Nicht funktionsfähige gelieferte Etiketten werden vom Anbieter kostenlos ersetzt.	K.O.				
17	Ein Rückgaberecht für fehlerhafte RFID-Etiketten, die nicht bereits vom Hersteller als fehlerhaft gekennzeichnet sind, wird eingeräumt. Wird über Stichproben und mit definiertem Messaufbau festgestellt, dass mindestens 10 Etiketten die Grenzwerte für die Lesereichweite unter- oder überschreiten, kann die gesamte Lieferung nach Verifizierung durch einen Test nach ISO 10373-7. zurückgegeben werden.	K.O.				

12.3 Frequenzbereiche

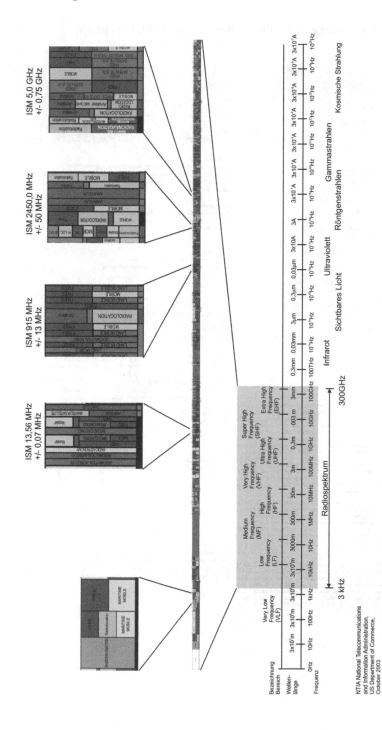

Abb. A.1 Einordnung der für RFID genutzten Frequenzbereiche. (Nach NTIA, National Telecommunications and Information Administration, US Department of Commerce, Oktober 2003)

12.4   Kleber für RFID-Etiketten

Beispiel für Avery-Kleber auf RFID-Etiketten (Quelle FCI Smartag)

------- FASTEN. BOND. SEAL.

Avery Dennison™   **FT 0720 DL-C**   Spec # 56774

Double-Linered Transfer Tape

Specialty Tape Division

250 Chester Street
Painesville, Ohio 44077
Phone: 866-GO-AVERY (866-462-8379)
Fax: 440-358-3298

email: psa.tape@averydennison.com
URL: stus.averydennison.com

Surface Preparation
It is essential, as with all pressure-sensitive tapes, that the surface to which the tape is applied be clean, dry, and free of grease and oil.

Storage and Shelf Life	One year when stored at 70°F (21°C) 50% RH out of direct sunlight.		
Temperatures	Min Application Temp	50° F	10° C
	Max Continuous Operating Temp	200° F	93° C
	Max Intermittent Operating Temp	250° F	121° C

Limited Warranty

All statements, technical information and recommendations concerning products sold or samples provided by AVERY DENNISON are based upon tests believed to be reliable but do not constitute a guarantee or warranty. All products are sold and samples of products provided with the understanding that PURCHASER has independently determined the suitability of such products for its purposes. AVERY DENNISON warrants the products to be free from defects in material and workmanship. Should any failure to conform to this warranty appear within one year* after the initial date of shipment, AVERY DENNISON shall, upon notification thereof and substantiation that the products have been stored and applied in accordance with AVERY DENNISON's standards, correct such defects by suitable repair or replacement without charge at AVERY DENNISON's plant or at the location of the products (at AVERY DENNISON's election) provided, however, if AVERY DENNISON determines that the repair or replacement is not commercially practical, AVERY DENNISON shall issue credit in favor of PURCHASER in an amount not to exceed the purchase price of the products.

This warranty is exclusive and is in lieu of any implied warranty of merchantability, fitness for a particular purpose or other warranty of quality, whether express or implied, except the warranty of title and against patent infringement. No waiver, alteration, additions or modifications of the foregoing conditions shall be valid unless made in writing and manually signed by an officer of Avery Dennison. *Or in the time period stated on the specific product specification sheet, if any, and if not then on the specific product information literature in effect at time of shipment.

Limitation of Liability

In no event shall AVERY DENNISON be liable for any incidental or consequential damages, including but not limited to, loss of profit, loss of use of production or loss of capital. The remedies of PURCHASER set forth herein are exclusive and the total liability of AVERY DENNISON with respect to any contract, or anything done in connection therewith such as the performance or breach hereof, or from the manufacture, sale, delivery, resale, installation or use of products whether arising out of contract, negligence, strict tort, or under any warranty, or otherwise, shall not exceed the purchase price of the products upon which the liability is based

PRODUCT DESCRIPTION

Applications
Specifically developed for buried graphics label applications where the inside of the label facestock is printed and the adhesive laminated to the face. The excellent balance of adhesion and shear make it suitable for almost any label application.

Features
Aggressive adhesive for bonding to low surface energy plastics
Acrylic Adhesive for good UV stability and weathering
Clear adhesive

Benefits
Excellent performance on almost all surfaces
Polyester throw-away liner for ease in converting

PRODUCT DATA   (Not for Specification Use)
PRODUCT CONSTRUCTION
Test Methods: PSTC-33, ASTM D-1000, TAPPI T-411-M-44, FASSON TM-2

Thickness	US Mils	MM's	TYPICAL VALUES
Liner	1.0	0.03	PET Film
Liner Adh	1.3	0.03	Acrylic
Liner	3.2	0.08	50 # Densified Kraft
Total Construction	5.5	0.14	

ADHESIVE PROPERTIES   TYPICAL VALUES
180° Peel Adhesion   2 mil PET Support, 12" min
Test Methods: PSTC-3, ASTM D-3330, STD-10

	US Oz Force / In Width	Metric Newtons per Meter
	1 min dwell	1 min dwell
Stainless Steel Liner Side	26	280
Polypropylene Liner Side	22	245

Static Shear   72°F / 22°C
Test Methods: PSTC-7 Federal Test Method 147B, STD-9

Stainless Steel	Area	Load	Min to Fail
72°F / 22°C	0.25 "sq (1.62 cm2)	1000 g	> 250
120°F / 49°C	0.25 "sq (1.62 cm2)	500 g	> 100

1-28-05

12.5 Weitere Testangaben (UPM)

RFID Business/Kirsi Kervinen

TEST CRITERIA FOR UPM RAFLATAC MEDIA MANAGEMENT PRODUCTS

UPM RAFLATAC provides a *lifetime guarantee on all its media products that are designated for books and sold into library applications. Warranty starts at the delivery date from UPM RAFLATAC.
* Life time in a public library is considered to be 10 years.
* Terms and conditions of lifetime guarantee are defined in product specifications.

MEDIA MANAGEMENT PRODUCT TESTING CRITERIA

What do we do?
1. UPM Raflatac RFID operations are certified to ISO9001 and ISO14001 standards.
2. We only source the best raw material components from the most established suppliers (antenna, integrated circuit (IC), face, liner and adhesives).
3.. We operate state-of-the-art manufacturing equipment, using the latest technology; we are the leader in "flip chip" inlay assembly
4. We test what we buy and we test what we make constantly. Our reputation as a supplier is of the highest quality. The most reliable inlays and book tags are extremely important to us.
5. We make sure that the traceability of raw materials is possible even after years from production based on reel numbers.

How do we do it?
1. Raw materials
a) All of our ICs (integrated circuits) are tested and guaranteed by the manufactures for over 100,000 read/write cycles.
b) Antenna, face, adhesive and liner materials are inspected and compared to original specification.

2. Testing during manufacturing
 a) We do 100% online testing in our production - reading of UID code.
 b) We have the capability to encode EAS bit (for selected products).
 c) We do sample-based performance testing.

UPM Raflatac   Tel. +358 204 16 141   Domicile Tampere
                            Fax +358 204 16 140   Business identity code 1064733-4
Myllypuronkatu 31   www.upmraflatac.com
P.O. Box 669   VAT No FI30647334
FI-33101 Tampere
Finland

12.6 Beispiel Raflatac Eigendeklaration zur Etikettenqualität

1. Alle unsere RFID-Etiketten haben als Frequenz 13,56 MHz und entsprechen den ISO-Normen 15693 und 18000-3 (wie auch in unseren Produktspezifikationen so bestätigt).
2. Unsere RFID-Etiketten werden im Flip Chip Modus für den hochvolumigen Einsatz produziert.
3. Unser für die RFID Etiketten verwendetes Papier ist nach DIN/ISO 9706 alterungsbeständig.
4. Unsere Etiketten sind absolut luftdicht verklebt. Damit ist die Korrosion der Spulen verhindert.
5. Unsere Etiketten können direkt auf alle Medien geklebt werden. Die für unsere RFID-Etiketten verwendeten Klebstoffe sind alterungsbeständig, säurefrei und weichmacherfrei. Sie greifen weder Papier noch CD- und DVD-Materialien an.
6. Die von uns für die Etiketten verwendeten Folien und Laminate sind alterungsbeständig und weichmacherfrei.
7. Der verwendete Chip hat genügend Speichervolumen, um das sog. „Dänische Datenmodell/Großstadtbibliotheken" zu verarbeiten.
8. Daten können auf dem Chip ersetzt oder geschützt gespeichert werden.
9. Die Buchsicherung erfolg über den AFI-Modus.
10. Die Funktionalität der Transponder ist für mindestens 10 Jahre garantiert. Die Inlays müssen bei einer Temperatur von 15–25 °C und einer relativen Luftfeuchtigkeit von 40–60 % gelagert werden. Des Weiteren müssen die Inlays vor Sonneneinstrahlung geschützt werden.
11. Die Mindestanzahl der Wiederbeschreibungsvorgänge je Chip beträgt 100.000.
12. Wir garantieren eine Lebensdauer des Etiketts von 10 Jahren. Im Bibliothekenumfeld ist die durchschnittliche Lebensdauer eines Buches auf 10 Jahre festgelegt.
    Es werden folgende Tests zur Bestimmung der Lebensdauer von uns durchgeführt:

    - „Transponder bending" Test (intern)
    - „Temperature and humidity" Test gemäß IEC 60068-2-67
    - „Temperature cycling" Test gemäß JESD 22-A-104-B
    - „IC peel off force" Test gemäß JISC 6481-1996

13. Das Aufkleben der Inlays muss innerhalb von 5 Jahren erfolgen. Die Inlays müssen bei einer Temperatur von 15–25 °C und einer relativen Luftfeuchtigkeit von 40–60 % gelagert werden. Des Weiteren müssen die Inlays vor Sonneneinstrahlung geschützt werden.
14. Die gelieferten Rund-Etiketten für CDs/DVDs rufen keine Schäden an Laufwerken in Folge von produktbedingten Umwuchten hervor.

12.7 Beteiligte bei der Datenmodellstandardisierung in Dänemark 2004

Working group on RFID data model for libraries

Tab. A.1 Members of the working group (as of December 2, 2004)

Wolfgang Friedrichs	3M Germany	wfriedrichs@mmm.com
Anders Bjurnemark	AXIELL bibliotek A/B, Lund	ab@axiell.com
Gregor Hotz	Bibliotheca RFID Library Systems AG	gregor.hotz@bibliotheca-rfid.com
Henrik K. Jensen	Codeco	hkj@codeco.dk
Henrik Dahl	Dantek	hdahl@inet.uni2.dk
Carsten H. Andersen	DBC medier	CHA@dbc.dk
Kaj Frøling	Draupnir	kf@Draupnir.dk
Jan Didriksen	FKI Logistex A/S	jan.didriksen@eu.fkilogistex.com
Ivar Thyssen	Polyga	polyga@post1.tele.dk
Pierre Matignon	Tagsys	pierre.matignon@tagsys.net
Ole Sundø	TagVision	os@tagvision.dk
Henrik Wendt	Tårnby Kommunebiblioteker	hwe.hb.uk@taarnby.dk
Morten Hein	Hein Information Tools	morten.hein@heinit.dk

Tab. A.2 Relevante Standards für RFID. (Nach Lampe et al. [19])

Frequenzbereich	Gremium	Bezeichnung	Name	Veröffentlichung
LF	ISO	11785	Radio Frequency Identification of Animals – Technical Concepts	1996
HF	ISO	15693	Identification Cards – Vicinity Cards	2001
HF	ISO	14443 Type A/B	Identification Cards – Proximity Cards	2001
UHF	EPC-global	Class 1 (Gen 1)	860–935 MHz Class 1 Radio Frequency Identification Tag Protocol Specification and Logical Communication Interface	2002
LF	ISO	14233	Radio Frequency Identification of Animals – Advanced Transponders	2003
HF	EPC-global	Class 1	13,56 MHz ISM Band Class 1 Radio Frequency Identification Tag Interface Specification	2003
UHF	EPC-global	Class 0 (Gen 1)	860–935 MHz Class 0 Radio Frequency Identification Tag Protocol Specification	2003
LF	ISO	18.000 Part 2 Type A/B	Parameters for Air Interface Communications below 135 kHz	2004
HF	ISO	18.000 Part 3 Mode 1/2	Parameters for Air Interface Communications at 13,56 MHz	2004
UHF	ISO	18.000 Part 6 Mode A/B	Parameters for Air Interface Communications at 860–930 MHz	2004
UHF	EPC-global	Class 1 (Gen 2)	UHF Class 1 Generation 2 Protocol	2004
MW	ISO	18.000 Part 4	Parameters for Air Interface Communications at 860 MHz to 2,4 GHz	2004

LF Low Frequency, *HF* High Frequency, *UHF* Ultra High Frequency, *MW* Micro Wave

Format from book supplier	Bytes		Typical format in library	Bytes		Minimum format in library	Bytes
Library territory	2		Library territory	2		Library territory	2
Country	2		Country	2		Country	2
Version number	0,5		Version number	0,5		Version number	0,5
Type of usage	0,5		Type of usage	0,5		Type of usage	0,5
Owner library	8		Primary item id	12		Primary item id	12
CRC	2		Parts in item	1		Parts in item	1
Datablock length	1		Part number	1		Part number	1
Datablock ID=3	2		Owner library	8		Owner library	8
Checksum	1		CRC	2		CRC	2
Supplier ID	6		Datablock length	1		End datablock=0	1
Item supp. Item ID	10		Datablock Id=X	2			
Order no.	10		Checksum	1			
Invoice no.	10		Unstructured data	10			
End datablock=0	1		Datablock length	1			
			Datablock ID=1	2			
			Checksum	1			
			Media format	1			
			Alt. Item ID	12			
			Datablock length	1			
			Datablock ID=3	2			
			Checksum	1			
			Supplier ID	6			
			End datablock=0	1			
	56			**71**			**30**

Erste Vorschläge für Varianten im Dänischen Datenmodell, Henrik K. Jensen, 2004

Erratum zu: RFID für Bibliotheken

Erratum zu:
Kapitel 9 in: C. Kern et al., *RFID für Bibliotheken*,
DOI 10.1007/978-3-642-05394-8_9

Auf Seite 164 wird fälschlicherweise vom Wert $H2_{hex}$ gesprochen.

Richtig muss es heißen: $C2_{hex}$.

Die Online-Version des ursprünglichen Kapitels finden Sie unter
DOI 10.1007/978-3-642-05394-8_9

C. Kern et al., *RFID für Bibliotheken*,
DOI 10.1007/978-3-642-05394-8_13, © Springer-Verlag Berlin Heidelberg 2011

Glossar

Abkürzungen und Fachbegriffe

AFI	Application Family Identifier
AI	Application Identifier
ALOHA	Verfahren zur → Anticollision, welches auf Hawaii zum Aufbau eines Funknetzes entwickelt wurde
AM	Amplituden-Modulation, Nutzung der wechselnden Amplitude einer Radiowelle zur Informationsübertragung
Anticollision	Algorithmus zur Vorbereitung und Durchführung eines Dialogs zwischen einem Lesegerät und einem oder mehreren Transpondern
API	Application Programming Interface
ASCII	American Standard Code for Information Interchange
ASIC	Application Specific Integrated Circuit
Assembly	Aufsetzen des Chips auf die Antenne (Montage)
ASK	Amplitude Shift Keying
Auto-ID	Automatische Identifikation. Allgemeine Bezeichnung für maschinenlesbare Identifikation. Auch Auto-ID-System.
BAPT	Bundesamt für Post und Telekommunikation
Bit	Binary Digit
BMBF	Bundesministerium für Bildung und Forschung
C	Capacity (Kondensatorkapazität)
CCG	Centrale für Coorganisation GmbH (Vergabe von EAN-Codes), heute GS1
CD	Compact Disk
CRC	Cyclic Redundancy Check, Prüfnummer zur Überprüfung der korrekten Übertragung eines Datenpaketes
dB	Logarithmisches Mass (z. B. dBµV)
DB	Datenbank
dBA	Logarithmische Einheit für die Schallstärke
DIN	Deutschens Institut für Normung (Deutsche Industrienorm), Berlin
DoD	Department of Defense, USA
DVD	Digital Versatile Disk

C. Kern et al., *RFID für Bibliotheken*,
DOI 10.1007/978-3-642-05394-8, © Springer-Verlag Berlin Heidelberg 2011

DSFID	Data Sharing of Facility Identification Data
EAN	European Article Number, EAN-Barcode
EAS	Electronic Article Surveillance
ECC	European Communications Committee
EPROM	Erasable and Programmable Read Only Memory
EEPROM	Electric Erasable and Programmable Read Only Memory
EM	Electro Magnetic, Sicherungsstreifen auf Basis magnetischer Aktivierung und Deaktivierung
EMC	Electro Magnetic Compatibility
EMV	Elektromagnetische Verträglichkeit
EPC	Electronic Product Code
ERP	Enterprise Ressource Program
ETS	European Telecommunications Standard
ETSI	European Telecommunications Standard Institute
FCC	Federal Commission of Communication
FDX	Full Duplex
FHSS	Frequency Hopping Spread Spectrum
Flash-EPROM	Flash-Erasable and Programmable Read Only Memory, vorwiegend in Smart Cards
FM	Frequenz-Modulation. Nutzung der wechselnden Frequenz einer Radiowelle zur Informationsübertragung
FSK	Frequency Shift Keying
GSM	Global System for Mobile Communication
GTag	Global Tag. Zur Kennzeichnung von Gütern in der Logistik. Initiative von EAN, UCC und Chipherstellern
GTIN	Global Trade Item Number, Globale Artikelidentnummer
Half Duplex	Verfahren der Kommunikation mittels Radiowellen.
HDX	Half Duplex
HF	High Frequency, Frequenzbereich 3 bis 30 MHz
HTML	Hyper Text
Hz	Hertz, Einheit für Frequenz, Schwingung einer Radiowelle, 1 Hz = 1 Schwingung/s
ID	Identification
IC	Integrated Circuit, Integrierte Schaltung, auch als Chip bezeichnet
Inlay	Inneres Material eines Smart Labels mit den Hauptbestandteilen Kunststoffsubstrat, Chip, Antennenbahnen
ISIL	International Standard Identifier for Libraries, weltweit einmalige Identifikationsnummer für Bibliotheken
ISM Band	Industrial, Scientific and Medical, Frequenzbereich, der diesen Anwendungsbereichen und RFID vorbehalten ist
ISO	International Standardization Organization
ISO 15693	ISO Norm für die Kommunikation zwischen Transponder und Leser
ISO 18000	ISO Norm für die Kommunikation zwischen Transponder und Leser

kbit	Kilo-Bit
kB	Kilo-Byte
λ	Wellenlänge
LAN	Local Area Network
LF	Low Frequency, Frequenzbereich 30–300 kHz
LMS	Library Management System, Bibliotheks-Management-System (auch ACS Applied Circulation System in den USA oder ILS, Integrated Library System)
MC	Musikkassetten
MHz	Mega Hertz Einheit für Frequenz
MIT	Massachusetts Institute of Technology
MW	Micro Wave, Frequenzbereich um 2,4 GHz
NCIP	NISO Circulation Interchange Protocol
NISO	National Information Standards Organization
nömL	Nicht öffentlicher mobiler Landfunk (Industrie, Taxi)
NRZ	Non-Return to Zero Encoding
OCR	Optical Character Recognition
OEM	Original Equipment Manufacturer
OPAC	Online Public Access Catalogue
ÖPNV	Öffentlicher Personennahverkehr
OTP	One Time Programmable
PC	Personal Computer
PDA	Personal Digital Assistant
PIN	Personal Identification Number
PJM	Phase Jitter Modulation → siehe ISO 18000-3 Mode 2
PML	Physical Mark-up Language
PSK	Phase Shift Keying
Q-Factor	Maß für die Dämpfung eines schwingfähigen Systems
RAM	Random Access Memory
Read Only Tag	ROM
Read Write Tag	Transponder mit beschreibbarem Speicher, EEPROM oder batteriegestützter Speicher
RF	Radio Frequency, Sicherungsstreifen auf Basis einer bestimmten Frequenz. Kann nur einmal deaktiviert werden, wird in Bibliotheken auch im Bypass-System verwendet
RFID	Radio Frequency Identification. Dient zur Identifikation eines Objektes oder einer Person, indem ein Transponder ein Informationspaket (z. B. ID-Nummer) zu einem Lesegerät überträgt
ROI	Return On Investment
ROM	Read Only Memory. Information auf dem Chip, die nicht verändert oder überschrieben werden kann.
S-ALOHA	slotted ALOHA-Verfahren, siehe → ALOHA
SEQ	Sequenzielle Betriebsart
SIP2	Standard Interchange Protocol
SLNP	Simple Library Network Protocol

Smart Cards	Allgemeine Bezeichnung für Karten im ISO-Format aus Kunststoff oder Papier/Pappe, mit oder ohne elektronische Bauteile, unterschiedliche Bedruckungen mit Barcode, Magnetstreifen, Hologramme etc. möglich.
Smart Label	Bezeichnung für Transponder als RFID-Etiketten
Smart Tag	Bezeichnung für Transponder als RFID-Anhängeetiketten (Smart Label, Smart Tag, RFID-Etikett haben die gleiche Bedeutung)
Smart Ticket	Bezeichnung für Transponder als RFID-Eintrittskarten
SNR	Serial Number
TDMA	Time Division Multiplex Algorithm
TCP/IP	Transmission Control Protocol/Internet Protocol
Transponder	Sender am Objekt oder an einer Person, der auf einen Leser antwortet
UCC	Uniform Code Council
UHF	Ultra High Frequency, 300 MHz bis 3 GHz-Bereich
UID	Unique Identifying Number
UPC	Universal Product Code
V	Volt
VCD	Vicinity Coupling Device
VICC	Vicinity Integrated Circuit Card
VDE	Verein Deutscher Elektrotechniker
Wafer	Siliziumscheibe, auf der sich einzelne Halbleiter (Chips) befinden. Vorprodukt beim Umsetzen (Assemblieren) auf die Antennen
WLAN	Wireless LAN
WORM	Write Once Read Many. Einmalig beschreibbarer Speicher eines Chips.
XAML	Extensible Application Markup Language
XML	Extensible Markup Language

Markennamen

BiStatix®	Eingetragenes Warenzeichen der Firma Motorola
BiblioChip®	Eingetragenes Warenzeichen der Firma Bibliotheca RFID Library Systems
I-Code®	Eingetragenes Warenzeichen der Firma NXP (ehemals Philips Semiconductors)
Legic®	Eingetragenes Warenzeichen der Firma Kaba Security Locking
Mifare®	Eingetragenes Warenzeichen der Firma NXP (ehemals Philips Semiconductors)
My-d®	Eingetragenes Warenzeichen der Firma Infineon
Obid®	Eingetragenes Warenzeichen der Firma Feig Electronic
Tag-it®	Eingetragenes Warenzeichen der Firma Texas Instruments

Literatur

1. AIM (Juli 2000) Draft paper on the characteristics of RFID-systems, AIM Frequency Forums AIM FF 200:001, Ver 1.0, AIM. Frequency Forum White Paper
2. AIM, BSI (Juli 2010) Gemeinsames Grundlagendokument für RFID-Datensicherheit und Datenschutz. http://www.rfid-im-blick.de/20100712704/aim-und-bsi-veroeffentlichen-gemeinsames-grundlagendokument-fuer-rfid-datensicherheit-und-datenschutz.html. Zugegriffen: 14. Okt. 2010
3. AIM (2006) RFID und Gesundheitsschutz. Auswirkungen. http://www.rfid-bibliothek.ch/downloads/MIP_Gesundheitsschutz-1.pdf. Zugegriffen: 14. Okt. 2010
4. Albrecht K, McIntyre LS (2005) Spychips – how major corporations and government plan to track your every move with RFID. Thomas Nelson, Nashville. ISBN:1-5955-5020-8
5. 3M™ Standard Interchange Protocol. http://wareseeker.com/free-sip2-protocol-library/. Zugegriffen: 14. Okt. 2010
6. ANSI/NISO Z39.83-1 und ANSI/NISO Z39.83-2. http://www.niso.org./kst/reports/standards. Zugegriffen: 14. Okt. 2010
7. Beinhorn A (2009) RFID in der Bibliothekspraxis – eine Wertschätzungsanalyse. In: Umlauf K (Hrsg) Berliner Handreichungen zur Bibliotheks- und Informationswissenschaft, Bd H252. Humboldt-Universität, Berlin
8. Brock L (2001) The compact electronic product code – A 64-bit representation of the electronic product code. White Paper, Auto-ID Center, Nov. 1
9. Bundesamt für Sicherheit in der Informationstechnik BSI (2010). https://www.bsi.bund.de/cln_165/ContentBSI/Publikationen/TechnischeRichtlinien/tr03126/index_htm.html. Zugegriffen: 14. Okt. 2010
10. Bundesanstalt für Arbeitsschutz und Arbeitsmedizin. http://www.baua.de/de/Themen-von-A-Z/Arbeitsstaetten/ASR/pdf/ASR-A2-3.pdf?__blob=publicationFile&v=4. Zugegriffen: 14. Okt. 2010
11. Denk U Protokoll zur vierten knb-Sitzung zur Qualitätssicherung vonRFID-Medienetiketten. Münchner Stadtbibliothek. www.bibliotheksportal.de/hauptmenue/themen/rfid/basisinformationen/. Zugegriffen: 15. Okt. 2010
12. Datalogic (2000) Strichcode-Fibel. Datalogic S. p. A., Rel. 5.0, Datalogic Communication Division
13. Dierolf U (2009) Mit RFID-basierter Fernleihe zum 24/7-Vollservice. B.I.T.online 12(3):298–301
14. DIN 32700 (Mai 2008) Entwurf, Information und Dokumentation – RFID-Datenmodell – Datenmodell für RFID-Etiketten in Bibliotheken
15. ETSI (Dec. 2009) EN 300 330-1 V1.7.1 Final Draft
16. Finkenzeller K (2002) RFID-Handbuch – Grundlagen und praktische Anwendungen induktiver Funkanlagen, Transponder und kontaktloser Chipkarten. Hanser, München

17. Fleisch E, Dierkes M (2003) Betriebswirtschaftliche Anwendungen des Ubiquitous Computing – Beispiele, Auswirkungen und Visionen. In: Mattern F (Hrsg) Total vernetzt – Szenarien einer informatisierten Welt. Springer, Berlin, S 143–157 (Xpert Press, ISBN:3-540-00213-8)

18. Fleisch E, Tellkamp C, Thiesse F (2004) Intelligente Waren beschleunigen Prozesse. IO New Manag 12:28–31

19. Flörkemeier C, Lampe M, Haller S (2005) Einführung in die RFID-Technologie. ETH, Zürich. http://www.vs.inf.ethz.ch/publ/. Zugegriffen: 14. Okt. 2010

20. Fortune M. http://www.mickfortune.com/Wordpress/?page_id=36 and http://www.mickfortune.com/Wordpress/?page_id=201. Zugegriffen: 14. Okt. 2010

21. IDTechEx RFID tag sales in 2005 – how many and where. http://www.idtechex.com/research/articles/rfid_tag_sales_in_2005_how_many_and_where_00000398.asp. Zugegriffen: 14. Okt. 2010

22. IATA 13.56 MHz-Empfehlung RP 1740 °C (1999)

23. ISO-Standard 15693 (2001) Part 1: physical characteristics, part 2: air interface and initialization, part 3: anticollision and transmission protocol, Vicinity Cards

24. ISO-Standard 14443 Proximity Cards

25. ISO/IEC FDIS 18000-3 (2003) Information technology AIDC techniques – RFID for item management – air interface, part 3: parameters for air interface communications at 13,56 MHz

26. ISO 18046-3 (2007) Information Technology – radio frequency identification device conformance test methods – part 3: test methods for air interface communications at 13,56 MHz

27. ISO/DIS 28560-1 Information and documentation – data model for use of RFID in libraries – part 1: general requirements and data elements

28. ISO/DIS 28560-2 Information and documentation – RFID in libraries – part 2: encoding based on ISO/IEC 15962

29. ISO/DIS 28560-3 Information and documentation – RFID in libraries – fixed length encoding

30. Keller C (2010) RFID an Schweizer Bibliotheken – eine Übersicht. Churer Schriften zur Informationswissenschaft. Barth R et al (Hrsg) Arbeitsbereich, Informationswissenschaft, Schrift 38. Arbeitsbereich Informationswissenschaft, Chur. ISSN:1660-945X

31. Kern C (2002) RFID – benefits of an open advanced technology for libraries. 21st Annual meeting of the Amicus – Dobis-Libis User Group, Madrid, Spain, 11.–13. Sept 2002 (Newsletter of the Amicus-Dobis/Libis Users Group, Bd 20, Nr 2, Nov. 2002, ISSN:0771-4009)

32. Kern C (2002) Radio-Frequenz-Identifikation zur Sicherung und Verbuchung von Medien in Bibliotheken. ABI-Technik 22(3):248–255

33. Kern C (2004) Radio-frequency-identification for security and media circulation in libraries. Electron Libr 22(4):317–324 (Emerald Group Publishing Limited, ISSN:0264-0473)

34. Kern C (2004) Der Spion im Buch? Wie realistisch sind Datenschutzbedenken in Bibliotheken? RFID-Forum 07/08(2004):26–29

35. Kern C, Erwin E (2003) Radio-frequency-identification for security and media circulation in libraries. Libr Arch Secur 18(2):23–38 (Haworth Press, doi:10.1300/J114v18n02_04, ISSN:0196-0075)

36. Kern C (1999) Transponder als Identifizierungssysteme – Stand der Technik und zukünftige Entwicklungen. Logist Manag 1(3):221–225

37. Kern C (1999) RFID-technology – recent development and future requirements. In: Proceedings of the European conference on circuit theory and design ECCTD99, Bd 1. Stresa, S 25–28, 30. Aug.–02. Sept. 1999

38. Kern C (2000) Wissenswertes zur Transponder-RFID-Technologie – Funktionsprinzip und Einsatzbereiche. Konferenz der Deutschen Logistik Akademie DLA, Identifikationssysteme für die durchgängige Logistik, Bremen, 22.–23. Feb. 2000

39. Kern C (2007) Anwendung von RFID-Systemen, 2. Aufl. Springer, Berlin

40. Kern C, Geiges L (2000) Radio frequency identification in security applications – function and use in modern library systems. PISEC-conference on security applications, Lissabon, Portugal, 03.–04. Apr. 2000

41. Kern C (2010) Inventur in der Kunstbibliothek Sitterwerk bei St. Gallen mit RFID, Vortrag auf Tagung RFID und Medien, TFH Wildau. Zugegriffen: 5. Okt. 2010

42. Kern C (2002) Radio-Frequenz-Identifikation zur Sicherung und Verbuchung von Medien in Bibliotheken. ABI-Technik 22(3):248–255 (Deutschland)

43. Kern C (1998) Technische Leistungsfähigkeit und Nutzung von injizierbaren Transpondern in der Rinderhaltung. Dissertation, Technische Universität München-Weihenstephan, Forschungsbericht Agrartechnik VDI-MEG 316. ISSN:0931-6264

44. Kern C, Weiss R (2004) Zentrale und dezentrale Positionierung der Funktionseinheiten in der Bibliothek – Raumplanung für die Integration von RFID. ABI-Technik 24(2):135–139

45. Kern C, Hotz G (2005) Standards für RFID in Bibliotheken – Diskussion eines Datenmodells. ABI-Technik 25(2):125–129 (Deutschland)

46. Kleist RA, Chapman TA, Sakai DA, Jarvis BS (2004) RFID labelling – smart labelling concepts and applications for the consumer packaged goods supply chain. Printronix, Irvine. ISBN:0-9760086-0-2

47. Langer J, Roland M (Okt. 2010) Anwendungen und Technik von Near Field Communication (NFC). Springer, Berlin

48. Michaelis B (2011) Vergleich der Schnittstellen SPI2 und NCIP (PDF). In: Gillert F, Seeliger F, Hauke P (Hrsg) RFID und Bibliotheken. Bock und Herchen, Bad Honnef

49. Morf H (2003) Floorwalking – eyewitness guide: London libraries – SAB-Reise vom 24–27. SAB-Info-CLP 2003(4):43–45

50. Motorola (1999) Bistatix technology. White Paper. http://www.ubiu.com/rfid/bbs_data/bistatix4%5B1%5D.1.pdf. Zugegriffen: 14. Okt. 2010

51. Neumair C (2011) RFID bei der Fernleihe. In: Hauke P, Gillert F, Seeliger F (Hrsg) RFID und Bibliotheken. Bock und Herchen, Bad Honnef

52. NXP Philips Semiconductors (2005) Environmental influence – interferences. Typisches Lesefeld eines UHF-Transponders, Interne Präsentation

53. Plotzke O, Stenzel E, Frohn O (1994) Elektromagnetische Exposition an elektronischen Sicherungsanlagen. Eine Studie in Berliner Kaufhäusern. Bundesanstalt für Arbeitsmedizin, Forschungsgesellschaft für Energie und Umwelttechnologie – FGEU mbH, Berlin

54. Raith J (2008) Umstellung auf RFID – Planungen und Erfahrungen in Mittelstadtbibliotheken. Bachelor-Arbeit im Studiengang Bibliotheks- und Informationsmanagement, Hochschule der Medien Stuttgart

55. Schürmann J (2000) Information technology – Radio Frequency Identification (RFID) and the world of radio regulations. ISO Bulletin 2000(May):3–4

56. Sprengel R (2010) http://www.igk-buergergesellschaft.uni-halle.de/alumni/sprengel/. Zugegriffen: 14. Okt. 2010

57. Sprengel R (2007) RFID-Prüfgutachten zur Einsatzmöglichkeit von RFID in den Öffentlichen Bibliotheken Berlins, VÖBB Servicezentrum, 02. Feb. 2007 http://www.bibliotheksportal.de/fileadmin/user_upload/content/themen/rfid_voebb/9_veroeffentlichungen/sprengelRFIDgutachten.pdf, Download am 22.4.2011

58. VDI-Richtlinie (2009) VDI 4470 Warensicherungssysteme – Kundenabnahmerichtlinie für Schleusensysteme http://www.beuth.de/langanzeige/VDI-4470-Blatt-1/de/117470731.html, Abruf am 22.4.2011

59. Wampfler HR (2003) Mediensicherung in Bibliotheken. SAB-Info-CLP 2003(2):21–24

60. Ward DM (2007) The complete RFID handbook – a manual and DVD for assessing, implementing and managing RFID technologies in libraries. Neal-Schuman, New York

61. Weiss R (2003) Die neue Stadtbibliothek Winterthur: Hightechbibliothek in mittelalterlichen Mauern. SAB-Info-CLP 2003(4):25–28

62. Wollert J (2008) Technologischer Überblick. Fachhochschule Bochum, Wireless Technologies, 24. Sept. 2008

63. Zahn S (2007) Einsatzmöglichkeiten von RFID in Bibliotheken. B.I.T. online innovativ, Bd 16. Dinges & Frick, Wiesbaden

64. Zissel H, Gillert F (2009) Testverfahren zur Vereinheitlichung der Leistungsbestimmung von RFID-Gates für den Einsatz in Bibliotheken. Logistikmanagement/Logistikcontrolling, TH Wildau (FH) – University of Applied Sciences

Weiterführende Literatur

Mattern F (2003) Total vernetzt – Szenarien einer informatisierten Welt. Vom Verschwinden des Computers – die Vision des Ubiquitous Computing. Springer, Berlin (Expert Press, ISBN:3-540-00213-8)

Müller D (2005) Der globale RFID-Standard für die Supply Chain – Aufbau, Möglichkeiten und Grenzen. EAN Schweiz, Fachseminar RFID – Radio Frequency Identification. Gottfried Duttweiler Institut (GDI), Rüschlikon

Oertel B, Wölk M, Hilty L, Köhler A, Kelter H, Ullmann M, Wittmann S (2004) Risiken und Chancen des Einsatzes von RFID-Systemen. Bundesamt für Sicherheit in der Informationstechnik, Bonn. ISBN:3-922746-56-X

Pflaum A, Grün T, Bernhard J (2004) Verschmelzung von Lokalisierungs- und Identifikationstechnologien – Beitrag zum Aufbau einer technologischen Roadmap für die Weiterentwicklung der RFID-Technologie, Veröffentlichung im Rahmen der Dokumentation zum RFID-Workshop in St. Gallen am 27.09.2004

Sachverzeichnis

C. Kern et al., *RFID für Bibliotheken*,
DOI 10.1007/978-3-642-05394-8, © Springer-Verlag Berlin Heidelberg 2011